安装工程关键岗位管理人员上岗指南丛书

水暖预算员上岗指南

——不可不知的 500 个关键细节

本书编写组　编

中国建材工业出版社

图书在版编目(CIP)数据

水暖预算员上岗指南:不可不知的 500 个关键细节/
《水暖预算员上岗指南:不可不知的 500 个关键细节》编写组编．—北京:中国建材工业出版社,2014.9
(安装工程关键岗位管理人员上岗指南丛书)
ISBN 978-7-5160-0883-6

Ⅰ.①水… Ⅱ.①水… Ⅲ.①给排水系统－建筑安装－建筑预算定额－指南 ②采暖设备－建筑安装－建筑预算定额－指南 Ⅳ.①TU723.3-62

中国版本图书馆 CIP 数据核字(2014)第 148781 号

水暖预算员上岗指南——不可不知的 500 个关键细节
本书编写组 编

出版发行：中国建材工业出版社
地　　址：北京市西城区车公庄大街 6 号
邮　　编：100044
经　　销：全国各地新华书店
印　　刷：北京紫瑞利印刷有限公司
开　　本：710mm×1000mm　1/16
印　　张：16.5
字　　数：391 千字
版　　次：2014 年 9 月第 1 版
印　　次：2014 年 9 月第 1 次
定　　价：46.00 元

本社网址：www.jccbs.com.cn　微信公众号：zgjcgycbs
本书如出现印装质量问题，由我社营销部负责调换。电话：(010)88386906
对本书内容有任何疑问及建议，请与本书责编联系。邮箱：dayi51@sina.com

内 容 提 要

本书根据《建设工程工程量清单计价规范》(GB 50500—2013)和建筑给水排水及采暖工程预算定额进行编写，详细介绍了水暖预算员上岗操作应知应会的基础理论和专业知识。书中对建筑水暖工程预算编制与管理的工作要点进行归纳总结，以关键细节的形式进行阐述，以方便查阅使用。本书主要内容包括概述、水暖工程施工图识读、水暖工程定额体系、给水排水工程定额计价、采暖工程定额工程量计算、燃气工程定额工程量计算、水暖工程设计概算的编制、水暖工程施工图预算的编制、水暖工程清单编制、水暖工程清单工程量计算、水暖工程清单计价、工程合同价款约定与管理等。

本书语言通俗易懂，层次清晰合理，内容新颖易学，可供广大建筑水暖工程预算编制与管理人员工作时使用，也可供高等院校相关专业师生学习时参考。

水暖预算员上岗指南
——不可不知的 500 个关键细节

编 写 组

主　编：张　超
副主编：徐晓珍　葛彩霞
编　委：范　迪　訾珊珊　朱　红　王　亮
　　　　王　芳　张广钱　郑　姗　卻建荣
　　　　马　金　刘海珍　孙世兵　汪永涛
　　　　秦礼光　贾　宁　秦大为

前 言
PREFACE

近些年来，我国基本建设取得了辉煌的成就，安装工程作为基本建设的重要组成部分，其设计与施工水平也得到了空前的发展与提高。安装工程的质量直接影响工程项目的使用功能与长期正常运行，随着国外先进安装施工技术的大量引进，安装工程设计施工领域正逐步向技术标准定型化、加工过程工厂化、施工工艺机械化的目标迈进，这就要求广大安装施工企业抓住机遇，勇于革新，深挖潜力，开创出不断自我完善的新思路，在安装工程施工中采取先进的施工技术措施和强有力的管理手段，从而确保安装工程项目能有序、高效、保质地完成。

当前，我国正处于城镇化快速发展时期，工程建设规模越来越大，大量的新技术、新材料、新工艺在安装工程中得以广泛应用，信息技术也日益渗透到安装工程建设的各个环节，结构复杂、难度高、体量大的工程也得到了越来越多的应用，由此也要求从业人员的素质、技能能跟上时代的进步、技术的发展，符合社会的需求。广大安装工程施工人员作为安装工程项目的直接参与者和创造者，提高自身的知识水平，更好地理解和应用安装工程施工质量验收规范，对提高安装工程项目施工质量水平具有重要的现实意义。

为加强对安装工程施工安装一线管理人员和技术骨干的培训，提高他们的质量意识、实际操作水平、自身素质，我们组织了安装工程领域的相关专家、学者，结合安装工程施工现场管理人员的工作实际以及现行国家标准，编写了《安装工程关键岗位管理人员上岗指南丛书》。本套丛书共有以下分册：

1. 安装质检员上岗指南——不可不知的500个关键细节
2. 安装监理员上岗指南——不可不知的500个关键细节
3. 水暖施工员上岗指南——不可不知的500个关键细节
4. 水暖预算员上岗指南——不可不知的500个关键细节
5. 通风空调施工员上岗指南——不可不知的500个关键细节
6. 通风空调预算员上岗指南——不可不知的500个关键细节
7. 建筑电气施工员上岗指南——不可不知的500个关键细节
8. 建筑电气预算员上岗指南——不可不知的500个关键细节

与同类书籍相比，本套丛书具有下列特点：

1. 紧密联系安装工程施工现场关键岗位管理人员工作实际，对各岗位人员应具备的基本素质、工作职责及工作技能做了详细阐述，具有一定的可操作性。

2. 以指点安装工程施工现场管理人员上岗工作为编写目的，语言通俗易懂，层次清晰合理，内容新颖易学，以关键细节的形式重点指导管理人员处理工作中的问题，提醒管理人员注意工作中容易忽视的安全问题。

3. 针对性强，针对各关键岗位的工作特点，紧扣"上岗指南"的编写理念，有主有次，有详有略，有基础知识有细节拓展，图文并茂地阐述了各关键岗位不可不知的关键细节，方便读者查阅、学习各种岗位知识。

4. 注意结合国家最新标准规范与工程施工的新技术、新方法、新工艺，有效地保证了丛书的先进性和规范性，便于读者了解行业最新动态，适应行业的发展。

丛书编写过程中得到了有关部门和专家的大力支持与帮助，在此深表谢意。限于编者的水平，丛书中错误与疏漏之处在所难免，敬请广大读者批评指正。

编 者

目录

第一章 概述 /1
第一节 工程预算基础知识 /1
一、工程预算的概念 /1
二、工程预算的形式 /1
关键细节 1 工程预算的性质 /3
三、工程预算的方法 /3
关键细节 2 单位估价法 /3
关键细节 3 实物造价法 /3
第二节 建设工程造价构成 /4
一、工程造价概述 /4
关键细节 4 工程造价的特点 /5
关键细节 5 工程造价、建设项目投资和产品价格之间的关系 /6
二、现行工程造价的构成 /6
关键细节 6 国产设备原价的构成及计算 /7
关键细节 7 进口设备原价的计算 /7
关键细节 8 设备运杂费的构成及计算 /8
第三节 建筑安装工程造价费用构成 /9
一、建筑安装工程费用的构成 /9
关键细节 9 人工费的内容与计算方法 /10
关键细节 10 材料费的内容与计算方法 /10
关键细节 11 施工机具使用费的内容与计算方法 /11
关键细节 12 企业管理费的内容与计算方法 /12
关键细节 13 利润的内容与计算方法 /13
关键细节 14 规费的内容与计算方法 /13
关键细节 15 税金的内容与计算方法 /14
关键细节 16 分部分项工程费的内容与计算方法 /15
关键细节 17 措施项目费内容与计算方法 /16
关键细节 18 其他项目费内容与计算方法 /17
关键细节 19 规费和税金的内容与计算方法 /17
二、工程计价程序 /18

第二章 水暖工程施工图识读 /21
第一节 水暖工程施工图识读概述 /21
一、水暖施工图的含义 /21
关键细节 1 水暖施工图的作用 /21
二、水暖施工图的分类 /21
三、给水排水制图的有关规定 /22
关键细节 2 标高的标注方法 /23
第二节 给水排水工程施工图 /26
一、给水排水工程施工图的内容 /26
二、给水排水工程施工图的绘制要求 /37
关键细节 3 总平面图管道布置的绘制要求 /37
关键细节 4 给水管道节点图的绘制要求 /38
关键细节 5 总图管道标注的绘制要点 /39
关键细节 6 同一张图纸内绘制多个图样时的布置要求 /42
关键细节 7 设计图纸的排列规定 /43
关键细节 8 建筑给水排水平面图的绘制规定 /43
关键细节 9 屋面给水排水平面图的绘制规定 /44
关键细节 10 管道展开系统图的绘制规定 /45
关键细节 11 管道轴测系统图的绘制规定 /45
关键细节 12 卫生间采用管道展开系统图的绘制规定 /46
关键细节 13 局部平面放大图的绘制规定 /46
关键细节 14 剖面图的绘制规定 /46
关键细节 15 安装图和详图的绘制规则 /47
三、给水排水工程施工图的识读 /47
关键细节 16 平面图识读的注意事项 /48
第三节 采暖工程施工图 /50
一、采暖工程施工图的内容 /50
二、采暖工程施工图的有关规定 /54
关键细节 17 采暖工程管道转向的画法 /55
三、室内采暖工程施工图的识读 /56
关键细节 18 采暖施工平面图识读注意事项 /57
关键细节 19 采暖工程系统轴测图识读注意事项 /57

第三章　水暖工程定额体系　/58
第一节　建设工程定额　/58
　一、定额的概念　/58
　二、定额的分类　/58
第二节　施工定额　/59
　一、劳动定额　/59
　　关键细节1　劳动定额的表现形式　/59
　　关键细节2　劳动定额的编制要点　/60
　　关键细节3　定额人工消耗量指标的确定方法　/60
　二、材料消耗定额　/61
　　关键细节4　材料消耗定额的内容　/61
　　关键细节5　材料消耗定额的制定方法　/62
　　关键细节6　各种材料消耗量指标的内容　/62
　三、机械台班定额　/63
　　关键细节7　机械台班定额的表现形式　/63
　　关键细节8　计算施工机械台班定额　/64
　　关键细节9　施工机械台班消耗量指标的确定　/64
第三节　工程预算定额　/64
　一、预算定额的作用与意义　/64
　　关键细节10　预算定额作用的表现　/65
　　关键细节11　预算定额的编制方法　/65
　二、预算定额的编制原则　/65
　　关键细节12　预算定额编制各阶段的内容　/66
　三、预算定额的编制依据　/66
　　关键细节13　预算定额的编排特点　/66
第四节　工程预算定额的组成及使用方法　/67
　一、预算定额的组成　/67
　二、预算定额基价　/69
　　关键细节14　预算工资标准的计算　/69
　　关键细节15　材料预算价格的计算　/70
　　关键细节16　第一类费用的组成　/70
　　关键细节17　第二类费用的组成　/71
　三、预算定额单价估价编制　/71
　　关键细节18　单位估价表的作用　/71
　　关键细节19　单位估价表的组成与种类　/71
　四、水暖工程全国统一安装定额　/72
　　关键细节20　《全统定额》的组成　/72
　　关键细节21　水暖工程定额计价的内容　/74
　　关键细节22　水暖工程定额计价的程序　/74
　　关键细节23　给排水、采暖、燃气工程预算定额注意事项　/75
　　关键细节24　刷油、防腐蚀、绝热工程预算定额注意事项　/76
　　关键细节25　高层建筑增加费用系数　/76
　　关键细节26　超高增加费用系数　/77
　　关键细节27　脚手架搭拆费用系数　/77
　　关键细节28　系统调试增加费用系数　/77
　　关键细节29　安装与生产同时进行增加费用系数　/78
　　关键细节30　在有害身体健康的环境中施工降效增加费用系数　/78
　　关键细节31　定额调整系数的分类与计算办法　/78

第四章　给水排水工程定额计价　/79
第一节　给水排水工程概述　/79
　一、室内给水系统　/79
　　关键细节1　室内给水进户管的敷设要点　/80
　　关键细节2　给水水箱的设置要点　/81
　　关键细节3　离心水泵的设置要点　/81
　二、室内给水系统的给水方式　/82
　三、室内热水供应系统　/83
　四、室内排水管道　/84
　　关键细节4　排水管道系统的设置要点　/85
　　关键细节5　清通设备的设置要点　/86
第二节　给水排水管道安装工程　/86
　一、给水排水管道敷设　/86
　二、给水排水管道安装　/87
　三、给水排水管道连接　/88
　　关键细节6　管道连接要点　/88
　　关键细节7　管道防腐处理　/89
　四、给水排水管道安装定额的有关规定　/89
　五、给水排水管道安装工程定额的工作内容　/90
　六、给水排水管道安装工程定额工程量计算　/91
　　关键细节8　镀锌钢管安装定额工程量计算实例　/92
第三节　给水排水阀门安装工程　/93
　一、阀门安装简介　/93
　　关键细节9　阀门安装要点　/94
　二、阀门安装定额的有关规定　/95
　三、阀门安装定额的工作内容　/96
　四、阀门、水位标尺安装定额工程量计算　/97
　　关键细节10　厨房给水系统阀门安装定额及工程量计算实例　/97
　　关键细节11　手动放风阀定额工程量计算

	实例 /97	关键细节8	圆形伸缩器的安装方法 /116
第四节	给水排水低压器具安装工程 /98	关键细节9	套筒式伸缩器的安装要求 /117
一、低压器具简介 /98		二、采暖管道伸缩器安装定额说明 /118	
关键细节12	疏水器安装注意事项 /99	三、采暖管道伸缩器定额的工作内容 /118	
关键细节13	水表的特点 /99	四、采暖管道伸缩器安装定额工程量计算 /118	
二、低压器具安装定额的有关规定 /99		关键细节10	方形伸缩器安装定额工程量
三、低压器具安装定额的工作内容 /100			计算实例 /118
四、低压器、水表安装定额工程量计算 /100		第四节	采暖阀门安装工程 /119
关键细节14	疏水器安装定额工程量计算	一、采暖阀门简介 /119	
	实例 /100	二、采暖阀门安装定额说明 /119	
第五节	给水排水卫生器具安装工程 /101	三、采暖阀门安装定额的工作内容 /119	
一、卫生器具简介 /101		四、采暖阀门、低压器具安装定额工程量计算 /120	
关键细节15	便溺用卫生器具的形式 /101	关键细节11	疏水器安装定额工程量计算
二、给水排水卫生器具安装定额的有关规定 /102			实例 /120
三、卫生器具安装定额的工作内容 /103		第五节	采暖供热器具安装工程 /120
四、卫生器具安装定额工程量计算 /104		一、采暖供热器具简介 /120	
第六节	给水排水小型容器安装工程 /105	关键细节12	铸铁散热器的选择要点 /121
一、小型容器简介 /105		关键细节13	光排管散热器的选择要点 /121
关键细节16	水箱的组成 /105	二、采暖供热器具安装定额说明 /121	
二、小型容器安装定额说明 /105		三、采暖供热器具安装定额的工作内容 /122	
三、小型容器安装定额的工作内容 /106		四、采暖供热器具安装定额工程量计算 /122	
四、小型容器安装定额工程量计算 /106		关键细节14	光排管散热器定额工程量计
关键细节17	钢板水箱安装定额工程量		算实例 /122
	计算实例 /106	关键细节15	热空气幕安装定额工程量计
			算实例 /122
第五章 采暖工程定额工程量计算 /107			
第一节	采暖工程概述 /107	第六章 燃气工程定额工程量计算 /124	
一、采暖系统的分类 /107		第一节	燃气工程概述 /124
关键细节1	低压蒸汽采暖系统的供热方式 /107	一、燃气采暖工程管道概述 /124	
关键细节2	高压蒸汽采暖系统的供热方式 /109	二、燃气输配系统 /125	
二、采暖系统组成 /110		关键细节1	燃气长距离输送系统组成 /125
关键细节3	地暖系统组成要点 /111	关键细节2	燃气压送储存系统组成 /125
第二节	采暖管道安装工程 /112	第二节	燃气管道安装工程 /125
一、采暖管道简介 /112		一、燃气管道简介 /125	
关键细节4	采暖干管变径方法 /113	关键细节3	燃气管道的立管安装方式 /126
关键细节5	采暖干管分路安装方法 /113	关键细节4	燃气管道的支管安装方式 /126
二、采暖管道安装定额的有关规定 /114		二、燃气管道安装定额说明 /127	
三、采暖管道安装定额的工作内容 /115		三、燃气管道安装定额的工作内容 /127	
四、采暖管道安装定额工程量计算 /115		四、燃气管道安装定额工程量计算 /128	
关键细节6	室内钢管安装定额工程量计算	关键细节5	室内镀锌钢管安装定额工程
	实例 /115		量计算 /128
第三节	采暖管道伸缩器安装工程 /116	第三节	燃气阀门安装工程 /128
一、采暖管道伸缩器简介 /116		一、燃气阀门简介 /128	
关键细节7	方形伸缩器的安装方法 /116	关键细节6	燃气阀门安装的要求 /128

二、燃气阀门安装定额说明 /128
三、燃气阀门安装定额的工作内容 /129
四、燃气阀门安装定额工程量计算 /129
关键细节 7　螺纹阀门安装工程量计算实例 /129
第四节　燃气表安装工程 /129
一、燃气表简介 /129
关键细节 8　家用燃气表的安装要求 /130
关键细节 9　工业燃气表的安装要求 /130
二、燃气表安装定额说明 /130
三、燃气表安装定额的工作内容 /131
四、燃气表安装定额工程量计算 /131
关键细节 10　燃气表安装定额工程量计算实例 /131
关键细节 11　民用灶具安装定额工程量计算实例 /131

第七章　水暖工程设计概算的编制 /133
第一节　水暖工程设计概算概述 /133
一、设计概算的概念与分类 /133
关键细节 1　设计概算的作用 /133
二、设计概算的编制 /133
关键细节 2　设计概算的编制步骤 /134
第二节　设计概算文件及方法 /134
一、设计概算文件 /134
关键细节 3　概算文件及各种表格格式规定 /135
关键细节 4　概算文件的编制形式 /135
二、设计概算的编制方法 /135
关键细节 5　工程费用项目形式 /135
关键细节 6　应列入项目概算总投资中的几项费用 /136
关键细节 7　引进合同总价的内容 /137
关键细节 8　需要调整概算的原因 /138
三、设计概算文件的编审程序和质量控制 /138

第八章　水暖工程施工图预算的编制 /139
第一节　水暖工程施工图预算概述 /139
一、施工图预算的概念与作用 /139
二、施工图预算的编制 /139
关键细节 1　总预算编制 /140
关键细节 2　综合预算编制 /140
关键细节 3　单位工程预算编制 /140
第二节　施工图预算文件组成及签署 /141
一、施工图预算编制形式及文件组成 /141
二、施工图预算文件表格格式 /142
关键细节 4　施工图预算文件签署 /142

第三节　施工图预算审查与质量管理 /142
一、施工图预算审查 /142
二、施工图预算质量管理 /143

第九章　水暖工程清单编制 /145
第一节　清单计价概述 /145
一、2013 年清单计价规范简介 /145
关键细节 1　工程量清单计价规范的特点 /145
二、工程量清单计价规范构成 /145
第二节　工程量清单概述 /146
一、工程量清单概念 /146
二、工程量清单的作用 /146
第三节　工程量清单编制 /147
一、工程量清单编制的依据 /147
关键细节 2　工程量清单编制一般规定 /147
二、工程量清单编制的程序 /147
三、分部分项工程项目清单编制 /148
关键细节 3　分部分项工程项目清单中工程量填写规定 /148
关键细节 4　分部分项工程项目清单编制应注意的问题 /148
四、措施项目清单编制 /149
五、其他项目清单编制 /149
关键细节 5　暂列金额 /149
关键细节 6　暂估价 /150
关键细节 7　计日工 /150
关键细节 8　总承包服务费 /151
六、规费及税金项目清单编制 /151
关键细节 9　规费项目清单应列项内容 /151
关键细节 10　"13 规范"对规费项目清单的调整 /151
关键细节 11　税金项目清单应列项内容 /152
关键细节 12　"13 规范"对税金项目清单的调整 /152

第十章　水暖工程清单工程量计算 /153
第一节　给水、排水、采暖、燃气管道 /153
一、给水排水、采暖、燃气管道项目简介 /153
二、给排水、采暖、燃气管道工程量清单项目设置 /154
关键细节 1　给排水、采暖、燃气管道工程量清单项目特征 /154
关键细节 2　给排水、采暖、燃气管道工作内容 /154
关键细节 3　给排水、采暖、燃气管道工程量清单应注意的问题 /155

目 录

关键细节 4　给排水、采暖燃气管道工程量
　　　　　　计算　　　　　　　　　　　　　/155
第二节　支架及其他　　　　　　　　　　　/156
　一、管道支架概述　　　　　　　　　　　/156
　二、支架及其他工程量清单项目设置　　　/157
　　关键细节 5　支架及其他工程量清单项目
　　　　　　　　特征　　　　　　　　　　/157
　　关键细节 6　支架及其他工程量清单工作
　　　　　　　　内容　　　　　　　　　　/157
　　关键细节 7　支架及其他工程量清单应注
　　　　　　　　意问题　　　　　　　　　/158
　　关键细节 8　支架及其他工程量计算　　/158
第三节　管道附件　　　　　　　　　　　　/158
　一、管道附件项目简介　　　　　　　　　/158
　二、管道附件工程量清单项目设置　　　　/159
　　关键细节 9　管道附件工程量清单项目特征　/159
　　关键细节 10　管道附件工程量清单工作内容　/160
　　关键细节 11　管道附件工程量清单注意问题　/160
　　关键细节 12　管道附件工程量计算　　　/160
第四节　卫生器具　　　　　　　　　　　　/161
　一、卫生器具项目简介　　　　　　　　　/161
　二、卫生器具工程量清单项目设置　　　　/165
　　关键细节 13　卫生器具工程量清单项目特征　/166
　　关键细节 14　卫生器具工程量清单工作内容　/166
　　关键细节 15　卫生器具工程量清单注意事项　/166
　　关键细节 16　卫生器具工程量计算　　　/166
第五节　供暖器具　　　　　　　　　　　　/168
　一、供暖器具项目简介　　　　　　　　　/168
　二、供暖器具工程量清单项目设置　　　　/168
　　关键细节 17　供暖器具工程量清单项目特征　/168
　　关键细节 18　供暖器具工程量清单工作内容　/169
　　关键细节 19　供暖器具工程量清单注意事项　/169
　　关键细节 20　供暖器具工程量计算　　　/169
第六节　采暖、给排水设备　　　　　　　　/171
　一、采暖、给排水设备项目简介　　　　　/171
　二、采暖、给排水设备工程量清单项目设置　/173
　　关键细节 21　采暖、给排水设备工程量清
　　　　　　　　 单项目特征　　　　　　　/173
　　关键细节 22　采暖、给排水设备工程量清
　　　　　　　　 单工作内容　　　　　　　/173
　　关键细节 23　采暖、给排水设备工程量清
　　　　　　　　 单注意事项　　　　　　　/173
　　关键细节 24　采暖、给排水设备工程量计算　/174
第七节　燃气器具及其他　　　　　　　　　/175
　一、燃气器具项目简介　　　　　　　　　/175
　二、燃气器具及其他工程量清单项目设置　/175
　　关键细节 25　燃气器具及其他工程量清单
　　　　　　　　 项目特征　　　　　　　　/175
　　关键细节 26　燃气器具及其他工程量清单
　　　　　　　　 工作内容　　　　　　　　/176
　　关键细节 27　燃气器具及其他工程量清单
　　　　　　　　 注意事项　　　　　　　　/176
　　关键细节 28　燃气器具及其他工程量计算　/176
第八节　医疗气体设备及附件　　　　　　　/177
　一、医疗气体设备及附件项目简介　　　　/177
　二、医疗气体设备及附件工程量清单项目
　　　设置　　　　　　　　　　　　　　　/178
　　关键细节 29　医疗气体设备及附件工程量
　　　　　　　　 清单项目特征　　　　　　/178
　　关键细节 30　医疗气体设备及附件工程量
　　　　　　　　 清单工作内容　　　　　　/178
　　关键细节 31　医疗气体设备及附件工程量
　　　　　　　　 清单注意事项　　　　　　/179
　　关键细节 32　医疗气体设备及附件工程量
　　　　　　　　 计算　　　　　　　　　　/179
第九节　采暖、空调水工程系统调试　　　　/179
　一、采暖、空调水工程系统调试项目简介　/179
　二、采暖、空调水工程系统调试工程量清单
　　　项目设置　　　　　　　　　　　　　/179
　　关键细节 33　采暖、空调水工程系统调试
　　　　　　　　 工程量清单项目特征　　　/179
　　关键细节 34　采暖、空调水工程系统调试
　　　　　　　　 工程量工作内容　　　　　/179
　　关键细节 35　采暖、空调水工程系统调试
　　　　　　　　 工程量清单注意事项　　　/179
　　关键细节 36　采暖、空调水工程系统调试
　　　　　　　　 工程量计算　　　　　　　/180

第十一章　水暖工程清单计价　　　　　　　/181
第一节　工程量清单计价规定　　　　　　　/181
　一、计价方式　　　　　　　　　　　　　/181
　二、发包人提供材料和机械设备　　　　　/182
　三、承包人提供材料和工程设备　　　　　/182
　四、计价风险　　　　　　　　　　　　　/183
第二节　工程量清单计价格式　　　　　　　/184
　一、工程计价表格的形式及填写要求　　　/184
　　关键细节 1　招标工程量清单封面填写要点　/185
　　关键细节 2　招标控制价封面填写要点　/186

关键细节 3	投标总价封面填写要点	/187
关键细节 4	竣工结算书封面填写要点	/188
关键细节 5	工程造价鉴定意见书封面填写要点	/188
关键细节 6	招标工程量清单扉页填写要点	/189
关键细节 7	招标控制价扉页填写要点	/190
关键细节 8	投标总价扉页填写要点	/192
关键细节 9	竣工结算总价扉页填写要点	/193
关键细节 10	《工程造价鉴定意见书扉页表》填写要点	/194
关键细节 11	工程造价总说明表填写要点	/194
关键细节 12	工程造价汇总表填写要点	/195
关键细节 13	分部分项工程和单价措施项目清单与计价表填写要点	/198
关键细节 14	综合单价分析表填写要点	/199
关键细节 15	综合单价调整表填写要点	/200
关键细节 16	总价措施项目清单与计价表填写要点	/201
关键细节 17	其他项目清单与计价汇总表填写要点	/202
关键细节 18	暂列金额明细表填写要点	/203
关键细节 19	材料（工程设备）暂估单价及调整表填写要点	/203
关键细节 20	专业工程暂估价及结算价表填写要点	/204
关键细节 21	计日工表填写要点	/205
关键细节 22	总承包服务费计价表填写要点	/206
关键细节 23	索赔与现场签证计价汇总表填写要点	/207
关键细节 24	费用索赔申请（核准）表填写要点	/208
关键细节 25	现场签证表填写要点	/209
关键细节 26	规费、税金项目计价表填写要点	/209
关键细节 27	工程计量申请（核准）表填写要点	/210
关键细节 28	合同价款支付申请（核准）表填写要点	/212
二、工程计价表格的使用范围		/217
第三节 招标控制价		/217
一、招标控制价的概念		/217
二、招标控制价的编制		/217
关键细节 29	招标控制价编制的注意事项	/219
第四节 投标报价		/219
一、投标报价概述		/219

关键细节 30	投标报价的范围	/220
二、投标报价的编制与复核		/220
第五节 水暖工程竣工结算		/222
一、竣工结算与支付		/222
关键细节 31	结算款支付	/225
二、合同解除的价款结算与支付		/226
第六节 工程造价的鉴定		/227
一、一般规定		/227
二、取证		/228
三、鉴定		/229
第十二章 工程合同价款约定与管理		**/230**
第一节 合同价款约定		/230
一、一般规定		/230
关键细节 1	工程合同价款的约定应满足的要求	/230
二、合同价款约定内容		/231
第二节 工程合同价款的管理		/231
一、工程计量		/231
二、合同价款调整		/233
关键细节 2	法律法规变化引起的合同价款调整	/234
关键细节 3	工程变更引起的合同价款调整	/234
关键细节 4	项目特征不符引起的合同价款调整	/236
关键细节 5	工程量清单缺项引起的合同价款调整	/236
关键细节 6	工程量偏差引起合同价款调整	/237
关键细节 7	计日工引起的合同价款调整	/237
关键细节 8	物价变化引起合同价款调整	/238
关键细节 9	暂估价引起合同价款调整	/238
关键细节 10	不可抗力引起合同价款调整	/238
关键细节 11	提前竣工（赶工补偿）引起合同价款调整	/239
关键细节 12	误期赔偿引起合同价款调整	/239
关键细节 13	索赔引起合同价款调整	/239
关键细节 14	现场签证引起合同价款调整	/242
关键细节 15	暂列金额引起合同价款调整	/243
三、合同价款期中支付		/243
四、合同价款争议的解决		/247
第三节 工程计价资料与档案		/249
一、工程计价资料		/249
二、计价档案		/250
参考文献		**/251**

第一章 概 述

第一节 工程预算基础知识

一、工程预算的概念

1. 建设工程预算

建设工程预算是在基本建设程序的各个阶段，预先计算和确定建设工程投资数额及其资源耗量的各种经济文书。它包括概算和预算两个范畴，又分土建和安装工程两个系列，涉及的因素较多，影响的范围较广。尽管专业性质的不同使预算内容有所差别，不同建设阶段对预算的深度和广度要求也不同，但是，工程预算编制的基本原理是相同的。

2. 建设工程预算的作用

基本建设在整个国民经济中占有很重要的地位，充分发挥投资效益、做好预算工作是十分必要的。建设工程预算的作用具体表现为以下几个方面：

(1) 预算是基本建设中重要的组成部分，是编制基本建设计划、控制基本建设投资、考核工程成本、确定工程造价、办理工程结算、申请银行贷款的依据。

(2) 预算是实行工程招标、投标和投资包干的重要文件，可以作为编制招标控制价（标底）和投标报价的依据。

(3) 预算是对设计方案进行技术经济分析的重要尺度。

二、工程预算的形式

按照基本建设阶段和编制依据的不同，工程投资文件可分为投资估算、设计概算、施工图预算、施工预算和竣工决算等五种形式。

1. 投资估算

投资估算是指根据计划任务书规划的工程规模，依照概算指标所确定的工程投资额、主要材料总数等经济指标对建设项目的投资额进行的估算。它是工程建设决策阶段设计任务书的主要内容之一，也是审批项目的主要依据之一。

工程规模由工程形象和特征指标两个部分构成。工程形象包括外形尺寸、主体结构、分部构造、建筑组成等内容。特征指标是指体现规模的单位数量，如给水工程以安装管道实际长度表示等。

投资估算套用概算指标应取相同或相似的工程规模，否则只能参考其耗量指标，特别要注意市场经济条件下的价值变化。投资估算一般由建设单位编制。投资估算的定额依据是概算指标。

2. 设计概算

设计概算是设计文件的有机组成部分，也是审定工程投资的主要依据。设计概算是指在初步设计或扩大初步设计阶段，以分部工程或扩大构件为计量单元，根据设计资料、概算定额及有关规定所编制的拟建工程建设投资的经济文书。

设计概算按专业划分，可分为建筑工程概算和安装工程概算两大系列；按工程特性及规模划分，有建设项目总概算、单项工程综合概算、单位工程概算、其他工程及费用概算等四类；单位工程概算因专业不同，又可分为土建、给排水、电气、采暖、通风、煤气、机械等工程概算。

初步设计的概算文件称"初步设计概算"，技术设计完成后编制"技术设计修正概算"。设计概算的作用主要表现在以下四个方面：

(1) 设计概算是审批和确定工程投资的依据。
(2) 设计概算是编制工程计划的依据。
(3) 设计概算是招标工程中确定招标控制价（标底）综合单价的依据。
(4) 设计概算是评价设计方案和工程投资效益的依据。

3. 施工图预算

施工图设计完成后，施工企业在工程开工前，根据施工图和施工组织设计，按照预算定额及有关规定，逐项计算和汇总的工程经济文书即为施工图预算。

施工图预算是确定工程施工造价、编制招标控制价（标底）、签订承建合同、实行经济核算、进行拨款结算、安排施工计划、核算工程成本的主要依据，也是工程施工阶段的法定经济文件。施工图预算的内容应包括单位工程总预算、分部和分项工程预算、其他项目及费用预算等三部分。

4. 施工预算

施工预算是指工程施工阶段，在施工图预算指标的控制和指导下，施工企业为指导施工和加强企业管理，根据施工图、施工图预算、施工定额、施工组织设计、本企业各种要素价格标准等资料而编制的一种供内部使用的工程分析预算。它是施工企业内部编制和使用的成本分析预算，也是以单位工程为编制单元，以分项工程划分项目，但可依照施工安排分部、分层、分段编制，也可根据企业实际需要，在内容和深度上进行调整。

施工预算的主要内容由编制说明和各种表格两部分组成。编制说明应包括工程概况、施工安排、施工方法、资源调配方案、施工措施、施工重点环节与施工难点等内容。各种表格主要有工程量计算表、施工预算表、工料分析表、费用汇总表、资源指标汇总表、"两算"对比表、构配件加工表、各种配料单、运输计划表、机械及劳力调度等。

施工预算的主要作用是指导现场施工、加强企业管理。具体表现在以下四个方面：

(1) 施工预算是编制施工作业计划的依据。
(2) 施工预算是下达施工任务、进行劳力调配和施工机械调度的依据。
(3) 施工预算是执行计划备料和班组限额领料的依据。
(4) 施工预算是企业实行经济分析、"两算"对比、成本核算的依据。

"两算"对比是指同一单位工程的施工预算与施工图预算的对比。它包括各项预算费用对比和工料消耗指标对比两大内容。其目的在于预先找出差距，分析原因，以便在施工中采取必要措施,提高效益,防止亏损。

施工预算的编制必须结合施工企业自身内部的实际情况,有的放矢地全面运筹。

5. 竣工决算

竣工决算是核定固定资产最终价值的依据,是由建设单位编制的工程全部投资的财务实际支付资金的会计报表及其相关凭证的经济文书。

建设工程竣工后,由施工企业根据实际施工完成情况,以预算定额为标准编制的工程施工实际造价应付费用的经济文书称为竣工结算。竣工结算是施工企业向建设单位进行财务价款结算、收取工程款的凭据,须经监理审核、业主审定和中介单位审计认定后方为有效。竣工决算的分项内容必须严格依据基本建设会计制度编制,并与设计概算相对应比较。

关键细节1 工程预算的性质

(1)预算的价值性。根据工程设计图、施工条件等实际情况,遵照有关政策规定,在相同条件下,将单位产品所含的劳力、材料、机械台班的消耗量用货币形式分项核价,求出产品造价,并分析计算工料等消耗量,这种分析计算工作称为预算的编制工作。预算的货币总额叫"预算价值"。

(2)预算的综合计价性。建设工程预算编制的基本原理可以理解为分项核算、综合计价。分项核算是指按照不同预算的精度要求,把建设工程内容逐步拆分为若干核价项目,将相同条件的项目合并,计算其实物量。综合计价是指按工程项目的实物量对照单位消耗的各种综合指标,逐项计算和核定其货币价值及其资源消耗量,并按综合因素和有关规定统一调整和补充预算费用。

(3)预算的个别性。水暖工程不同于工业产品,不仅形式、构造不相雷同,而且影响施工效果的因素很多。因此,水暖工程的计价途径只能是分项解剖为基本相同的项目,然后分别计价,再加入必要的其他费用后汇总为总价。

三、工程预算的方法

工程预算的基本编制方法主要有单位估价法和实物造价法两种。

关键细节2 单位估价法

单位估价法是指以定额为标准,利用工程项目的实物量逐项套价计算工程造价的方法。首先按设计图划分计价项目,再分项计算工程量,然后按相应定额逐项计算金额及各种消耗量,汇总后根据有关文件规定统一调整、计算各种预算费用,累计形成工程造价。单位估价法是一种综合计价法,具有统一、规范、便于控制等特点,因此,广泛用于定额比较完整的建筑安装工程概、预算编制。但是,对于一些定额中尚未编入的新材料、新工艺等工程内容,必须编制补充定额才能采用。

关键细节3 实物造价法

实物造价法是指以实际耗用的各种资源数量为依据,运用现行的相应资源预算价格,逐项套价计算工程造价的方法。首先按设计图分项计算各项目的实物量,再以有关定额和资料分别求出劳动量、各种材料和施工机械台班耗量的总数;运用现行的资源预算价格,分别计算出人工费、材料费和机械费的总金额,汇总后按有关文件规定统一计算各种预算费用,累计形成工程造价。实物造价法是一种按资源内容分项计价的方法,实用性较强,用于一些新增项目、特殊项目、定额不完整工程等时比较方便。在建筑装修工程中,有一定的实用价值。

第二节 建设工程造价构成

一、工程造价概述

1. 工程造价的概念

工程造价是进行一个工程项目的建造所需要花费的全部费用,即从工程项目确定建设意向直至建成、竣工验收为止的整个建设期间所支出的总费用,是保证工程项目建造正常进行的必要资金,也是建设项目投资中最主要的部分。工程造价主要由工程费用和工程其他费用组成。

工程造价有两种含义。第一种含义是指建设一项工程预期开支或实际开支的全部固定资产投资费用。显然,这一含义是从投资者———业主的角度来定义的。投资者选定一个投资项目,为了获得预期的效益,就要通过项目评估进行决策,然后进行设计招标、工程招标,直至竣工验收等一系列投资管理活动。在投资活动中所支付的全部费用形成了固定资产和无形资产,所有这些开支就构成了工程造价。换句话说,工程造价就是工程投资费用,建设项目工程造价就是建设项目固定资产投资。第二种含义是指工程价格,即为建成一项工程,预计或实际在土地市场、设备市场、技术劳务市场以及承包市场等交易活动中所形成的建筑安装工程的价格和建设工程总价格。显然,工程造价的第二种含义是以商品经济和市场经济为前提的。它以工程这种特定的商品形式作为交易对象,通过招投标或其他交易方式,在进行多次预估的基础上最终由市场形成价格。

上述工程造价的两种含义,是从不同角度把握同一事物的本质。对于建设工程的投资者来说,市场经济条件下的工程造价就是项目投资,是"购买"项目要付出的价格,同时也是投资者在作为市场供给主体"出售"项目时定价的基础。对于承包商、供应商和规划、设计等机构来说,工程造价是它们作为市场供给主体出售商品和劳务的价格的总和,或是特指范围的工程造价,如建筑安装工程造价。

2. 工程造价的职能

(1)评价职能。评价土地价格、建筑安装产品和设备价格的合理性时,必须利用工程造价资料;在评价建设项目偿贷能力、获利能力和宏观效益时,也要依据工程造价。因此工程造价是评价总投资和分项投资合理性和投资效益的主要依据之一,同时也是评价建筑安装企业管理水平和经营成果的重要依据。

(2)控制职能。在价格一定的条件下,企业实际成本开支决定企业的盈利水平。成本越高,盈利越低。成本高于价格,就会危及企业的生存。所以,企业要以工程造价来控制成本,利用工程造价提供的信息资料作为控制成本的依据。工程造价的控制职能表现在两方面:一方面是对投资的控制,即在投资的各个阶段,根据对造价的多次性预估,对造价进行全过程、多层次的控制;另一方面是对以承包商为代表的商品和劳务供应企业的成本控制。

(3)预测职能。投资者预先测算工程造价不仅作为项目决策依据,同时也是筹集资金、控制造价的依据。承包商对工程造价的测算,既为投标决策提供依据,也为投标报价和成本管理提供依据。工程造价的大额性和多变性,使无论是投资者或是承包商都要对拟建工程进行预先测算。

(4)调节职能。国家对建设规模、结构进行宏观调节是在任何条件下都不可缺少的,对政府投资项目进行直接调控和管理也是非常必需的。这些都要通过工程造价来对工程建设中的物质消耗水平、建设规模、投资方向等进行调节。工程建设直接关系到经济增长,也直接关系到国家重要资源分配和资金流向,对国计民生都产生重大影响。

关键细节 4　工程造价的特点

(1)工程造价的大额性。能够发挥投资效用的任一项工程,不仅实物形体庞大,而且造价高昂。动辄数百万元、数千万元、数亿元、数十亿元,特大的工程项目造价可达百亿元、千亿元人民币。工程造价的大额性使它关系到相关各方面的重大经济利益,同时也会对宏观经济产生重大影响。这就决定了工程造价的特殊地位,也说明了造价管理的重要意义。

(2)工程造价的个别性、差异性。任何一项工程都有特定的用途、功能、规模。因此,对每一项工程的结构、造型、空间分割、设备配置和内外装饰都有具体的要求,造就了工程的实物形态都具有个别性、差异性。建筑产品的个别性、差异性决定了工程造价的个别性、差异性。同时每项工程所处地区、地段不相同,也使这一特点得到强化。

(3)工程造价的动态性。任何一项工程从决策到竣工交付使用,都有一个较长的建设期间,而且由于不可控因素的影响,在预计工期内,许多影响工程造价的动态因素(如工程变更、设备材料价格、工资标准、利率、汇率等)的变化必然会影响造价的变动。所以,工程造价在整个建设期处于动态状况,直至竣工决算后才能最终确定工程的实际造价。

3. 工程造价与建设项目投资费用之间的关系

(1)建设项目投资费用。投资费用是建设项目总投资费用(投资总额)的简称,有时也简称为"投资",它包括固定投资(固定资金)和流动投资(流动资金)两部分,是保证项目建设和生产经营活动正常进行的必要资金。建设项目投资的构成内容如下:

1)固定投资。固定投资是指形成企业固定资产、无形资产和其他资产的投资。固定投资中形成固定资产的支出叫固定资产投资。固定资产是指使用期限超过一年的房屋、建筑物、机器、机械、运输工具以及与生产经营有关的设备、器具、工具等。这些资产的建造或购置过程中发生的全部费用都构成固定资产投资。投资者如果用现有的固定资产作为投入,按照评估确认或者合同、协议约定的价值作为投资;融资租入的,按照租赁协议或者合同确定的价款加运输费、保险费、安装调试费等计算其投资。

企业因购建固定资产而交纳的固定资产投资方向调节税和耕地占用税,也应算做固定投资的组成部分。

无形资产投资是指专利权、商标权、著作权、土地使用权、非专利技术和商誉等的投入。

2)流动投资。流动资金是指为维持生产而占用的全部周转资金。它是流动资产与流动负债的差额。流动资产包括各种必要的现金、存款、应收及预付款项和存货；流动负债主要是指应付账款。资产负债表中的通常含义下的流动资产称为流动资产总额，它除了最低需要的流动资产外，还包括生产经营活动中新产生的盈余资金。同样，把通常含义下的流动负债叫流动负债总额，它除应付账款外，还包括短期借款，当然也包括为解决流动资金投入所需要的短期借款。通常，建设项目的投资总数首先是按现行的价格估计的，不包括涨价因素。由于建设周期很长，涨价的情况是免不了的。考虑了涨价因素，实际的投资肯定会有所增加。另外，投资需要的资金中一般会有很大一部分是依靠借款来解决，从借钱开始到项目建成，还要发生借钱的利息、承诺费和担保费等开支，这些开支有些在当时就要用投资者的自有资金来支付，或者再借债来偿付，有些可能待项目投入运行以后再偿付，不管怎样，实际上要筹措的资金比工程上花的资金要多。

(2)建筑产品价格。建筑产品是指房屋、构筑物的建造和设备安装，它是建筑业的物质生产成果，是建筑业提供给社会的产品。建筑产品同其他工业产品一样具有价值和使用价值，并且是为他人使用而生产的，具有商品的性质。

建筑产品价格包括生产成本、利润和税金三个部分，其中生产成本又可分为直接成本和间接成本。建筑产品价格除具有一般商品价格的特性外，还具有许多与其他商品价格不同的特点，这是由建筑产品的技术经济特点(如产品的一次性、体型大、生产周期长、价值高以及交易在先而生产在后等因素)所决定的。

建筑产品价格是建筑产品价值的货币表现，是在建筑产品生产中社会必要劳动时间的货币名称。在建筑市场上，建筑产品价格是建筑工程招标投标的定标价格，也表现为建筑工程的承包价格和结算价格。

关键细节5　工程造价、建设项目投资和产品价格之间的关系

(1)投资费用一般包含工程造价，工程造价包含建筑安装产品价格。

(2)建设项目投资费用主要由建筑安装工程费用、设备工器具购置费用以及工程建设其他费用等构成。建设项目投资费用就是对工程项目的建设和建设期而言的，从狭义的角度看，人们习惯上将投资费用与工程造价等同，将投资控制与工程造价控制等同。

(3)建筑安装产品价格构成是安装产品价格各组成要素的有机组合形式。在通常情况下，安装产品价格构成与建设项目总投资中建筑安装工程费用构成二者相同，后者是从投资耗费角度进行的表述，前者反映商品价值的内涵，是对后者从价格学角度的归纳。

二、现行工程造价的构成

我国现行工程造价的构成主要由设备及工、器具购置费用，建筑安装工程费用、工程建设其他费用、预备费、建设期贷款利息、固定资产投资方向调节税等几项构成。具体构成内容如图1-1所示。

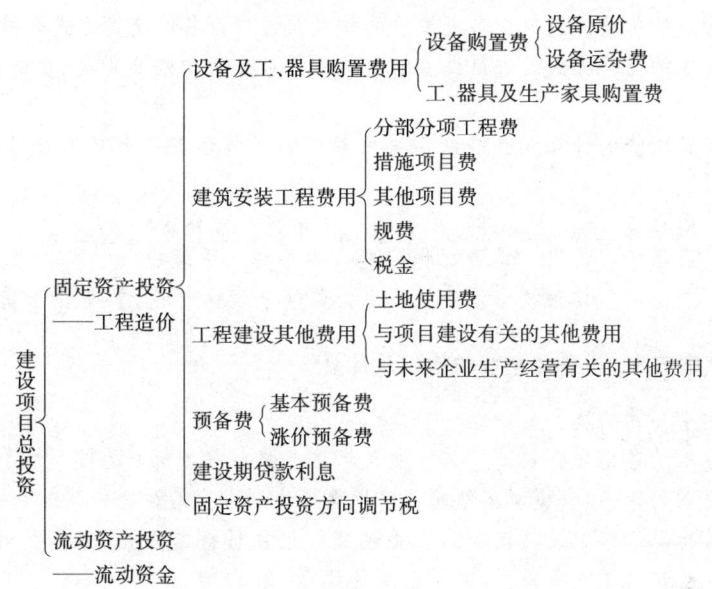

图 1-1 我国现行工程造价的构成

1. 设备及工器具购置费

(1)设备购置费。设备购置费是指达到固定资产标准,为建设工程项目购置或自制的各种国产或进口设备及工器具的费用。它由设备原价和设备运杂费构成,即:

$$设备购置费＝设备原价＋设备运杂费$$

式中,设备原价指国产设备或进口设备的原价;设备运杂费指除设备原价之外的关于设备采购、运输、途中包装及仓库保管等方向支出费用的总和。

关键细节6 国产设备原价的构成及计算

国产设备原价一般根据生产厂或供应商的询价、报价、合同价确定,或采用一定的方法计算确定。国产设备原价指的是设备制造厂的交货价,或订货合同价,一般分为国产标准设备原价和国产非标准设备原价。

1)国产标准设备原价。国产标准设备是指按照主管部门颁布的标准图纸和技术要求,由设备生产厂批量生产的,符合国家质量检验标准的设备。国产标准设备原价一般指的是设备制造厂的交货价,即出厂价。

2)国产非标准设备原价。国产非标准设备是指国家尚无定型标准,各设备生产厂不可能在工艺过程中采用批量生产,只能按一次订货,并根据具体的设计图纸制造的设备。非标准设备原价有多种不同的计算方法,如成本计算估价法、系列设备插入估价法、分部组合估价法、定额估价法等。但无论采用哪种方法,都应使非标准设备计价接近实际出厂价,并且计算方法要简便。

关键细节7 进口设备原价的计算

进口设备的原价是指进口设备的抵岸价,即抵达买方边境港口或边境车站,且交完关税等税费后形成的价格。进口设备抵岸价的构成与进口设备的交货方式有关。

1)进口设备的交货方式。进口设备的交货方式可分为内陆交货类、目的地交货类、装运港交货类。

2)进口设备原价的计算。进口设备采用最多的是装运港船上交货价(FOB)，其抵岸价的计算为：

$$进口设备原价 = 货价 + 国际运费 + 运输保险费 + 银行财务费 + 外贸手续费 + 关税 + 增值税 + 消费税 + 海关监管手续费 + 车辆购置附加费$$

关键细节8　设备运杂费的构成及计算

1)设备运杂费的构成。

①国产标准设备由设备制造厂交货地点起至工地仓库止所发生的运费和装卸费。进口设备则由我国到岸港口、边境车站起至工地仓库止所发生的运费和装卸费。

②在设备出厂价格中没有包含的设备包装和包装材料器具费；在设备出厂价或进口设备价格中如已包括了此项费用，则不应重复计算。

③供销部门的手续费，按有关部门规定的统一费率计算。

④建设单位的采购与仓库保管费，是指采购、验收、保管和收发设备所发生的各种费用，包括设备采购、保管和管理人员工资、工资附加费、办公费、差旅交通费、设备供应部门办公和仓库所占固定资产使用费、工具用具使用费、劳动保护费、检验试验费等。这些费用可按主管部门规定的采购保管费率计算。

2)设备运杂费的计算。设备运杂费按设备原价乘以设备运杂费率计算，其公式为：

$$设备运杂费 = 设备原价 \times 设备运杂费率$$

其中，设备运杂费率按各部门及省、市等的规定计取。

(2)工、器具及生产家具购置费的构成及计算。工、器具及生产家具购置费，是指新建或扩建项目初步设计规定的，保证初期正常生产必须购置的没有达到固定资产标准的设备、仪器、工卡模具、器具、生产家具和备品备件等的购置费用。一般以设备购置费为计算基数，按照部门或行业规定的工、器具及生产家具费率计算。计算公式为：

$$工、器具及生产家具购置费 = 设备购置费 \times 定额费率$$

2. 建筑安装工程费用

我国现行建筑安装工程费用见本章第三节内容。

3. 工程建设其他费用

工程建设其他费用是指在建设项目投资开支中，为保证工程建设顺利完成和交付使用后能够正常发挥使用效果而产生的费用，包括固定资产其他费用、无形资产费用和其他资产费用等。

4. 预备费和建设期利息

(1)按我国现行规定，预备费包括基本预备费和涨价预备费。

(2)建设期利息包括向国内银行和其他银行金融机构贷款、出口信贷、外国政府贷款、国际商业银行贷款以及在境内外发行的债券等在建设期间应计的借款利息。

第三节 建筑安装工程造价费用构成

一、建筑安装工程费用的构成

(一)建筑安装工程费用项目组成(按费用构成要素划分)

建筑安装工程费按照费用构成要素划分,由人工费、材料(包含工程设备,下同)费、施工机具使用费、企业管理费、利润、规费和税金组成。其中人工费、材料费、施工机具使用费、企业管理费和利润包含在分部分项工程费、措施项目费、其他项目费中,如图1-2所示。

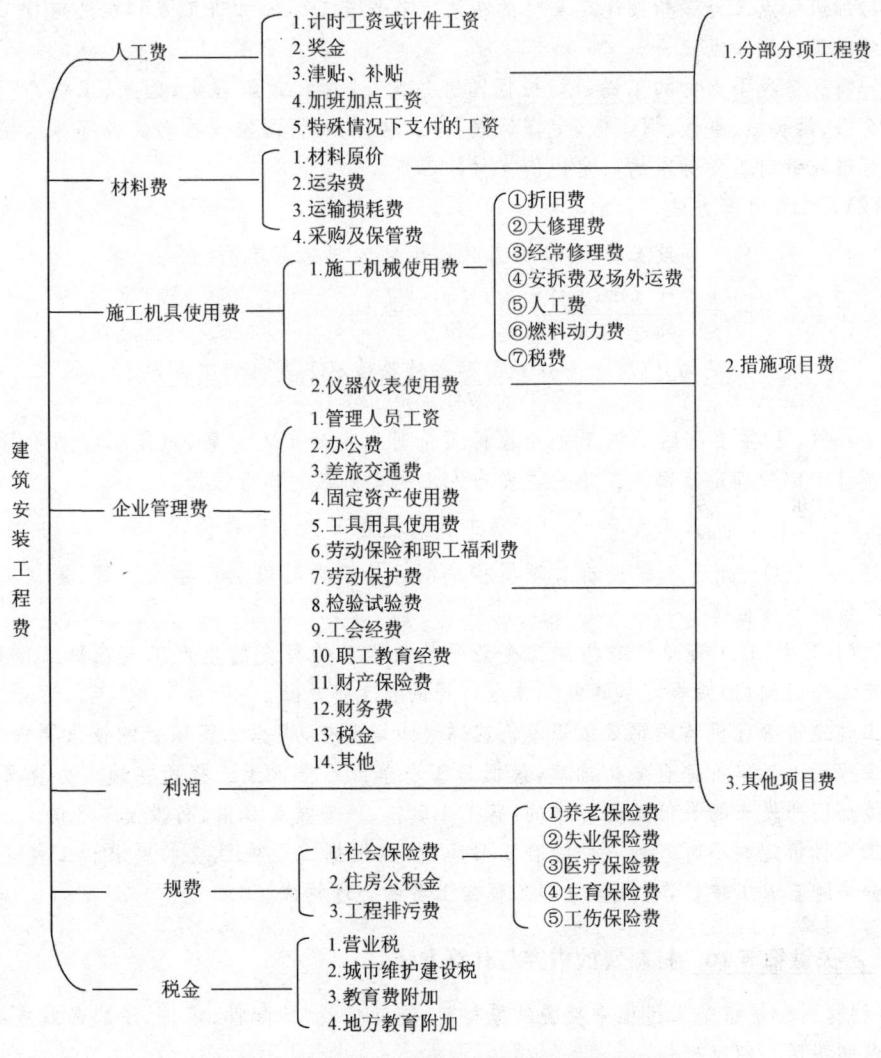

图1-2 建筑安装工程费(按费用构成要素划分)

关键细节 9　人工费的内容与计算方法

(1)人工费是指按工资总额构成规定,支付给从事建筑安装工程施工的生产工人和附属生产单位工人的各项费用。内容包括:

1)计时工资或计件工资。指按计时工资标准和工作时间或对已做工作按计件单价支付给个人的劳动报酬。

2)奖金。指对超额劳动和增收节支支付给个人的劳动报酬。如节约奖、劳动竞赛奖等。

3)津贴补贴。指为了补偿职工特殊或额外的劳动消耗和因其他特殊原因支付给个人的津贴,以及为了保证职工工资水平不受物价影响支付给个人的物价补贴。如流动施工津贴、特殊地区施工津贴、高温(寒)作业临时津贴、高空津贴等。

4)加班加点工资。指按规定支付的在法定节假日工作的加班工资和在法定日工作时间外延时工作的加点工资。

5)特殊情况下支付的工资。指根据国家法律、法规和政策规定,因病、工伤、产假、计划生育假、婚丧假、事假、探亲假、定期休假、停工学习、执行国家或社会义务等原因按计时工资标准或计时工资标准的一定比例支付的工资。

(2)人工费计算方法。

$$人工费 = \sum(工日消耗量 \times 日工资单价) \quad (1-1)$$

$$日工资单价 = \frac{生产工人平均月工资(计时计件)}{年平均每月法定工作日} +$$

$$\frac{平均月(奖金+津贴补贴+特殊情况下支付的工资)}{年平均每月法定工作日} \quad (1-2)$$

注:式(1-1)主要适用于施工企业投标报价时自主确定人工费,也是工程造价管理机构编制计价定额确定定额人工单价或发布人工成本信息的参考依据。

$$人工费 = \sum(工程工日消耗量 \times 日工资单价) \quad (1-3)$$

注:式(1-3)适用于工程造价管理机构编制计价定额时确定定额人工费,是施工企业投标报价的参考依据。

式(1-3)中,日工资单价是指施工企业平均技术熟练程度的生产工人在每工作日(国家法定工作时间内)按规定从事施工作业应得的日工资总额。

工程造价管理机构确定日工资单价应通过市场调查,根据工程项目的技术要求,参考实物工程量人工单价综合分析确定,最低日工资单价不得低于工程所在地人力资源和社会保障部门所发布的最低工资标准的:普工1.3倍、一般技工2倍、高级技工3倍。

工程计价定额不可只列一个综合工日单价,应根据工程项目技术要求和工种差别适当划分多种日人工单价,确保各分部工程人工费的合理构成。

关键细节 10　材料费的内容与计算方法

(1)材料费是指施工过程中耗费的原材料、辅助材料、构配件、零件、半成品或成品、工程设备的费用。内容包括:

1)材料原价。指材料、工程设备的出厂价格或商家供应价格。

2)运杂费。指材料、工程设备自来源地运至工地仓库或指定堆放地点所发生的全部费用。

3)运输损耗费。指材料在运输装卸过程中不可避免的损耗。

4)采购及保管费。指为组织采购、供应和保管材料、工程设备的过程中所需要的各项费用。包括采购费、仓储费、工地保管费、仓储损耗。

工程设备是指构成或计划构成永久工程一部分的机电设备、金属结构设备、仪器装置及其他类似的设备和装置。

(2)材料费计算方法。

1)材料费。

$$材料费 = \sum(材料消耗量 \times 材料单价) \tag{1-4}$$

$$材料单价 = [(材料原价 + 运杂费) \times [1 + 运输损耗率(\%)]] \times [1 + 采购保管费率(\%)] \tag{1-5}$$

2)工程设备费。

$$工程设备费 = \sum(工程设备量 \times 工程设备单价) \tag{1-6}$$

$$工程设备单价 = (设备原价 + 运杂费) \times [1 + 采购保管费率(\%)] \tag{1-7}$$

关键细节 11 施工机具使用费的内容与计算方法

施工机具使用费是指施工作业所发生的施工机械、仪器仪表使用费或其租赁费。

(1)施工机械使用费。施工机械使用费以施工机械台班耗用量乘以施工机械台班单价表示,施工机械台班单价应由下列七项费用组成:

1)折旧费。指施工机械在规定的使用年限内,陆续收回其原值的费用。

2)大修理费。指施工机械按规定的大修理间隔台班进行必要的大修理,以恢复其正常功能所需的费用。

3)经常修理费。指施工机械除大修理以外的各级保养和临时故障排除所需的费用。包括为保障机械正常运转所需替换设备与随机配备工具附具的摊销和维护费用,机械运转中日常保养所需润滑与擦拭的材料费用及机械停滞期间的维护和保养费用等。

4)安拆费及场外运费。安拆费指施工机械(大型机械除外)在现场进行安装与拆卸所需的人工、材料、机械和试运转费用以及机械辅助设施的折旧、搭设、拆除等费用;场外运费指施工机械整体或分体自停放地点运至施工现场或由一施工地点运至另一施工地点的运输、装卸、辅助材料及架线等费用。

5)人工费。指机上司机(司炉)和其他操作人员的人工费。

6)燃料动力费。指施工机械在运转作业中所消耗的各种燃料及水、电等。

7)税费。指施工机械按照国家规定应缴纳的车船使用税、保险费及年检费等。

(2)仪器仪表使用费。仪器仪表使用费是指工程施工所需使用的仪器仪表的摊销及维修费用。

(3)施工机具使用费计算方法。

1)施工机械使用费。

$$施工机械使用费 = \sum(施工机械台班消耗量 \times 机械台班单价) \tag{1-8}$$

机械台班单价＝台班折旧费＋台班大修费＋台班经常修理费＋
　　　　　　台班安拆费及场外运费＋台班人工费＋
　　　　　　台班燃料动力费＋台班车船税费　　　　　　　　　　　　(1-9)

注：工程造价管理机构在确定计价定额中的施工机械使用费时，应根据《建筑施工机械台班费用计算规则》结合市场调查编制施工机械台班单价。施工企业可以参考工程造价管理机构发布的台班单价，自主确定施工机械使用费的报价，如租赁施工机械，公式为：

　　　　施工机械使用费＝∑（施工机械台班消耗量×机械台班租赁单价）

2）仪器仪表使用费。
　　　　仪器仪表使用费＝工程使用的仪器仪表摊销费＋维修费　　　(1-10)

关键细节12　企业管理费的内容与计算方法

(1)企业管理费是指建筑安装企业组织施工生产和经营管理所需的费用。内容包括：

1）管理人员工资。管理人员工资是指按规定支付给管理人员的计时工资、奖金、津贴补贴、加班加点工资及特殊情况下支付的工资等。

2）办公费。指企业管理办公用的文具、纸张、账表、印刷、邮电、书报、办公软件、现场监控、会议、水电、烧水和集体取暖降温(包括现场临时宿舍取暖降温)等费用。

3）差旅交通费。指职工因公出差、调动工作的差旅费、住勤补助费、市内交通费和误餐补助费，职工探亲路费，劳动力招募费，职工退休、退职一次性路费，工伤人员就医路费，工地转移费以及管理部门使用的交通工具的油料、燃料等费用。

4）固定资产使用费。指管理和试验部门及附属生产单位使用的属于固定资产的房屋、设备、仪器等的折旧、大修、维修或租赁费。

5）工具用具使用费。指企业施工生产和管理使用的不属于固定资产的工具、器具、家具、交通工具和检验、试验、测绘、消防用具等的购置、维修和摊销费。

6）劳动保险和职工福利费。指由企业支付的职工退职金、按规定支付给离休干部的经费、集体福利费、夏季防暑降温、冬季取暖补贴、上下班交通补贴等。

7）劳动保护费。指企业按规定发放的劳动保护用品的支出。如工作服、手套、防暑降温饮料以及在有碍身体健康的环境中施工的保健费用等。

8）检验试验费。指施工企业按照有关标准规定，对建筑以及材料、构件和建筑安装物进行一般鉴定、检查所发生的费用，包括自设试验室进行试验所耗用的材料等费用。不包括新结构、新材料的试验费，对构件做破坏性试验及其他特殊要求检验试验的费用和建设单位委托检测机构进行检测的费用，对此类检测发生的费用，由建设单位在工程建设其他费用中列支。但对施工企业提供的具有合格证明的材料进行检测不合格的，该检测费用由施工企业支付。

9）工会经费。指企业按《工会法表》规定的全部职工工资总额比例计提的工会经费。

10）职工教育经费。指按职工工资总额的规定比例计提，企业为职工进行专业技术和职业技能培训，专业技术人员继续教育、职工职业技能鉴定、职业资格认定以及根据需要对职工进行各类文化教育所发生的费用。

11)财产保险费。指施工管理用财产、车辆等的保险费用。

12)财务费。指企业为施工生产筹集资金或提供预付款担保、履约担保、职工工资支付担保等所发生的各种费用。

13)税金。指企业按规定缴纳的房产税、车船使用税、土地使用税、印花税等。

14)其他。包括技术转让费、技术开发费、投标费、业务招待费、绿化费、广告费、公证费、法律顾问费、审计费、咨询费、保险费等。

(2)企业管理费计算方法。

1)以分部分项工程费为计算基础。

$$企业管理费费率(\%)=\frac{生产工人年平均管理费}{年有效施工天数\times人工单价}\times$$
$$人工费占分部分项工程费比例(\%) \qquad (1-11)$$

2)以人工费和机械费合计为计算基础。

$$企业管理费费率(\%)=\frac{生产工人年平均管理费}{年有效施工天数}\times$$
$$\frac{生产工人年平均管理费}{(人工单价+每一工日机械使用费)}\times100\% \qquad (1-12)$$

3)以人工费为计算基础。

$$企业管理费费率(\%)=\frac{生产工人年平均管理费}{年有效施工天数\times人工单价}\times100\% \qquad (1-13)$$

注:上述公式适用于施工企业投标报价时自主确定管理费,是工程造价管理机构编制计价定额确定企业管理费的参考依据。

工程造价管理机构在确定计价定额中的企业管理费时,应以定额人工费或(定额人工费+定额机械费)作为计算基数,其费率根据历年工程造价积累的资料,辅以调查数据确定,列入分部分项工程和措施项目中。

关键细节 13　利润的内容与计算方法

(1)利润是指施工企业完成所承包工程获得的盈利。

(2)利润计算方法。

1)施工企业根据企业自身需求并结合建筑市场实际自主确定,列入报价中。

2)工程造价管理机构在确定计价定额中的利润时,应以定额人工费或(定额人工费+定额机械费)作为计算基数,其费率根据历年工程造价积累的资料,并结合建筑市场实际确定,以单位(单项)工程测算,利润在税前建筑安装工程费的比重可按不低于5%且不高于7%的费率计算。利润应列入分部分项工程和措施项目中。

关键细节 14　规费的内容与计算方法

(1)规费是指按国家法律、法规规定,由省级政府和省级有关权力部门规定必须缴纳或计取的费用。内容包括:

1)社会保险费。

①养老保险费。指企业按照规定标准为职工缴纳的基本养老保险费。

②失业保险费。指企业按照规定标准为职工缴纳的失业保险费。

③医疗保险费。指企业按照规定标准为职工缴纳的基本医疗保险费。
④生育保险费。指企业按照规定标准为职工缴纳的生育保险费。
⑤工伤保险费。指企业按照规定标准为职工缴纳的工伤保险费。
2)住房公积金。指企业按照规定标准为职工缴纳的住房公积金。
3)工程排污费。指按规定缴纳的施工现场工程排污费。
其他应列而未列入的规费,按实际发生计取。
(2)规费的计算方法。
1)社会保险费和住房公积金。社会保险费和住房公积金应以定额人工费为计算基础,根据工程所在地省、自治区、直辖市或行业建设主管部门规定费率计算。

$$社会保险费和住房公积金 = \sum (工程定额人工费 \times 社会保险费和住房公积金费率) \quad (1-14)$$

式(1-14)中,社会保险费和住房公积金费率可以每万元发承包价的生产工人人工费和管理人员工资含量与工程所在地规定的缴纳标准综合分析取定。

2)工程排污费。工程排污费等其他应列而未列入的规费应按工程所在地环境保护等部门规定的标准缴纳,按实计取列入。

关键细节15 税金的内容与计算方法

(1)税金是指国家税法规定的应计入建筑安装工程造价内的营业税、城市维护建设税、教育费附加以及地方教育附加。
(2)税金。

$$税金 = 税前造价 \times 综合税率(\%) \quad (1-15)$$

其中,综合税率的计算方法如下:
1)纳税地点在市区的企业。

$$综合税率(\%) = \frac{1}{1-3\%-(3\%\times7\%)-(3\%\times3\%)-(3\%\times2\%)} - 1 \quad (1-16)$$

2)纳税地点在县城、镇的企业。

$$综合税率(\%) = \frac{1}{1-3\%-(3\%\times5\%)-(3\%\times3\%)-(3\%\times2\%)} - 1 \quad (1-17)$$

3)纳税地点不在市区、县城、镇的企业。

$$综合税率(\%) = \frac{1}{1-3\%-(3\%\times1\%)-(3\%\times3\%)-(3\%\times2\%)} - 1 \quad (1-18)$$

4)实行营业税改增值税的,按纳税地点现行税率计算。

(二)建筑安装工程费用项目组成(按造价形成划分)

建筑安装工程费按照工程造价形成划分,由分部分项工程费、措施项目费、其他项目费、规费、税金组成。分部分项工程费、措施项目费、其他项目费包含人工费、材料费、施工机具使用费、企业管理费和利润,如图1-3所示。

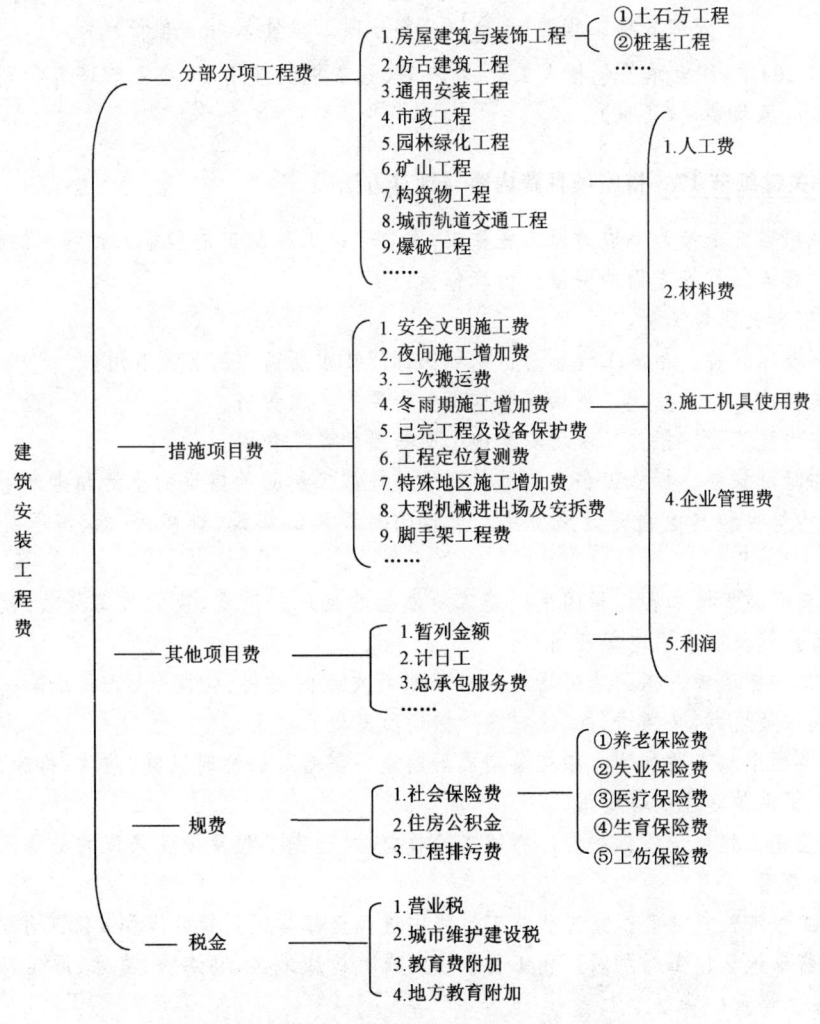

图 1-3 建筑安装工程费(按工程造价形成划分)

关键细节 16　分部分项工程费的内容与计算方法

(1)分部分项工程费是指各专业工程的分部分项工程应予列支的各项费用。

1)专业工程。专业工程是指按国家现行计量规范划分的房屋建筑与装饰工程、仿古建筑工程、通用安装工程、市政工程、园林绿化工程、矿山工程、构筑物工程、城市轨道交通工程、爆破工程等各类工程。

2)分部分项工程。分部分项工程是指按国家现行计量规范对各专业工程划分的项目。如房屋建筑与装饰工程划分的土石方工程、地基处理与桩基工程、砌筑工程、钢筋及钢筋混凝土工程等。

各类专业工程的分部分项工程划分见国家现行或行业计量规范。

(2)分部分项工程费计算方法。

$$\text{分部分项工程费} = \sum(\text{分部分项工程量} \times \text{综合单价}) \tag{1-19}$$

式(1-19)中,综合单价包括人工费、材料费、施工机具使用费、企业管理费和利润以及一定范围的风险费用(下同)。

关键细节 17 措施项目费内容与计算方法

措施项目费是指为完成建设工程施工,发生于该工程施工前和施工过程中的技术、生活、安全、环境保护等方面的费用。内容包括:

(1)安全文明施工费。
1)环境保护费。指施工现场为达到环保部门要求所需要的各项费用。
2)文明施工费。指施工现场文明施工所需要的各项费用。
3)安全施工费。指施工现场安全施工所需要的各项费用。
4)临时设施费。指施工企业为进行建设工程施工所必须搭设的生活和生产用的临时建筑物、构筑物和其他临时设施费用。包括临时设施的搭设、维修、拆除、清理费或摊销费等。

(2)夜间施工增加费。指因夜间施工所发生的夜班补助费、夜间施工降效、夜间施工照明设备摊销及照明用电等费用。

(3)二次搬运费。指因施工场地条件限制而发生的材料、构配件、半成品等一次运输不能到达堆放地点,必须进行二次或多次搬运所发生的费用。

(4)冬雨期施工增加费。指在冬期或雨期施工需增加的临时设施、防滑、排除雨雪,人工及施工机械效率降低等费用。

(5)已完工程及设备保护费。指竣工验收前,对已完工程及设备采取的必要保护措施所发生的费用。

(6)工程定位复测费。指工程施工过程中进行全部施工测量放线和复测工作的费用。

(7)特殊地区施工增加费。指工程在沙漠或其边缘地区、高海拔、高寒、原始森林等特殊地区施工增加的费用。

(8)大型机械设备进出场及安拆费。指机械整体或分体自停放场地运至施工现场或由一个施工地点运至另一个施工地点,所发生的机械进出场运输及转移费用及机械在施工现场进行安装、拆卸所需的人工费、材料费、机械费、试运转费和安装所需的辅助设施的费用。

(9)脚手架工程费。指施工需要的各种脚手架搭、拆、运输费用以及脚手架购置费的摊销(或租赁)费用。

措施项目及其包含的内容详见各类专业工程的国家现行或行业计量规范。

2. 措施项目费计算方法

(1)国家计量规范规定应予计量的措施项目,其计算公式为:

$$\text{措施项目费} = \sum(\text{措施项目工程量} \times \text{综合单价}) \tag{1-20}$$

(2)国家计量规范规定不宜计量的措施项目计算方法如下:
1)安全文明施工费。

$$\text{安全文明施工费} = \text{计算基数} \times \text{安全文明施工费费率}(\%) \quad (1\text{-}21)$$

计算基数应为定额基价(定额分部分项工程费+定额中可以计量的措施项目费)、定额人工费或(定额人工费+定额机械费),其费率由工程造价管理机构根据各专业工程的特点综合确定。

2)夜间施工增加费。

$$\text{夜间施工增加费} = \text{计算基数} \times \text{夜间施工增加费费率}(\%) \quad (1\text{-}22)$$

3)二次搬运费。

$$\text{二次搬运费} = \text{计算基数} \times \text{二次搬运费费率}(\%) \quad (1\text{-}23)$$

4)冬雨期施工增加费。

$$\text{冬雨期施工增加费} = \text{计算基数} \times \text{冬雨期施工增加费费率}(\%) \quad (1\text{-}24)$$

5)已完工程及设备保护费。

$$\text{已完工程及设备保护费} = \text{计算基数} \times \text{已完工程及设备保护费费率}(\%) \quad (1\text{-}25)$$

上述2)~5)项措施项目的计费基数应为定额人工费或(定额人工费+定额机械费),其费率由工程造价管理机构根据各专业工程特点和调查资料综合分析后确定。

关键细节18　其他项目费内容与计算方法

(1)其他费用的内容。

1)暂列金额。指建设单位在工程量清单中暂定并包括在工程合同价款中的一笔款项。用于施工合同签订时尚未确定或者不可预见的所需材料、工程设备、服务的采购,施工中可能发生的工程变更、合同约定调整因素出现时的工程价款调整以及发生的索赔、现场签证确认等的费用。

2)计日工。指在施工过程中,施工企业完成建设单位提出的施工图纸以外的零星项目或工作所需的费用。

3)总承包服务费。指总承包人为配合、协调建设单位进行的专业工程发包,对建设单位自行采购的材料、工程设备等进行保管以及施工现场管理、竣工资料汇总整理等服务所需的费用。

(2)其他费用计算方法。

1)暂列金额由建设单位根据工程特点,按有关计价规定估算,施工过程中由建设单位掌握使用、扣除合同价款调整后如有余额,归建设单位。

2)计日工由建设单位和施工企业按施工过程中的签证计价。

3)总承包服务费由建设单位在招标控制价中根据总包服务范围和有关计价规定编制,施工企业投标时自主报价,施工过程中按签约合同价执行。

关键细节19　规费和税金的内容与计算方法

(1)规费。定义同本章关键细节14。

(2)税金。定义同本章关键细节15。

(3)建设单位和施工企业均应按照省、自治区、直辖市或行业建设主管部门发布标准计算规费和税金,不得作为竞争性费用。

二、工程计价程序

(一)建设单位工程招标控制价计价程序

建设单位工程招标控制价计价程序见表1-1。

表1-1 建设单位工程招标控制价计价程序

工程名称： 标段：

序号	内容	计算方法	金额/元
1	分部分项工程费	按计价规定计算	
1.1			
1.2			
1.3			
1.4			
1.5			
2	措施项目费	按计价规定计算	
2.1	其中:安全文明施工费	按规定标准计算	
3	其他项目费		
3.1	其中:暂列金额	按计价规定估算	
3.2	其中:专业工程暂估价	按计价规定估算	
3.3	其中:计日工	按计价规定估算	
3.4	其中:总承包服务费	按计价规定估算	
4	规费	按规定标准计算	
5	税金(扣除不列入计税范围的工程设备金额)	(1+2+3+4)×规定税率	
招标控制价合计=1+2+3+4+5			

(二)施工企业工程投标报价计价程序

施工企业工程投标报价计价程序见表 1-2。

表 1-2　　　　　施工企业工程投标报价计价程序

工程名称：　　　　　　　　　标段：

序号	内 容	计算方法	金额/元
1	分部分项工程费	自主报价	
1.1			
1.2			
1.3			
1.4			
1.5			
2	措施项目费	自主报价	
2.1	其中:安全文明施工费	按规定标准计算	
3	其他项目费		
3.1	其中:暂列金额	按招标文件提供金额计列	
3.2	其中:专业工程暂估价	按招标文件提供金额计列	
3.3	其中:计日工	自主报价	
3.4	其中:总承包服务费	自主报价	
4	规费	按规定标准计算	
5	税金(扣除不列入计税范围的工程设备金额)	(1+2+3+4)×规定税率	
投标报价合计＝1＋2＋3＋4＋5			

(三)竣工结算计价程序

竣工结算计价程序见表1-3。

表1-3　　　　　　　　　　竣工结算计价程序

工程名称：　　　　　　　　　　标段：

序号	内容	计算方法	金额/元
1	分部分项工程费	按合同约定计算	
1.1			
1.2			
1.3			
1.4			
1.5			
2	措施项目	按合同约定计算	
2.1	其中:安全文明施工费	按规定标准计算	
3	其他项目		
3.1	其中:专业工程结算价	按合同约定计算	
3.2	其中:计日工	按计日工签证计算	
3.3	其中:总承包服务费	按合同约定计算	
3.4	索赔与现场签证	按发承包双方确认数额计算	
4	规费	按规定标准计算	
5	税金(扣除不列入计税范围的工程设备金额)	(1+2+3+4)×规定税率	
竣工结算总价合计=1+2+3+4+5			

第二章 水暖工程施工图识读

第一节 水暖工程施工图识读概述

一、水暖施工图的含义

水暖施工图是指为供建筑安装人员顺利施工而提供的图纸。一套完整的施工图由于专业设计的不同,可分为土建施工图和安装施工图,安装施工图又分为电气、给水排水、采暖、通风空调施工图等。其中,给水排水施工图和采暖施工图简称水暖施工图。

关键细节 1　水暖施工图的作用

水暖施工图的主要作用是在建筑设施的安装过程中指导施工,同时又是审批建筑安装项目,编制工程概算、预算和决算以及审核工程造价的依据,也是竣工时按设计要求进行质量检查和验收及评价工程质量优劣的依据,具有法律效力。

二、水暖施工图的分类

水暖施工图分为给水排水施工图和采暖施工图。

1. 给水排水施工图

(1)给水排水施工图主要表示管道的布置和走向、构件做法和加工安装要求。图纸包括平面图、系统图、详图等。

(2)给水排水工程施工图按内容来分,大致分为以下三类:

1)室外管道及附属设备图,是指城镇居住区和工矿企业厂区的给水排水管道施工图。属于这类图样的有区域管道平面图、街道管道平面图、工矿企业厂区管道平面图、管道纵剖面图、管道上的附属设备图、泵站及水池和水塔管道施工图、污水及雨水出口施工图。

2)室内管道及卫生设备图,是指一幢建筑物内用水房间(如厕所、浴室、厨房、实验室、锅炉房等)以及工厂车间用水设备的管道平面布置图、管道系统平面图,卫生设备、用水设备、加热设备和水箱、水泵等的施工图。

3)水处理工艺设备图,是指给水厂、污水处理厂的平面布置图、水处理设备图,如沉淀池、过滤池、消化池等全套施工图,水流或污流流程图。

(3)给水排水工程施工图按图纸表现的形式可分为基本图和详图两大类。基本图包括图纸目录、施工图说明、材料设备明细表、工艺流程图、平面图、轴测图和立(剖)面图;详图包括节点图、大样图和标准图。

2. 采暖施工图

(1)采暖施工图主要表示管道布置和构造安装要求。图纸包括平面图、系统图、安装详图等。

(2)采暖施工图分为室内与室外两部分。

三、给水排水制图的有关规定

1. 比例

(1)建筑给水排水专业制图常用的比例宜符合表2-1的规定。

表2-1　　　　　　　建筑给水排水专业制图常用比例

名　称	比　例	备　注
区域规划图 区域位置图	1∶50000、1∶25000、1∶10000、 1∶5000、1∶2000	宜与总图专业一致
总平面图	1∶1000、1∶500、1∶300	宜与总图专业一致
管道纵断面图	竖向1∶200、1∶100、1∶50 纵向1∶1000、1∶500、1∶300	—
水处理厂(站)平面图	1∶500、1∶200、1∶100	—
水处理构筑物、设备间、卫生间、泵房平、剖面图	1∶100、1∶50、1∶40、1∶30	—
建筑给水排水平面图	1∶200、1∶150、1∶100	宜与建筑专业一致
建筑给水排水轴测图	1∶150、1∶100、1∶50	宜与相应图纸一致
详图	1∶50、1∶30、1∶20、1∶10、1∶5、 1∶2、1∶1、2∶1	

(2)在管道纵断面图中,竖向与纵向可采用不同组合的比例。

(3)在建筑给水排水轴测系统图中,如局部表达有困难,该处可不按比例绘制。

(4)水处理工艺流程断面图和建筑给水排水管道展开系统图可不按比例绘制。

2. 标高的一般规定

(1)标高符号及一般标注方法应符合国家现行标准《房屋建筑制图统一标准》(GB/T 50001)的规定。

(2)室内工程应标注相对标高;室外工程宜标注绝对标高,当无绝对标高资料时,可标注相对标高,但应与总图专业一致。

(3)压力管道应标注管中心标高;重力流管道和沟渠宜标注管(沟)内底标高。标高单位以m计量时,可注写到小数点后第二位。

(4)在下列部位应标注标高:

1)沟渠和重力流管道:

①建筑物内应标注起点、变径(尺寸)点、变坡点、穿外墙及剪力墙处。

②需控制标高处。

③小区内管道按有关规定执行。
2)压力流管道中的标高控制点。
3)管道穿外墙、剪力墙和构筑物的壁及底板等处。
4)不同水位线处。
5)建(构)筑物中土建部分的相关标高。
(5)建筑物内的管道也可按本层建筑地面的标高加管道安装高度的方式标注管道标高,标注方法应为 $H+\times.\times\times$,H 表示本层建筑地面标高。

关键细节 2　标高的标注方法

(1)平面图中管道标高应按图 2-1 所示的方式标注。

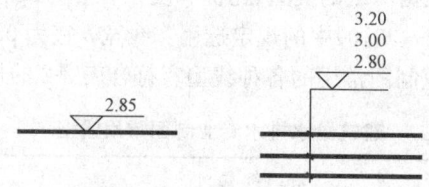

图 2-1　平面图中管道标高标注法

(2)平面图中沟渠标高应按图 2-2 所示的方式标注。

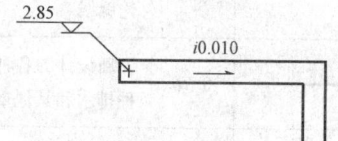

图 2-2　平面图中沟渠标高标注法

(3)剖面图中管道及水位的标高应按图 2-3 所示的方式标注。

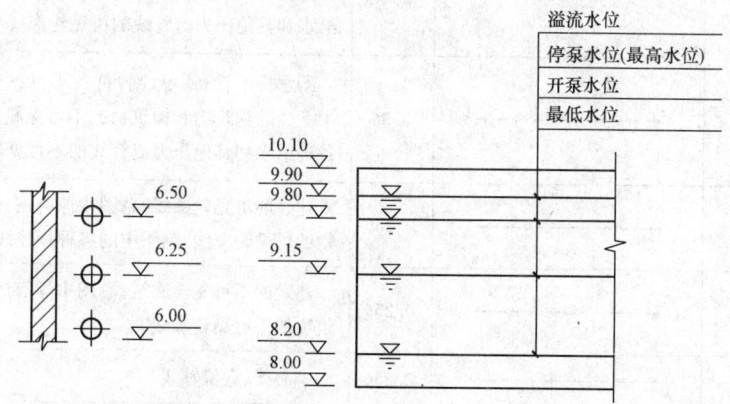

图 2-3　剖面图中管道及水位标高标注法

(4)轴测图中管道标高应按图 2-4 的方式标注。

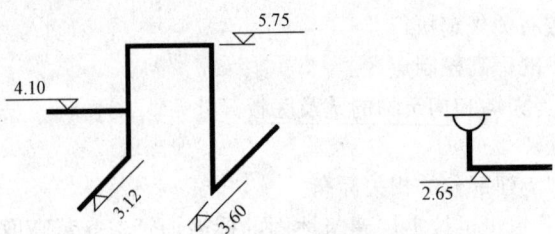

图 2-4　轴测图中管道标高标注法

3. 图线

(1)图线的宽度 b 应根据图纸的类型、比例和复杂程度,按国家现行标准《房屋建筑制图统一标准》(GB/T 50001—2010)中的规定选用。线宽 b 宜为 0.7mm 或 1.0mm。

(2)建筑给水排水专业制图常用的各种线型宜符合表 2-2 的规定。

表 2-2　　　　　建筑给水排水专业制图常用线型

名　称	线　型	线宽	用　途
粗实线	————————	b	新设计的各种排水和其他重力流管线
粗虚线	– – – – – – – –	b	新设计的各种排水和其他重力流管线的不可见轮廓线
中粗实线	————————	$0.7b$	新设计的各种给水和其他压力流管线;原有的各种排水和其他重力流管线
中粗虚线	– – – – – – – –	$0.7b$	新设计的各种给水和其他压力流管线及原有的各种排水和其他重力流管线的不可见轮廓线
中实线	————————	$0.5b$	给水排水设备、零(附)件的可见轮廓线;总图中新建的建筑物和构筑物的可见轮廓线;原有的各种给水和其他压力流管线的可见轮廓线
中虚线	– – – – – – – –	$0.5b$	给水排水设备、零(附)件的不可见轮廓线;总图中新建的建筑物和构筑物的不可见轮廓线;原有的各种给水和其他压力流管线的不可见轮廓线
细实线	————————	$0.25b$	建筑的可见轮廓线;总图中原有的建筑物和构筑物的可见轮廓线;制图中的各种标注线
细虚线	– – – – – – – –	$0.25b$	建筑的不可见轮廓线;总图中原有的建筑物和构筑物的不可见轮廓线
单点长画线	— · — · — · —	$0.25b$	中心线、定位轴线
折断线	—–/\/–—	$0.25b$	断开界线
波浪线	～～～～～	$0.25b$	平面图中水面线;局部构造层次范围线;保温范围示意线

4. 编号

(1)当建筑物的给水引入管或排水排出管的数量超过一根时,应进行编号,编号宜按图 2-5 所示的方法表示。

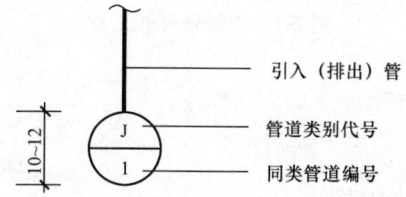

图 2-5　给水引入(排水排出)管编号表示法

(2)当建筑物内穿越楼层的立管数量超过一根时,应进行编号,编号宜按图 2-6 所示的方法表示。

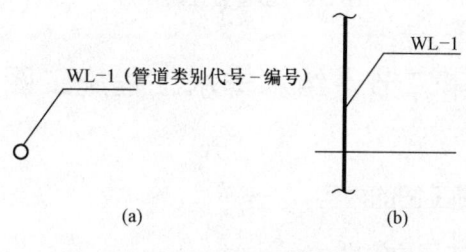

图 2-6　立管编号表示法

(3)在总图中,当同种给水排水附属构筑物的数量超过一个时,应进行编号,并应符合下列规定:

1)编号方法应采用构筑物代号加编号表示。

2)给水构筑物的编号顺序宜从水源到干管,再从干管到支管,最后到用户。

3)排水构筑物的编号顺序宜从上游到下游,先干管后支管。

(4)当给水排水工程的机电设备数量超过一台时,宜进行编号,并应有设备编号与设备名称对照表。

5. 管径

(1)管径的单位应为 mm。

(2)管径的表达方法应符合下列规定:

1)水煤气输送钢管(镀锌或非镀锌)、铸铁管等管材,管径宜以公称直径 DN 表示。

2)无缝钢管、焊接钢管(直缝或螺旋缝)等管材,管径宜以外径 $D×$壁厚表示。

3)铜管、薄壁不锈钢管等管材,管径宜以公称外径 D_w 表示。

4)建筑给水排水塑料管材,管径宜以公称外径 d_n 表示。

5)钢筋混凝土(或混凝土)管,管径宜以内径 d 表示。

6)复合管、结构壁塑料管等管材,管径应按产品标准的方法表示。

7)当设计中均采用公称直径 DN 表示管径时,应有公称直径 DN 与相应产品规格对照表。

(3)管径的标注方法应符合下列规定：
1)单根管道时,管径应按图2-7的方式标注。

图2-7 单管管径表示法

2)多根管道时,管径应按图2-8的方式标注。

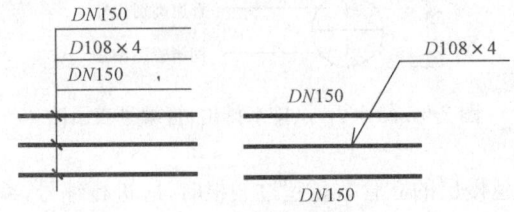

图2-8 多管管径表示法

第二节 给水排水工程施工图

一、给水排水工程施工图的内容

1. 给水排水工程施工图的组成

给水排水工程施工图一般由图纸目录、图例、设计施工说明、设备及主要材料明细表、给水排水管道设备平面图、给水排水系统图、给水排水详图等组成。

2. 图例

(1)管道类别应以汉语拼音字母表示,管道图例宜符合表2-3的要求。

表2-3　　　　　　　　　　　　　　管　道

序号	名称	图例	备注
1	生活给水管	——— J ———	—
2	热水给水管	——— RJ ———	
3	热水回水管	——— RH ———	
4	中水给水管	——— ZJ ———	
5	循环冷却给水管	——— XJ ———	
6	循环冷却回水管	——— XH ———	—

续一

序号	名称	图例	备注
7	热媒给水管	——RMJ——	—
8	热媒回水管	——RMH——	—
9	蒸汽管	——Z——	—
10	凝结水管	——N——	—
11	废水管	——F——	可与中水原水管合用
12	压力废水管	——YF——	—
13	通气管	——T——	—
14	污水管	——W——	—
15	压力污水管	——YW——	—
16	雨水管	——Y——	—
17	压力雨水管	——YY——	—
18	虹吸雨水管	——HY——	—
19	膨胀管	——PZ——	—
20	保温管	～～～～	也可用文字说明保温范围
21	伴热管	=========	也可用文字说明保温范围
22	多孔管	—*—*—*—	—
23	地沟管	======	—

续二

序号	名称	图例	备注
24	防护套管		—
25	管道立管	XL-1 平面 / XL-1 系统	X 为管道类别 L 为立管 1 为编号
26	空调凝结水管	—— KN ——	—
27	排水明沟	坡向 →	—
28	排水暗沟	坡向 →	—

注: 1. 分区管道用加注角标的方式表示。
    2. 原有管线可用比同类型的新设管线细一级的线型表示,并加斜线,拆除管线则加叉线。

(2) 管道附件的图例宜符合表 2-4 的要求。

表 2-4   管道附件

序号	名称	图例	备注
1	管道伸缩器		—
2	方形伸缩器		—
3	刚性防水套管		—
4	柔性防水套管		—
5	波纹管		—
6	可曲挠橡胶接头	单球 双球	—
7	管道固定支架	※ ※	—
8	立管检查口		—

第二章 水暖工程施工图识读

续一

序号	名 称	图 例	备 注
9	清扫口	 平面　系统	—
10	通气帽	成品　蘑菇形	—
11	雨水斗	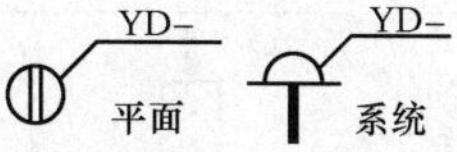 YD- 平面　YD- 系统	—
12	排水漏斗	 平面　系统	—
13	圆形地漏	平面　系统	通用。如无水封，地漏应加存水弯
14	方形地漏	平面　系统	—
15	自动冲洗水箱	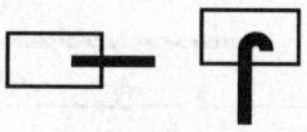	—
16	挡墩		—
17	减压孔板		—
18	Y形除污器		—
19	毛发聚集器	 平面　系统	—

续二

序号	名称	图例	备注
20	倒流防止器		—
21	吸气阀		—
22	真空破坏器		—
23	防虫网罩		—
24	金属软管		—

(3)管道连接的图例宜符合表2-5的要求。

表2-5　　　　　　　　　　管道连接

序号	名称	图例	备注
1	法兰连接		—
2	承插连接		—
3	活接头		—
4	管堵		—
5	法兰堵盖		—
6	盲板		—
7	弯折管	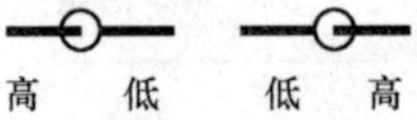 高 低　低 高	—
8	管道丁字上接	 高／低	—
9	管道丁字下接	 高／低	—
10	管道交叉	 低／高	在下面和后面的管道应断开

(4) 管件的图例宜符合表 2-6 的要求。

表 2-6　　　　　　　　　　　　　管　件

序号	名　称	图　例
1	偏心异径管	
2	同心异径管	
3	乙字管	
4	喇叭口	
5	转动接头	
6	S形存水弯	
7	P形存水弯	
8	90°弯头	
9	正三通	
10	TY三通	
11	斜三通	
12	正四通	
13	斜四通	
14	浴盆排水管	

(5) 阀门的图例宜符合表 2-7 的要求。

表 2-7　　　　　　　　　　　阀　门

序号	名　称	图　例	备　注
1	闸阀		—
2	角阀		—
3	三通阀		—
4	四通阀		—
5	截止阀		—
6	蝶阀		—
7	电动闸阀		—
8	液动闸阀		—
9	气动闸阀		—
10	电动蝶阀		—
11	液动蝶阀		—
12	气动蝶阀		—
13	减压阀		左侧为高压端

第二章 水暖工程施工图识读

续一

序号	名 称	图 例	备 注
14	旋塞阀	平面　系统	—
15	底阀	 平面　系统	—
16	球阀		—
17	隔膜阀		—
18	气开隔膜阀		—
19	气闭隔膜阀		—
20	电动隔膜阀		—
21	温度调节阀		—
22	压力调节阀		—
23	电磁阀		—
24	止回阀		—
25	消声止回阀		—
26	持压阀		—
27	泄压阀		—
28	弹簧安全阀	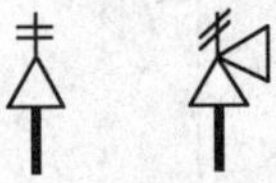	左侧为通用

续一

序号	名称	图例	备注
29	平衡锤安全阀	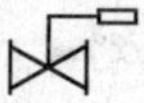	—
30	自动排气阀	 平面　系统	—
31	浮球阀	平面　系统	—
32	水力液位控制阀	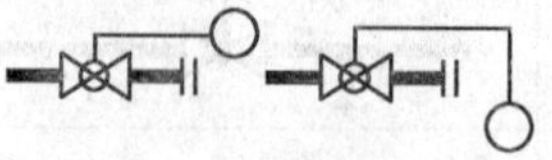 平面　系统	—
33	延时自闭冲洗阀		—
34	感应式冲洗阀		—
35	吸水喇叭口	 平面　系统	—
36	疏水器		—

(6)给水配件的图例宜符合表 2-8 的要求。

表 2-8　　　　　　　　　给水配件

序号	名称	图例
1	水嘴	平面　系统
2	皮带水嘴	平面　系统
3	洒水(栓)水嘴	
4	化验水嘴	

续

序号	名　称	图　例
5	肘式水嘴	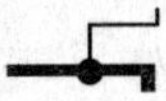
6	脚踏开关水嘴	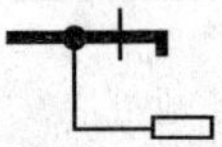
7	混合水嘴	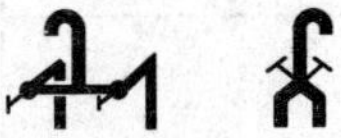
8	旋转水嘴	
9	浴盆带喷头 混合水嘴	
10	蹲便器脚踏开关	

(7) 卫生设备及水池的图例宜符合表 2-9 的要求。

表 2-9　　　　　　　　卫生设备及水池

序号	名　称	图　例	备　注
1	立式洗脸盆		—
2	台式洗脸盆	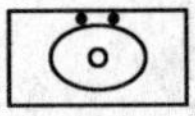	—
3	挂式洗脸盆		—
4	浴盆	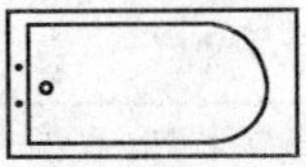	—
5	化验盆、洗涤盆		—
6	厨房洗涤盆		不锈钢制品
7	带沥水板洗涤盆		—

续

序号	名　称	图　例	备　注
8	盥洗槽	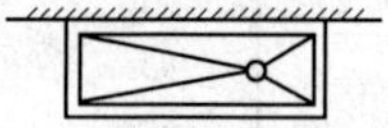	—
9	污水池		—
10	妇女净身盆		—
11	立式小便器		—
12	壁挂式小便器		—
13	蹲式大便器	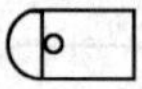	—
14	坐式大便器	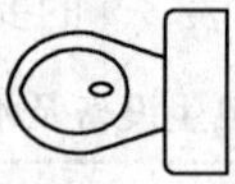	—
15	小便槽		—
16	淋浴喷头		—

注：卫生设备图例也可以建筑专业资料图为准。

(8)给水排水专业所用仪表的图例宜符合表2-10的要求。

表2-10　　　　　　　　　　　仪　表

序号	名　称	图　例	备　注
1	温度计		—
2	压力表		—
3	自动记录压力表		—

序号	名称	图例	备注
4	压力控制器		—
5	水表		—
6	自动记录流量表		—
7	转子流量计	平面　　系统	—
8	真空表		—
9	温度传感器	— — T — —	
10	压力传感器	— — P — —	
11	pH 传感器	— — pH — —	
12	酸传感器	— — H — —	
13	碱传感器	— — Na — —	
14	余氯传感器	— — Cl — —	

二、给水排水工程施工图的绘制要求

1. 给水排水工程总图的绘制

给水排水工程总图的绘制内容包括总平面图的绘制、给水管道节点图的绘制、总图管道布置图的绘制、设计采用管道纵断面图的绘制。

关键细节 3　总平面图管道布置的绘制要求

（1）建筑物和构筑物的名称、外形、编号、坐标、道路形状、比例和图样方向等，应与总图专业图纸一致，但所用图线应符合有关规定。

（2）给水、排水、热水、消防、雨水和中水等管道宜绘制在一张图纸内。

（3）当管道种类较多、地形复杂，在同一张图纸内将全部管道表示不清楚时，宜按压力流管道、重力流管道等分类适当分开绘制。

（4）各类管道、阀门井、消火栓（井）、水泵接合器、洒水栓井、检查井、跌水井、雨水口、化粪池、隔油池、降温池、水表井等，应按相关规定的图例、图线等进行绘制，并进行编号。

（5）坐标标注方法应符合下列规定：

1）以绝对坐标定位时，应对管道起点处、转弯处和终点处的阀门井、检查井等的中心标注定位坐标。

2)以相对坐标定位时,应以建筑物外墙或轴线作为定位起始基准线,标注管道与该基准线的距离。
3)圆形构筑物应以圆心为基点,标注坐标或距建筑物外墙(或道路中心)的距离。
4)矩形构筑物应以两对角线为基点,标注坐标或距建筑物外墙的距离。
5)坐标线、距离标注线均采用细实线绘制。
(6)标高标注方法应符合下列规定:
1)总图中标注的标高应为绝对标高。
2)建筑物标注室内±0.00处的绝对标高时,应按图2-9的方法标注。

图2-9 室内±0.00处的绝对标高标注

3)管道标高应按有关规定标注。
(7)指北针或风玫瑰图应绘制在总图管道布图图样的右上角。

关键细节4 给水管道节点图的绘制要求

(1)管道节点图可不按比例绘制,但节点位置、编号、接出管方向应与给水排水管道总图一致。
(2)管道应注明管径、管长及泄水方向。
(3)节点阀门井的绘制应包括下列内容:
1)节点平面形状和大小。
2)阀门和管件的布置、管径及连接方式。
3)节点阀门井中心与井内管道的定位尺寸。
(4)必要时,节点阀门井应绘制剖面示意图。
(5)给水管道节点图图样如图2-10所示。

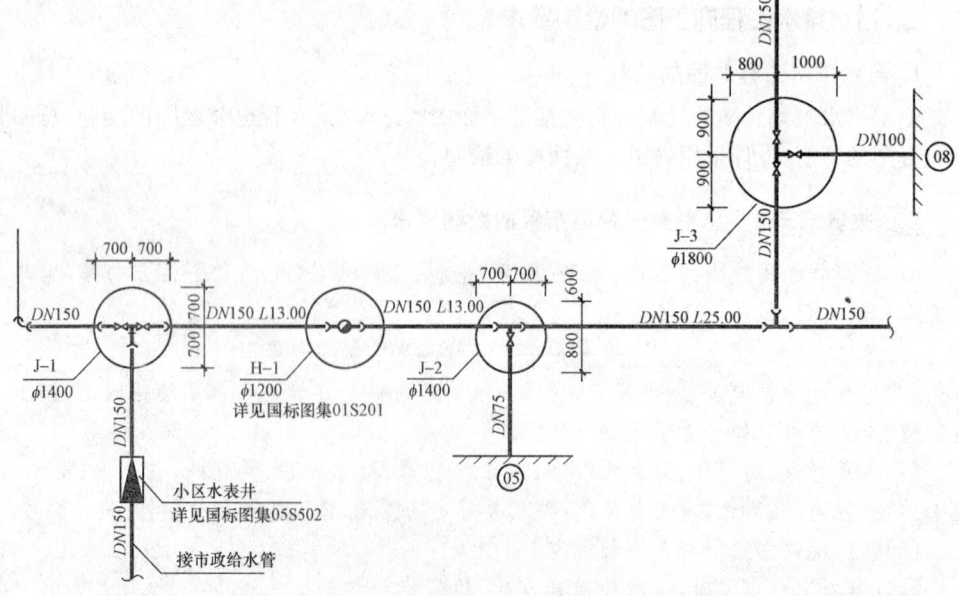

图2-10 给水管道节点图图样

关键细节5 总图管道标注的绘制要点

(1)总图管道布置图上标注管道标高宜符合下列规定:
1)检查井上、下游管道管径无变径,且无跌水时,宜按图2-11所示的方式标注。

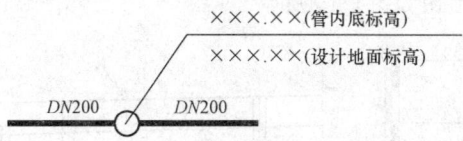

图2-11 检查井上、下游管道管径无变径且无跌水时管道标高标注

2)检查井内上、下游管道的管径有变化或有跌水时,宜按图2-12所示的方式标注。

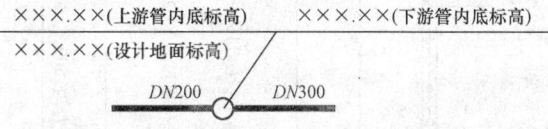

图2-12 检查井上、下游管道的管径有变化或有跌水时管道标高标注

3)检查井内一侧有支管接入时,宜按图2-13所示的方式标注。

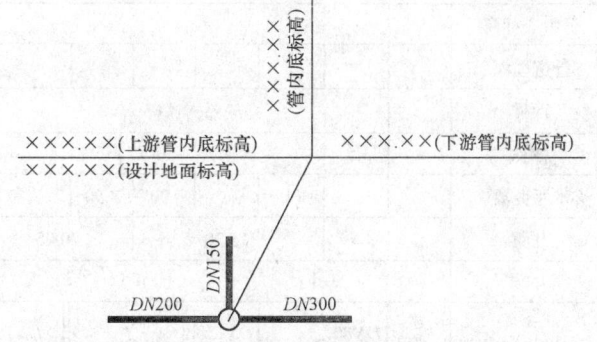

图2-13 检查井内一侧有支管接入时管道标高标注

4)检查井内两侧均有支管接入时,宜按图2-14所示的方式标注。

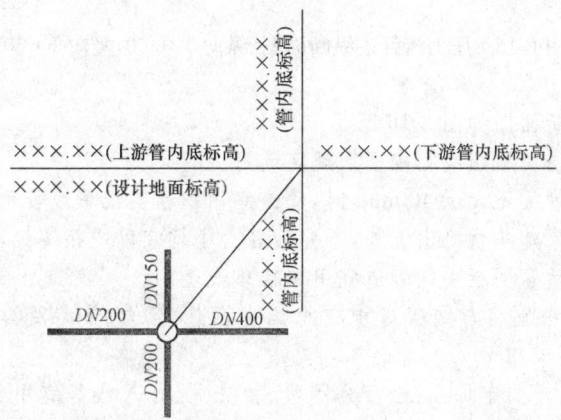

图2-14 检查井内两侧均有支管接入时管道标高标注

(2)设计采用管道纵断面图的方式表示管道标高时,管道纵断面图宜按下列规定绘制:
1)采用管道纵断面图表示管道标高时应包括下列图样及内容:
①压力流管道纵断面图如图2-15所示。

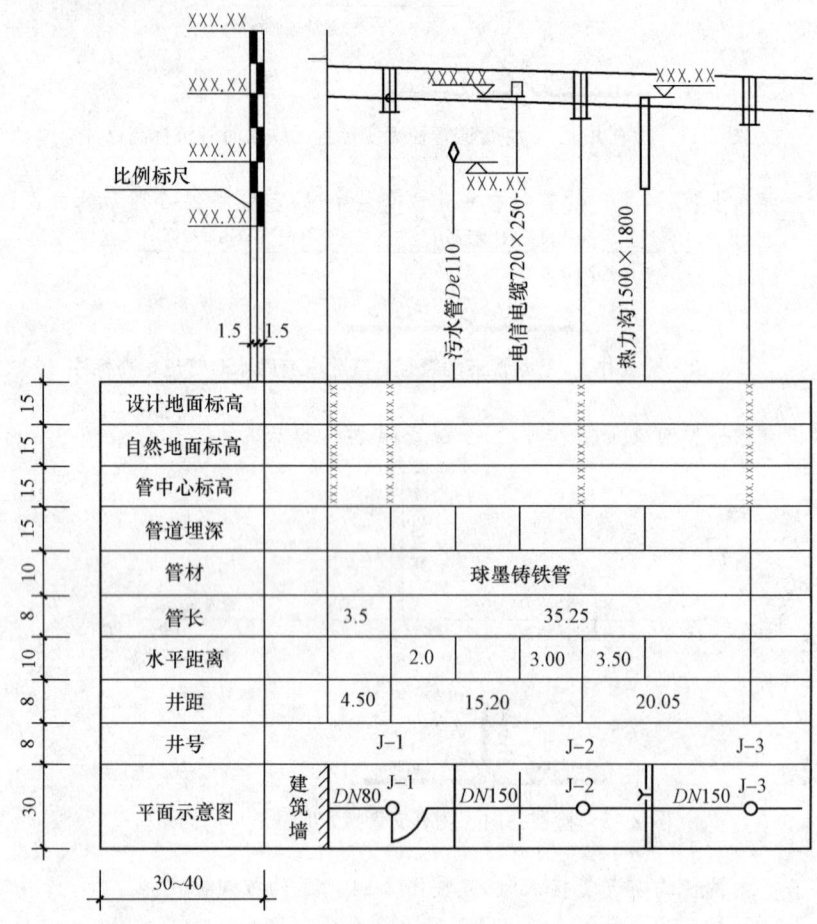

图2-15　压力流管道纵断面图(纵向1∶500,竖向1∶50)

②重力管道纵断面图如图2-16所示。
2)管道纵断面图所用图线宜按下列规定选用:
①压力流管道管径不大于400mm时,管道宜用中粗实线单线表示。
②重力流管道除建筑物排出管外,不分管径大小均宜以中粗实线双线表示。
③图样中平面示意图栏中的管道宜用中粗单线表示。
④平面示意图中宜将与该管道相交的其他管道、管沟、铁路及排水沟等按交叉位置给出。
⑤设计地面线、竖向定位线、栏目分隔线、检查井、标尺线等宜用细实线,自然地面线宜用细虚线。

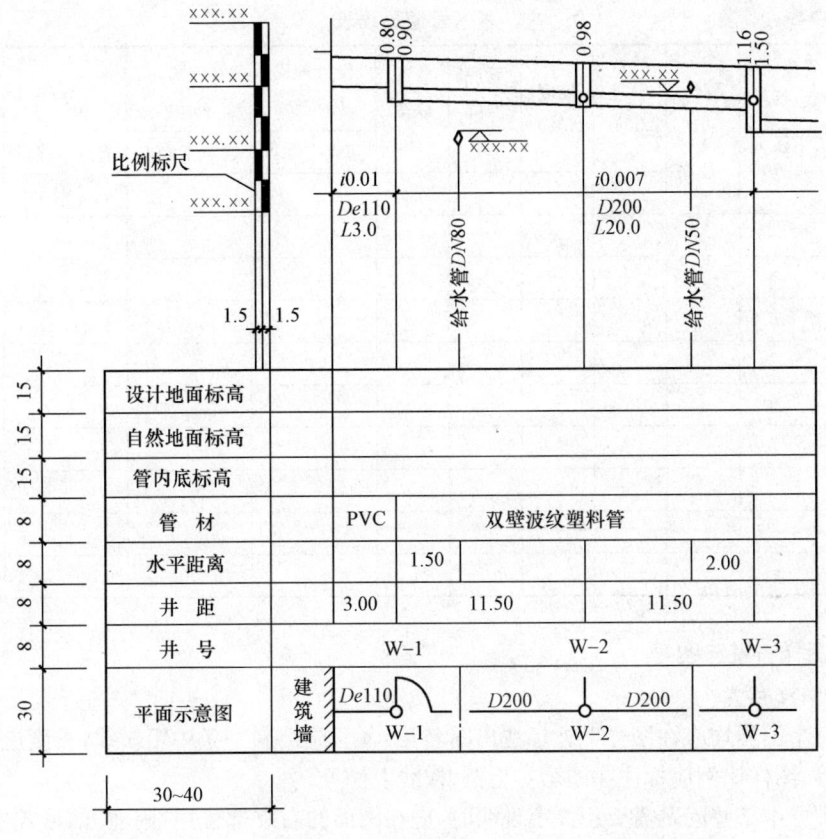

图 2-16 重力管道纵断面图(纵向 1∶500,竖向 1∶50)

3)图样比例宜按下列规定选用:
①在同一图样中可采用两种不同的比例。
②纵向比例应与管道平面图一致。
③竖向比例宜为纵向比例的 1/10,并应在图样左端绘制比例标尺。
4)绘制与管道相交叉管道的标高宜按下列规定标注:
①交叉管道位于该管道上面时,宜标注交叉管的管底标高。
②交叉管道位于该管道下面时,宜标注交叉管的管顶或管底标高。
5)图样中的"水平距离"栏中应标出交叉管与检查井或阀门井的距离,或相互间的距离。
6)压力流管道从小区引入管经水表后应按供水水流方向先干管后支管的顺序绘制。
7)排水管道以小区内最起端排水检查井为起点,并应按排水水流方向先干管后支管的顺序绘制。
(3)设计采用管道高程表的方法表示管道标高时,宜符合下列规定:
1)重力流管道也可采用管道高程表的方式表示管道敷设标高。
2)管道高程表的格式见表 2-11。

表2-11　　　　　　　　　××管道高程表

序号	管段编号		管长/m	管径/mm	坡度(%)	管底坡降/m	管底跌落/m	设计地面标高/m		管内底标高/m		埋深/m		备注
	起点	终点						起点	终点	起点	终点	起点	终点	

2. 图样布置与图号

(1)图样布置。

1)每个图样均应在图样下方标注出图名,图名下应绘制一条中粗横线,长度应与图名长度相等,图样比例应标注在图名右下侧、横线上侧处。

2)图样中某些问题需要用文字说明时,应在图面的右下部位用"附注"的形式书写,并应对说明内容分条进行编号。

关键细节6　同一张图纸内绘制多个图样时的布置要求

(1)多个平面图时应按建筑层次由低层至高层、由下而上的顺序布置。

(2)既有平面图又有剖面图时,应按平面图在下、剖面图在上或在右的顺序布置。

(3)卫生间放大平面图,平面放大图应在上,从左向右排列;相应的管道轴测图在下,从左向右布置。

(4)安装图、详图宜按索引编号,并宜按从上至下、由左向右的顺序布置。

(5)图纸目录、使用标准图目录、设计施工说明、图例、主要设备器材表,按自上而下、从左向右的顺序布置。

(2)图号编制。

1)设计图纸宜按下列规定进行编号:

①规划设计阶段宜以水规—1、水规—2等表示。

②初步设计阶段宜以水初—1、水初—2等表示。

③施工图设计阶段宜以水施—1、水施—2等表示。

④单体项目只有一张图纸时,宜采用水初—全、水施—全表示,并宜在图纸图框线内的右上角标"全部水施图纸均在此页"字样,如图2-17所示。

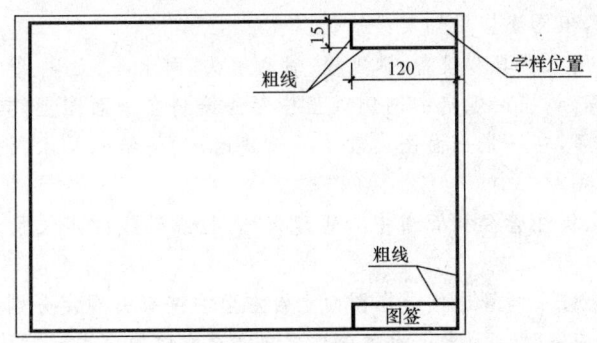

图 2-17　只有一张图纸时的右上角字样位置

⑤施工图设计阶段,本工程各单体项目通用的统一详图宜以水通—1,水通—2 等表示。
2)设计图纸宜按下列规定编写目录:
①初步设计阶段工程设计的图纸目录宜以工程项目为单位进行编写。
②施工图设计阶段工程设计的图纸目录宜以工程项目的单体项目为单位进行编写。
③施工图设计阶段,本工程各单体项目共同使用的统一详图宜单独进行编写。

关键细节 7　设计图纸的排列规定

(1)图纸目录、使用标准图目录、使用统一详图目录、主要设备器材表、图例和设计施工说明在前,设计图样在后。

(2)图纸目录、使用标准图目录、使用统一详图目录、主要设备器材表、图例和设计施工说明在一张图纸内排列不完时,应按所述内容顺序单独成图和编号。

(3)设计图样宜按下列规定进行排列:
1)管道系统图在前,平面图、放大图、剖面图、轴测图、详图依次在后编排。
2)管道展开系统图应按生活给水、生活热水、直饮水、中水、污水、废水、雨水、消防给水等依次编排。
3)平面图中应按地面下各层依次在前,地面上各层由低向高依次编排。
4)水净化(处理)工艺流程断面图在前,水净化(处理)机房(构筑物)平面图、剖面图、放大图、详图依次在后编排。
5)总平面图应按管道布置图在前,管道节点图、阀门井剖面示意图、管道纵断面图或管道高程表、详图依次在后编排。

3. 建筑给水排水平面图

建筑给水排水平面图的绘制包括建筑给水排水平面图、屋面给水排水平面图、管道展开系统图、管道轴测系统图,卫生间采用管道展开系统图、局部平面放大图、剖面图、安装图和详图等。

关键细节 8　建筑给水排水平面图的绘制规定

(1)建筑物轮廓线、轴线号、房间名称、楼层标高、门、窗、梁、柱、平台和绘图比例等,均应与建筑专业一致,但图线应用细实线绘制。

(2)各类管道、用水器具和设备、消火栓、喷洒水头、雨水斗、立管、管道、上弯或下弯以及主要阀门、附件等,均应按规定的图例以正投影法绘制在平面图上,其图线应符合有关规定。管道种类较多,在一张平面图内表达不清楚时,可将给水排水、消防或直饮水管分别绘制相应的平面图。

(3)各类管道应标注管径和管道中心距建筑墙、柱或轴线的定位尺寸,必要时还应标注管道标高。

(4)管道立管应按不同管道代号在图面上自左至右按有关规定分别进行编号,且不同楼层同一立管编号应一致。消火栓也可分楼层自左至右按顺序进行编号。

(5)敷设在该层的各种管道和为该层服务的压力流管道均应绘制在该层的平面图上;敷设在下一层而为本层器具和设备排水服务的污水管、废水管和雨水管应绘制在本层平面图上。如有地下层,各种排出管、引入管可绘制在地下层平面图上。

(6)设备机房、卫生间等另绘制放大图时,应在这些房间内按国家现行标准《房屋建筑制图统一标准》(GB/T 50001—2010)的规定绘制引出线,并应在引出线上面注明"详见水施-××"字样。

(7)平面图、剖面图中局部部位需另绘制详图时,应在平面图、剖面图和详图上按国家现行标准《房屋建筑制图统一标准》(GB/T 50001—2010)的规定绘制被索引详图图样和编号。

(8)引入管、排出管应注明与建筑轴线的定位尺寸、穿建筑外墙的标高和防水套管形式,并应按有关规定,以管道类别自左至右按顺序进行编号。

(9)管道布置不相同的楼层应分别绘制其平面图;管道布置相同的楼层可绘制一个楼层的平面图,并按国家现行标准《房屋建筑制图统一标准》(GB/T 50001—2010)的规定标注楼层地面标高。

(10)地面层(±0.000)平面图应在图幅的右上方按国家现行标准《房屋建筑制图统一标准》(GB/T 50001—2010)的规定绘制指北针。

(11)建筑专业的建筑平面图采用分区绘制时,本专业的平面图也应分区绘制,分区部位和编号应与建筑专业一致,并应绘制分区组合示意图,各区管道相连但在该区中断时,第一区应用"至水施-××",第二区左侧应用"自水施-××",右侧应用"至水施-××"方式表示,以此类推。

(12)建筑各楼层地面标高应以相对标高标注,并应与建筑专业一致。

关键细节9 屋面给水排水平面图的绘制规定

(1)屋面形状、伸缩缝或沉降位置、图面比例、轴线号等应与建筑专业一致,但图线应采用细实线绘制。

(2)同一建筑的楼层面如有不同标高,应分别注明不同高度屋面的标高和分界线。

(3)屋面应绘制出雨水汇水天沟、雨水斗、分水线位置、屋面坡向、每个雨水斗的汇水范围,以及雨水横管和主管等。

(4)雨水斗应进行编号,每只雨水斗宜注明汇水面积。

(5)雨水管应标注管径、坡度。如雨水管仅绘制系统原理图,应在平面图上标注雨水管起始点及终止点的管道标高。

(6)屋面平面图中还应绘制污水管、废水管、污水潜水泵坑等通气立管的位置,并应注明立管编号。当某标高层屋面设有冷却塔时,应按实际设计数量表示。

关键细节10 管道展开系统图的绘制规定

(1)管道展开系统图可不受比例和投影法限制,根据展开图绘制方法按不同管道种类分别用中粗实线进行绘制,并应按系统编号。一般高层建筑和大型公共建筑宜绘制管道展开系统图。

(2)管道展开系统图应与平面图中的引入管、排出管、立管、横干管、给水设备、附件、仪器仪表及用水和排水器具等要素相对应。

(3)应绘出楼层(含夹层、跃层、同层升高或下降等)地面线。层高相同时楼层地面线应等距离绘制,并应在楼层地面线左端标注楼层层次和相对应楼层地面标高。

(4)立管排列应以建筑平面图左端立管为起点,顺时针方向自左向右按立管位置及编号依次按顺序排列。

(5)横管应与楼层线平行绘制,并应与相应立管连接,为环状管道时两端应封闭,封闭线处宜绘制轴线号。

(6)立管上的引出管和接入管应按所在楼层用水平线绘出,可不标注标高(标高应在平面图中标注),其方向、数量应与平面图一致,为污水管、废水管和雨水管时,应按平面图接管顺序对应排列。

(7)管道上的阀门、附件、给水设备、给水排水设施和给水构筑物等,均应按图例示意绘出。

(8)立管偏置(不含乙字管和2个45°弯头偏置)时,应在所在楼层用短横管表示。

(9)立管、横管及末端装置等应标注管径。

(10)不同类别管道的引入管或排出管应绘出所穿建筑外墙的轴线号,并应标注出引入管或排出管的编号。

关键细节11 管道轴测系统图的绘制规定

(1)轴测系统图应以45°正面斜轴测的投影法绘制。

(2)轴测系统图应采用与相对应的平面图相同的比例绘制。当局部管道密集或重叠处不容易表达清楚时,应采用断开绘制画法,也可采用细虚线连接画法绘制。

(3)轴测系统图应绘出楼层地面线,并应标注出楼层地面标高。

(4)轴测系统图应绘出横管水平转弯方向、标高变化、接入管或接出管以及末端装置等。

(5)轴测系统图应将平面图中对应的管道上的各类阀门、附件、仪表等给水排水要素按数量、位置、比例一一绘出。

(6)轴测系统图应标注管径、控制点标高或距楼层面垂直尺寸、立管和系统编号,并应与平面图一致。

(7)引入管和排出管均应标出所穿建筑外墙的轴线号、引入管和排出管编号、建筑室内地面线与室外地面线,并应标出相应标高。

(8)卫生间放大图应绘制管道轴测图。多层建筑宜绘制管道轴测系统图。

关键细节12 卫生间采用管道展开系统图的绘制规定

(1)给水管、热水管应以立管或入户管为基点,按平面图的分支、用水器具的顺序依次绘制。

(2)排水管道应按用水器具和排水支管接入排水横管的先后顺序依次绘制。

(3)卫生器具、用水器具的给水和排水接管,应以其外形或文字形式予以标注,其顺序、数量应与平面图相同。

(4)展开系统图可不按比例绘图。

关键细节13 局部平面放大图的绘制规定

(1)本专业设备机房、局部给水排水设施和卫生间等按相关规定的平面图难以表达清楚时,应绘制局部平面放大图。

(2)局部平面放大图应将设计选用的设备和配套设施按比例全部用细实线绘制出其外形或基础外框、配电、检修通道、机房排水沟等平面布置图和平面定位尺寸,对设备、设施及构筑物等应按有关规定自左向右、自上而下地进行编号。

(3)应按图例绘出各种管道与设备、设施及器具等相互接管关系及在平面图中的平面定位尺寸;如管道用双线绘制,应采用中粗实线按比例绘出,管道中心线应用单点长画细线表示。

(4)各类管道上的阀门、附件应按图例、比例、实际位置绘出,并应标注出管径。

(5)局部平面放大图应以建筑轴线编号和地面标高定位,并应与建筑平面图一致。

(6)绘制设备机房平面放大图时,应在图签的上部绘制"设备编号与名称对照表",如图2-18所示。

(7)绘制卫生间管道展开系统图时,应标出管道的标高。

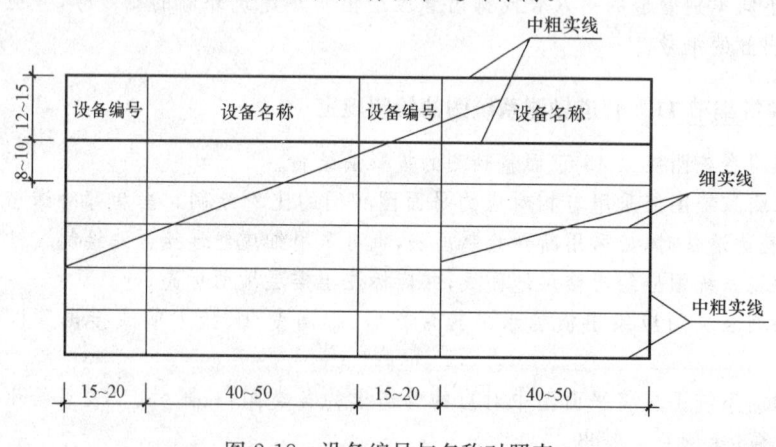

图2-18 设备编号与名称对照表

关键细节14 剖面图的绘制规定

(1)设备、设施数量多,各类管道重叠、交叉多,且用轴测图难以表示清楚时,应绘制剖面图。

(2)剖面图的建筑结构外形应与建筑结构专业一致,用细实线绘制。

(3)剖面图的剖切位置应选在能反映设备、设施及管道全貌的部位。剖切线、投射方向、剖切符号编号、剖切线转折等,应符合国家现行标准《房屋建筑制图统一标准》(GB/T 50001—2010)的规定。

(4)剖面图应在剖切面处按直接正投影法绘制出沿投影方向看到的设备和设施的形状、基础形式、构筑物内部的设备设施和不同水位线标高、设备设施和构筑物各种管道连接关系、仪器仪表的位置等。

(5)剖面图还应表示出设备、设施和管道上的阀门、附件和仪器仪表等位置及支架(或吊架)形式。剖面图局部部位需要另绘详图时,应标注索引符号,索引符号应按国家现行标准《房屋建筑制图统一标准》(GB/T 50001—2010)的规定绘制。

(6)应标注出设备、设施、构筑物、各类管道的定位尺寸、标高、管径,以及建筑结构的空间尺寸。

(7)仅表示某楼层管道密集处的剖面图,宜绘制在该层平面图内。

(8)剖切线应用中粗线,剖切面应用阿拉伯数字从左至右的顺序编号,剖切编号应标注在剖切线一侧,剖切编号所在侧应为该剖切面的剖示方向。

关键细节15 安装图和详图的绘制规则

(1)无定型产品可供设计选用的设备、附件、管件等应绘制造详图。无标准图可供选用的用水器具安装图、构筑物节点图等,也应绘制施工安装图。

(2)设备、附件、管件等制造详图,应以实际形状绘制总装图,并应对各零部件进行编号,再对零部件绘制制造图。该零部件下面或左侧应绘制包括编号、名称、规格、材质、数量、重量等内容的材料明细表;其图线、符号、绘制方法等应按国家现行标准《机械制图 图样画法 图线》(GB/T 4457.4—2002)、《机械制图 剖面符号》(GB 4457.5—1984)、《机械制图 装配图中零、部件序号及其编排方法》(GB/T 4458.2—2003)的有关规定绘制。

(3)设备及用水器具安装图应按实际外形绘制,对安装图各部件应进行编号,应标注安装尺寸代号,并应在该安装图右侧或下面绘制包括相应尺寸代号的安装尺寸表和安装所需的主要材料表。

(4)构筑物节点详图应与平面图或剖面图中的索引号一致,对使用材质、构造做法、实际尺寸等应按国家现行标准《房屋建筑制图统一标准》(GB/T 50001—2010)的规定绘制多层共用引出线,并应在各层引出线上方用文字进行说明。

三、给水排水工程施工图的识读

1. 施工图的设计说明

室内给水排水施工图的说明一般写在图纸上,主要内容包括:介质的种类及压力;给水、排水的形式,采用的管材及接口方式;卫生洁具的类型及安装方式;有关管道标高规定的说明;管道的防腐、防冻、防结露材料及做法;采用通用标准图的图号及名称;对施工质量及验收标准等以及其他需要说明的有关问题。

工程选用的主要设备、材料应列表,其内容有名称、规格型号、单位、数量及备注等。

2. 施工图的平面图内容

平面图是室内给排水施工图的主要部分,采用的比例与建筑图相同,常用比例为 1∶50～1∶100。平面图所表达的内容为本楼层内给排水管道、卫生洁具、用水设备(开水箱、消火栓箱)等,用各种图例表示出来,一般包括下列内容:

(1)建筑轴线及编号,房间名称及尺寸,门窗位置等。

(2)给水进户管和排水排出管的平面位置及走向,与庭院给排水管网的连接关系。

(3)各给水、排水立管位置及编号,支管平面位置、走向及坡度、管径及管长等。

(4)卫生洁具及用水设备的定位尺寸及朝向。

关键细节 16 平面图识读的注意事项

(1)平面图中一般对给水、排水管的排列及位置是示意性表示的,并不按比例绘制,而且看不到管路零配件、支吊架的位置及图例符号。安装时,专业队应遵照有关安装操作规程及验收规范逐项具体执行。

(2)简单建筑物给排水管道绘制在一张平面图上。若建筑物功能复杂,管线系统多,应分别绘制各系统平面图。

(3)绘制管道施工平面图时,一般工程要绘制首层平面、标准层平面图,需要时应绘制地下室、设备层和顶层平面图。图纸的多少,以能清楚表达设计意图又能压缩图纸数量为度。

(4)某栋四层集体宿舍楼首层卫生间平面图如图 2-19 所示。图上绘出首层盥洗室、厕所中卫生器具的平面位置,给水引入管、立管、支管水平位置,排水支管、立管、排出管的平面位置等。

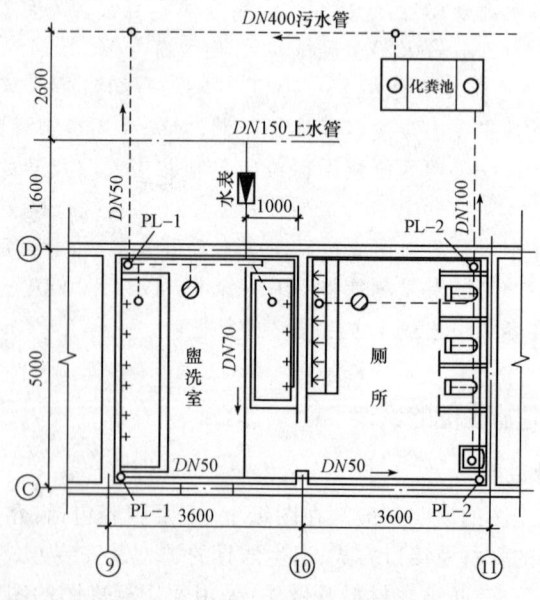

图 2-19 首层卫生间平面图

(5)标准层卫生间平面图如图 2-20 所示。

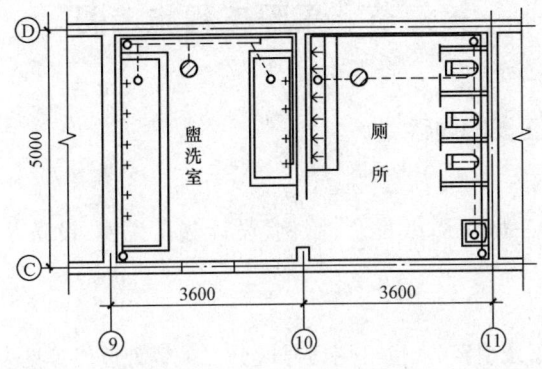

图 2-20　标准层卫生间平面图

3. 给水排水系统图(轴测投影图)

管道系统图上应表明其空间位置及相互关系,管径、坡度及坡向、标高等。给水系统上还应注明水表、阀门、消火栓、水嘴等。排水系统上注明地漏、清扫孔、检查口、存水弯、排气帽等附件位置。系统图上的立管、进出户管的编号应与平面图相对应。给水管道系统图如图 2-21 所示。PL-2 排水管道系统图如图 2-22 所示。

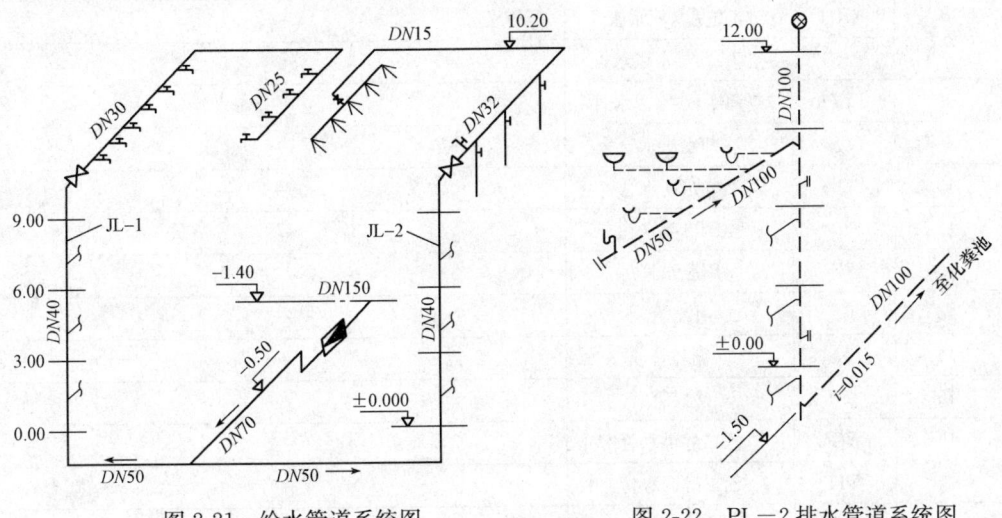

图 2-21　给水管道系统图　　　　　图 2-22　PL-2 排水管道系统图

4. 施工详图

凡工程设计图在平面或系统图上表示不清,也不能用文字说明时,可将局部部位构造放大比例绘成施工详图,例如阀门井、水泵机座、盥洗槽等安装图。为减少设计工作量,凡有通用标准图册可套用的,尽量选用通用标准图集,注明图号即可。

第三节 采暖工程施工图

一、采暖工程施工图的内容

1. 组成

采暖工程施工图一般由图纸目录、图例、设计施工说明、设备及主要材料明细表等组成。

2. 图例

(1)采暖管道可用线型区分,也可用代号区分。采暖管道代号见表2-12。

表2-12　　　　　　　　　采暖管道代号

序号	代号	管道名称	备注
1	RG	采暖热水供水管	可附加1、2、3等表示一个代号、不同参数的多种管道
2	RH	采暖热水回水管	可通过实线、虚线表示供、回关系省略字母G、H
3	LG	空调冷水供水管	—
4	LH	空调冷水回水管	—
5	KRG	空调热水供水管	—
6	KRH	空调热水回水管	—
7	LRG	空调冷、热水供水管	—
8	LRH	空调冷、热水回水管	—
9	LQG	冷却水供水管	—
10	LQH	冷却水回水管	—
11	n	空调冷凝水管	—
12	PZ	膨胀水管	—
13	BS	补水管	—
14	X	循环管	—
15	LM	冷媒管	—
16	YG	乙二醇供水管	—
17	YH	乙二醇回水管	—
18	BG	冰水供水管	—
19	BH	冰水回水管	—
20	ZG	过热蒸汽管	—
21	ZB	饱和蒸汽管	可附加1、2、3等表示一个代号、不同参数的多种管道
22	Z2	二次蒸汽管	—
23	N	凝结水管	—
24	J	给水管	—

续

序号	代号	管道名称	备注
25	SR	软化水管	—
26	CY	除氧水管	—
27	GG	锅炉进水管	—
28	JY	加药管	—
29	YS	盐溶液管	—
30	XI	连续排污管	—
31	XD	定期排污管	—
32	XS	泄水管	—
33	YS	溢水(油)管	—
34	R_1G	一次热水供水管	—
35	R_1H	一次热水回水管	—
36	F	放空管	—
37	FAQ	安全阀放空管	—
38	O1	柴油供油管	—
39	O2	柴油回油管	—
40	OZ1	重油供油管	—
41	OZ2	重油回油管	—
42	OP	排油管	—

(2)采暖管道阀门和附件的图例见表2-13。

表2-13　　　　　采暖管道阀门和附件图例

序号	名称	图例	备注
1	截止阀	—⋈—	—
2	闸阀	—⋈—	—
3	球阀	—⋈—	—
4	柱塞阀	—⋈—	—
5	快开阀	—⋈—	—
6	蝶阀	—⫽—	—⫽—
7	旋塞阀	—⊤—	—

续一

序号	名称	图例	备注
8	止回阀		
9	浮球阀		—
10	三通阀		
11	平衡阀		
12	定流量阀		
13	定压差阀		
14	自动排气阀		—
15	集气罐、放气阀		
16	节流阀		—
17	调节止回关断阀		水泵出口用
18	膨胀阀		
19	排入大气或室外		
20	安全阀		
21	角阀		—
22	底阀		—
23	漏斗		
24	地漏		
25	明沟排水		—

续二

序号	名称	图例	备注
26	向上弯头		—
27	向下弯头		—
28	法兰封头或管封		—
29	上出三通		—
30	下出三通		—
31	变径管		—
32	活接头或法兰连接		—
33	固定支架		—
34	导向支架		—
35	活动支架		—
36	金属软管		—
37	可屈挠橡胶软接头		—
38	Y形过滤器		—
39	疏水器		—
40	减压阀		左高右低
41	直通型（或反冲型）除污器		—

续三

序号	名称	图例	备注
42	除垢仪	—E—	—
43	补偿器		—
44	矩形补偿器		—
45	套管补偿器		—
46	波纹管补偿器		—
47	弧形补偿器		—
48	球形补偿器		—
49	伴热管		—
50	保护套管		—
51	爆破膜		—
52	阻火器		—
53	节流孔板、减压孔板		—
54	快速接头		—
55	介质流向	→ 或 ⇒	在管道断开处时,流向符号宜标注在管道中心线上,其余可同管径标注位置
56	坡度及坡向	$i=0.003$ 或 → $i=0.003$	坡度数值不宜与管道起、止点标高同时标注。标注位置同管径标注位置

二、采暖工程施工图的有关规定

1. 管道系统图

(1)管道系统图应能确认管径、标高及末端设备,可按系统编号分别绘制。

(2)管道系统图采用轴测投影法绘制时,宜采用与相应的平面图一致的比例,按国家现行标准《房屋建筑制图统一标准》(GB/T 50001—2010)绘制。

(3)在不致引起误解时,管道系统图可不按轴测投影法绘制。

(4)管道系统图的基本要素应与平、剖面图相对应。

(5)水、汽管道及通风、空调管道系统图均可用单线绘制。

(6)系统图中的管线重叠、密集处,可采用断开画法。断开处宜以相同的小写拉丁字母表示,也可用细虚线连接。

(7)室外管网工程设计宜绘制管网总平面图和管网纵剖面图。

2. 管道原理图

(1)原理图可不按比例和投影法绘制。

(2)原理图基本要素应与平面图、剖视图及管道系统图相对应。

关键细节 17　采暖工程管道转向的画法

(1)单线管道转向的画法如图 2-23 所示。

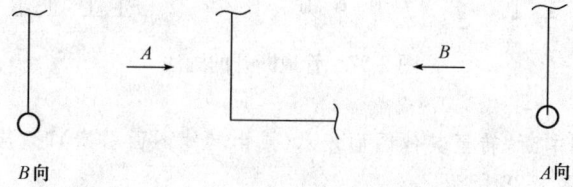

图 2-23　单线管道转向的画法

(2)双线管道转向的画法如图 2-24 所示。

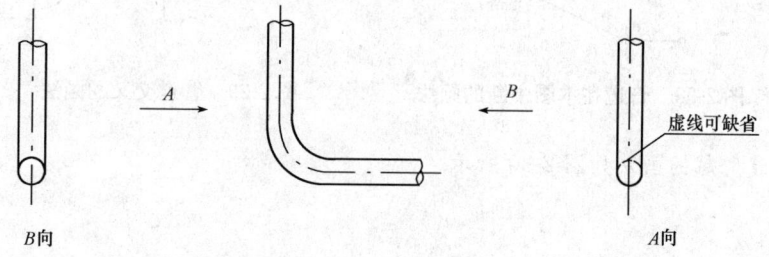

图 2-24　双线管道转向的画法

(3)单线管道分支的画法如图 2-25 所示。

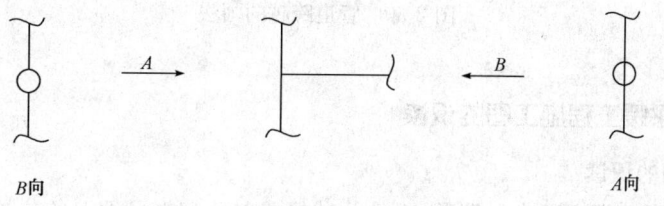

图 2-25　单线管道分支的画法

(4)双线管道分支的画法如图 2-26 所示。

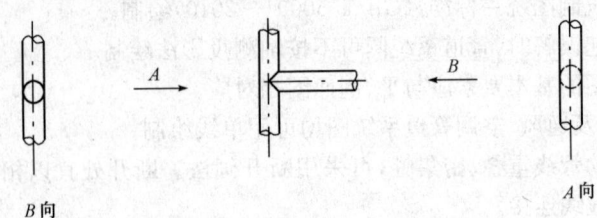

图 2-26　双线管道分支的画法

(5)平面图、剖视图中管道因重叠、密集需断开时,应采用断开画法,如图 2-27 所示。

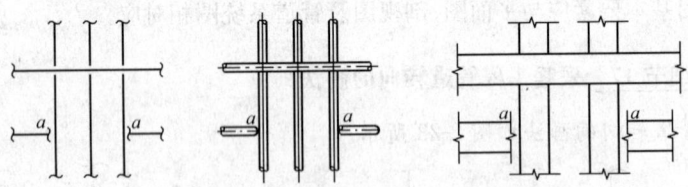

图 2-27　管道断开的画法

(6)管道在本图中断,转至其他图面表示(或由其他图面引来)时,应注明转至的(或来自的)图纸编号,如图 2-28 所示。

(7)管道交叉的画法如图 2-29 所示。

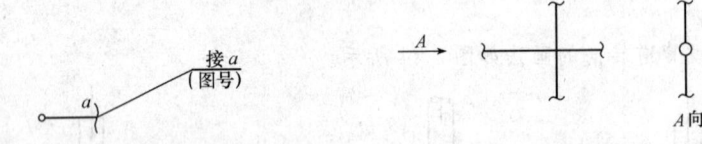

图 2-28　管道在本图中断的画法　　　图 2-29　管道交叉的画法

(8)管道跨越的画法如图 2-30 所示。

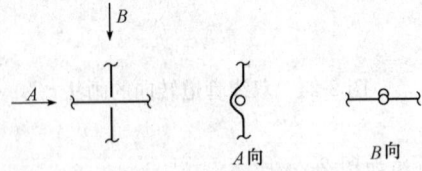

图 2-30　管道跨越的画法

三、室内采暖工程施工图的识读

1. 平面图的识读

室内采暖平面图主要表示管道、附件及散热器在建筑物平面上的位置以及它们之间的相互关系。

关键细节18　采暖施工平面图识读注意事项

（1）了解建筑物内散热器（热风机、辐射板等）的平面位置、种类、片数以及散热器的安装方式（明装、暗装或半暗装）。

（2）了解水平干管的布置方式，干管上的阀门、固定支架、补偿器等的平面位置和型号以及干管的管径。

（3）通过立管编号查清系统立管数量和布置位置。

（4）在热水采暖系统平面图上还标有膨胀水箱、集气罐等设备的位置、型号以及设备上连接管道的平面布置和管道直径。

（5）在蒸汽采暖系统平面图上还标有疏水装置的平面位置及其规格尺寸。水平管的末端常积存有凝结水，为了排除这些凝结水，在系统末端设置疏水装置。另外，当水平干管抬头登高时，在转弯处也要设疏水器。识读时要了解疏水器的规格及疏水装置的组成。

（6）查明热媒入口及入口地沟情况。当热媒入口无节点图时，平面图上一般将入口装置组成的各配件、阀件（如减压阀、混水器、疏水器、分水器、分汽缸、除污器、控制阀门等）的管径、规格以及热媒来源、流向、参数等表示清楚。如果入口装置是按标准图设计的，则在平面图上注有规格及标准图号，识读时可按标准图号查阅标准图。如果施工图中有入口装置节点图，可按平面图标注的节点图编号查找热媒入口放大图进行识读。

2. 系统轴测图的识读

采暖系统轴测图表示从热媒入口至出口的管道、散热器、主要设备、附件的空间位置和相互关系。系统轴测图是以平面图为主视图，进行斜投影绘制的斜等测图。

关键细节19　采暖工程系统轴测图识读注意事项

（1）采暖系统轴测图可以清楚地表达出干管与立管之间以及立管、支管与散热器之间的连接方式，阀门安装位置及数量，整个系统的管道空间布置等。散热器支管都有一定的坡度，其中供水支管坡向散热器，回水支管则坡向回水立管。要了解各管段管径、坡度坡向、水平管的标高、管道的连接方法以及立管编号等。

（2）了解散热器类型及片数。光滑管散热要查明散热器的型号（A型或B型）、管径、排数及长度；翼型或柱型散热器要查明规格及片数以及带脚散热器的片数；其他采暖方式则要查明采暖器具的型式、构造以及标高等。

（3）要查清各种阀件、附件与设备在系统中的位置，凡注有规格型号者，要与平面图和材料明细表进行核对。

（4）查明热媒入口装置中各种设备、附件、阀门、仪表之间的关系及热媒的来源、流向、坡向、标高、管径等。如有节点详图，要查明详图编号。

3. 详图的识读

详图是表明某些供暖设备的制作、安装和连接的详细情况的图样。室内采暖详图包括标准图和非标准图两种。标准图包括散热器的连接和安装、膨胀水箱的制作和安装、集气罐和补偿器的制作和连接等，可直接查阅标准图集或有关施工图。非标准详图是指在平面图、系统图中表示不清而又无标准详图的节点和做法，则须另绘制出详图。

第三章 水暖工程定额体系

第一节 建设工程定额

一、定额的概念

定额是指在正常施工条件下,完成一定单位合格产品所必须消耗的劳动力、材料、施工机械台班的数量标准。正常的施工条件,是指生产过程按生产工艺和施工验收规范操作,施工条件完善,能合理地组织和使用施工机械和材料。定额是一种标准,即规定的额度,广义地说,也是处理特定事物的数量界限。

二、定额的分类

1. 定额按施工生产要素分

定额按施工生产要素划分,可分为劳动定额、材料消耗定额和机械台班使用定额。

(1)劳动定额。劳动定额是指完成一定的合格产品(工程实体或劳务)所需消耗劳动量的数量标准。为了便于综合和核算,劳动定额大多采用工作时间消耗量来计算劳动消耗的数量。所以劳动定额的主要表现形式是时间定额,但同时也表现为产量定额。时间定额与产量定额互为倒数。

(2)材料消耗定额。材料消耗定额是指完成一定合格产品所需消耗材料的各种原材料、成品、半成品、构配件、燃料以及水、电等资源的标准数值,以材料各自规定的计量单位分别表示。材料消耗定额在很大程度上可以影响材料的合理调配和使用。在产品生产数量和材料质量一定的情况下,材料的供应计划和需求都会受到材料定额的影响。

(3)机械台班使用定额。机械台班使用定额是指为完成一定合格产品(工程实体或劳务)所规定消耗的施工机械数量标准,以1台机械1个工作台班为计量单位。机械台班使用定额的主要表现形式是机械时间定额,但同时也以产量定额表现。

2. 按照主编单位和执行范围分

按照主编单位和执行范围,安装工程定额可分为全国统一定额、行业统一定额、地区统一定额和企业定额四类。

(1)全国统一定额。全国统一定额是由国家建设行政主管部门综合全国工程建设中技术和施工组织管理的情况编制,并在全国范围内执行的定额,如《全国统一安装工程预算定额》。

(2)行业统一定额。行业统一定额是考虑到各行业部门专业工程技术特点,以及施工生产的管理水平编制的,一般只在本行业和相同专业性质的范围内执行,属专业性定额,如《铁路建设工程定额》。

(3)地区统一定额。地区统一定额包括省、自治区、直辖市定额,是各地区相关主管部门根据本地区自然气候、物质技术、地方资源和交通运输等条件,参照全国统一定额水平编制的,并只能在本地区使用,如2008年《全国统一安装工程预算定额河北省消耗量定额》。

(4)企业定额。企业定额是由施工企业考虑企业具体情况,参照国家、部门或地区定额的水平而制定的定额,其只在企业内部使用,是企业素质的标志。一般来说,企业定额水平高于国家、部门或地区现行定额的水平,才能满足生产技术发展、企业管理和市场竞争的需要。

第二节 施工定额

一、劳动定额

1. 劳动定额的概念

劳动定额是完成单位合格产品所需消耗劳动量(工人的劳动时间)的标准数值。它是表示工人劳动生产效率的实物指标,也是编制施工作业计划、签发施工任务单的依据。

关键细节1 劳动定额的表现形式

劳动定额的表现形式分为时间定额和产量定额两种形式。

(1)时间定额是指在正常作业条件(正常施工水平和合理劳动组织)下,工人为完成单位合格产品(单位工程量)所需要的劳动时间。时间定额通常以"工日"或"工时"为计量单位,每一个工日按8h计算。单位产品时间定额的计算公式为:

$$时间定额 = \frac{班组成员劳动时间总和(工日)}{班组完成的产品总数}(工日/单位产品)$$

(2)产量定额是指在正常作业条件下,工人在单位时间(工日)内完成单位合格产品(工程量)的数量,以产品(工程量)的计量单位表示,即:

$$产量定额 = \frac{班组完成的产品总数}{班组成员劳动时间总和(工日)}(单位产品/工日)$$

由上述公式不难看出,时间定额与产量定额在数值上互为倒数关系,即:

$$时间定额 = \frac{1}{产量定额}$$

或

$$时间定额 \times 产量定额 = 1$$

2. 劳动定额的作用

(1)劳动定额是贯彻按劳分配原则的重要依据。按劳分配原则是社会主义社会的一项基本原则。贯彻这个原则必须以平均先进的劳动定额为衡量尺度,按照工人生产产品的数量和质量来进行分配。工人完成劳动定额的水平决定了他们实际收入和超额劳动报酬的多少,只有多劳才能多得。这样就把企业完成施工计划、提高经济效益与个人物质利益直接结合起来。

(2)劳动定额是开展社会主义劳动竞赛的必要条件。社会主义劳动竞赛是调动广大职工建设社会主义积极性的有效措施,劳动定额在竞赛中起着检查、考核和衡量的作用。

一般来说，完成劳动定额的水平愈高，对社会主义建设事业的贡献也就愈大。以劳动定额为标准，就可以衡量出工人贡献的大小、工效的高低，使不同单位、不同工种工人之间有了可比性，便于鼓励先进、帮助后进、带动一般，从而提高劳动生产率、加快建设速度。

(3)劳动定额是编制施工作业计划的依据。编制施工作业计划必须以劳动定额作为依据，才能准确地确定劳动消耗和合理地确定工期，不仅在编制计划时要依据劳动定额，在实施计划时，也要按照劳动定额合理地平衡调配和使用劳动力，以保证计划的实现。通过施工任务书把施工作业计划和劳动定额下达给生产班组作为施工(生产)指令，组织工人达到和超过劳动定额水平，完成施工任务书下达的工程量。这样就把施工作业计划和劳动定额通过施工任务书这个中间环节与工人紧密联系起来，使计划落实到工人群众，从而使企业完成和超额完成计划有了切实可靠的保证。

(4)劳动定额是企业经济核算的重要基础。为了考核、计算和分析工人在生产中的劳动消耗和劳动成果，就要以劳动定额为依据进行劳动核算。人工定额完成情况、单位工程用工、人工成本是企业经济核算的重要内容。只有用劳动定额严格地、精确地计算和分析比较施工中的消耗和成果，对劳动消耗进行监督和控制，不断降低单位成品的工时消耗、努力节约人力，才能降低产品成本中的人工费和分摊到产品成本中的管理费。

关键细节 2 劳动定额的编制要点

(1)分析基础资料，拟定编制方案。

1)影响工时消耗因素的确定。技术因素包括完成产品的类别；材料、构配件的种类和型号等级；机械和机具的种类、型号和尺寸；产品质量等。组织因素包括操作方法和施工的管理与组织；工作地点的组织；人员组成和分工；工资与奖励制度；原材料和构配件的质量及供应的组织；气候条件等。

2)计时观察资料的整理。对每次计时观察的资料进行整理之后，要对整个施工过程的观察资料进行系统的分析研究和整理。

3)日常积累资料的整理和分析。日常积累的资料主要有四类：第一类是现行定额的执行情况及存在问题的资料；第二类是企业和现场补充定额资料，如因现行定额漏项而编制的补充定额资料，因解决采用新技术、新结构、新材料和新机械而产生的定额缺项所编制的补充定额资料；第三类是已采用的新工艺和新的操作方法的资料；第四类是现行的施工技术规范、操作规程、安全规程和质量标准等。

4)拟定定额的编制方案。编制方案的内容包括提出对拟编定额的定额水平总的设想，拟定定额分章、分节、分项的目录，选择产品和人工、材料、机械的计量单位，设计定额表格的形式和内容。

(2)确定正常的施工条件。拟定施工的正常条件包括拟定工作地点的组织、拟定工作组成、拟定施工人员编制。

(3)确定劳动定额消耗量的方法。时间定额是在拟定基本工作时间、辅助工作时间、不可避免中断时间、准备与结束的工作时间以及休息时间的基础上制定的。

关键细节 3 定额人工消耗量指标的确定方法

定额人工消耗量指标是指完成一定计量的分项工程或构件(单位产品)所额定消耗的

劳动量标准(用工量),以"时间定额"的形式表示。由基本用工、辅助用工及定额幅度差额用工组成,即:

定额人工消耗指标＝基本用工＋辅助用工＋定额幅度差额用工
＝(基本用工＋辅助用工)×(1＋幅度差系数)

(1)基本用工是指项目主体的作业用工,或称"净用工量",一般通过施工定额的劳动定额指标按项目组成内容综合计算求出。首先确定预算定额某项目所包括施工定额中若干项目的综合含量百分数,再计算这些施工项目的"综合取定工程量",分别套用施工定额的用工指标,综合为预算定额的"基本用工"指标,即:

$$基本用工消耗量 = \sum \left(综合取定工程量 \times \frac{施工定额的}{时间定额} \right)$$

(2)辅助用工是指完成该项目施工任务时,必须消耗的材料加工、超运距搬运等辅助性劳动的用工量。它也可以通过确定"含量",运用施工定额换算。

(3)幅度差额用工是指施工劳动定额中没有包括而又必须考虑的用工,以及施工定额与预算定额之间存在的定额水平差额。例如作业准备与清场扫尾、质量的自检与互检、临时性停电或停水、必要的维修与保养工作等内容,造成影响工效而增加的用工。幅度差额用工一般采用增加系数计算,人工幅度差额系数是指人工差额用工量占基本用工和辅助用工的百分比,即:

$$人工幅度差额系数 = \frac{人工幅度差额用工量}{基本用工＋辅助用工} \times 100\%$$

或　　　　人工幅度差额用工量＝(基本用工＋辅助用工)×人工幅度差额系数

二、材料消耗定额

1. 材料消耗定额的概念

材料消耗定额是指在节约与合理使用材料的条件下,完成单位合格产品所需消耗的各种材料、成品、半成品、构件、配件及动力等的标准数值,以材料各自的习惯计量单位分别表示。

关键细节4　材料消耗定额的内容

材料消耗定额指标由直接消耗的净用量和不可避免的操作、场内运输损耗量两部分组成,而损耗量是用材料的规定损耗率(%)来计算的,即:

材料消耗定额指标＝净用量＋损耗量
＝净用量×(1＋材料损耗率)

其中　　　　　　　$$材料损耗率(\%) = \frac{材料损耗量}{材料净用量} \times 100\%$$

材料损耗率(%)是编制材料消耗定额的重要依据之一。不同材料的损耗率不同,相同材料因施工做法不同,其损耗率也不相同。一般来讲,定额中对材料损耗率是统一规定的,施工定额的材料损耗率要比预算定额的材料损耗率小。

材料消耗定额是分析计算材料量、编制材料计划和签发限额领料的依据。

关键细节 5 材料消耗定额的制定方法

(1)观测法:亦称现场测定法,是指在合理使用材料的条件下,在施工现场按一定程序对完成合格产品的材料耗用量进行测定,通过分析、整理,最后得出一定的施工过程单位产品的材料消耗定额。

(2)试验法:是指在材料实验室中进行试验和测定数据。例如,以各种原材料为变量因素,求得不同强度等级混凝土的配合比,从而计算出每立方米混凝土的各种材料耗用量。

(3)统计法:是指通过对现场进料、用料的大量统计资料进行分析计算,获得材料消耗的数据。这种方法由于不能分清材料消耗的性质,因而不能作为确定材料净用量定额和材料损耗定额的精确依据。

(4)理论计算法:是指根据施工图,运用一定的数学公式,直接计算材料耗用量。计算法只能计算出单位产品的材料净用量,材料的损耗量仍要在现场通过实测取得。采用这种方法必须对工程结构、图纸要求、材料特性和规格、施工及验收规范、施工方法等先进行了解和研究。

2. 材料消耗量指标

预算定额内所列材料,可分为主要材料、辅助材料、周转性材料和其他零星材料四类。各种材料的消耗指标可分别采用理论计算、现场测定、室内试验、统计分析、移植施工定额指标等方法确定。其基本公式为:

$$单位产品材料消耗定额指标 = \frac{某种材料的耗量总数}{产品总数}(材料耗量/单位产品)$$

关键细节 6 各种材料消耗量指标的内容

(1)主材和辅材:是指完成某分项工程所消耗的主体材料和耗量较多的辅助性材料。应列出品种、规格及计量单位,分别确定。材料消耗指标由直接消耗的净用量和不可避免的操作、场内运输、堆放损耗量组成。净用量取决于设计标准、施工做法,而损耗量是用材料的规定损耗率(%)来计算的,即:

$$材料消耗定额指标 = 净用量 + 损耗量$$
$$= 净用量 \times (1 + 损耗率)$$

材料损耗率(%)是编制材料消耗定额的重要依据之一。不同材料的损耗率不同;同种材料因施工做法不同,其损耗率也不相同;相同材料在不同定额内,损耗率也不一致。一般来讲,同一种材料在施工定额中的损耗率,应比预算定额中的损耗率小。

(2)周转性材料摊销量:是指完成一定计量单位产品,一次消耗周转性材料的数量。其计算公式为:

$$材料的摊销量 = 一次使用量 \times 摊销系数$$

其中

$$一次使用量 = 材料的净用量 \times (1 - 材料损耗率)$$

$$摊销系数 = \frac{周转使用系数 - [(1 - 损耗率) \times 回收价值率]}{周转次数 \times 100\%}$$

(3)其他零星材料:是指耗量少、价格低、对基价影响小的低值易耗品等,定额中不列品种亏耗量,而用货币计量,以"元"表示。一般采用估量计算、综合定价的方法确定。

三、机械台班定额

1. 机械台班定额的概念

机械台班定额是指在正常施工条件和合理组织条件下,完成单位合格产品所必须消耗的各种施工机械设备作业时间(台班量)的标准数值。它是表示机械设备生产效率的指标,也是编制机械调度和使用计划的依据。

关键细节7 机械台班定额的表现形式

机械台班定额用机械时间定额和机械产量定额两种形式表示。

机械时间定额是指施工机械在正常运转和合理使用的条件下,完成单位合格产品(工程量)所需消耗的机械作业时间,以"台班"或"台时"表示,即:

$$机械时间定额 = \frac{机械消耗的台班量总数}{机械完成的产品总数(工程量)} (台班/单位产品)$$

机械产量定额是指施工机械在正常运转和合理使用的条件下,单位作业时间内应完成的合格产品的标准数量,以工程量计量单位表示,即:

$$机械产量定额 = \frac{机械完成的产品总数(工程量)}{机械消耗的台班量总数} (单位产品/台班)$$

同样,机械时间定额与机械产量定额,在数值上也互为倒数关系,即:

$$机械时间定额 = \frac{1}{机械产量定额}$$

2. 机械台班使用定额的编制

(1)确定正常的施工条件。拟定机械工作正常条件,主要是拟定工作地点的合理组织和合理的工人编制。

1)工作地点的合理组织,就是对施工地点机械和材料的放置位置、工人从事操作的场所做出科学合理的平面布置和空间安排。

2)拟定合理的工人编制,就是根据施工机械的性能和设计能力、工人的专业分工和劳动工效合理确定操纵机械的工人和直接参加机械化施工过程的工人的编制人数。

(2) 确定机械1h纯工作正常生产率。确定机械正常生产率时,必须首先确定出机械纯工作1h的正常生产率。机械纯工作时间就是机械的必需消耗时间。机械1h纯工作正常生产率,就是在正常施工组织条件下,具有必需的知识和技能的技术工人操纵机械1h的生产率。

(3)确定施工机械的正常利用系数。确定施工机械的正常利用系数,是指机械在工作班内对工作时间的利用率。机械的利用系数和机械在工作班内的工作状况有着密切的关系,所以,要确定机械的正常利用系数,首先要拟定机械工作班的正常工作状况,保证合理利用工时。

关键细节8 计算施工机械台班定额

计算施工机械定额是编制机械定额工作的最后一步。在确定了机械工作正常条件、机械1h纯工作正常生产率和机械正常利用系数之后，采用下列公式计算施工机械的产量定额：

$$\text{施工机械台班产量定额} = \text{机械1h纯工作正常生产率} \times \text{工作班纯工作时间}$$

$$\text{施工机械台班产量定额} = \text{机械1h纯工作正常生产率} \times \text{工作班延续时间} \times \text{机械正常利用系数}$$

$$\text{施工机械时间定额} = \frac{1}{\text{机械台班产量定额指标}}$$

3. 施工机械台班消耗量指标

施工机械台班消耗量指标是指在正常施工条件下，完成单位分项工程或构件所额定消耗的机械工作时间（台班）。

关键细节9 施工机械台班消耗量指标的确定

施工机械台班消耗量指标包括实际消耗量和影响消耗量。

(1)实际消耗量一般是根据施工定额中机械产量定额的指标换算求出的，也可通过统计分析、技术测定、理论推算等方法分别确定。

(2)影响消耗量是指考虑正常停歇、质量检测、场内转移、配套设施等合理因素影响所增加的台班消耗，采用机械幅度差额系数(％)计算，即：

$$\text{机械台班消耗量指标} = \text{实际消耗量} + \text{影响消耗量}$$
$$= \text{实际消耗量} \times (1 + \text{机械幅度差额系数})$$

其中

$$\text{机械幅度差额系数}(\%) = \frac{\text{影响消耗量}}{\text{实际消耗量}} \times 100\%$$

不同的施工机械，机械幅度差额系数不相同。

第三节 工程预算定额

一、预算定额的作用与意义

1. 预算定额的作用

预算定额是指完成一定计量单位的分项工程量所消耗的人工、材料、机械台班及其基价的综合标准数值。它是建设工程定额中一种法规性极强的实用定额。预算定额以分项工程划分项目，各种"要素"的耗量用"综合指标"的形式表示。例如，定额中的"综合工"不分工种、级别，而以统一的"平均级别"的工日数表示；材料只列主要品种及耗量，耗量中综合了损耗，零星材料则以货币量价格综合；施工机械指主要机械及其常规型号，台班费用为两类综合价等。这些都体现了预算定额的综合性。

关键细节 10 预算定额作用的表现

(1)预算定额是编制施工图预算、竣工结算、确定工程施工造价的依据。
(2)预算定额是选择经济、合理的设计方案的依据。
(3)预算定额是施工企业实行经济核算、考核工程成本的依据。
(4)预算定额是工程建设承发包和决策的依据。
(5)预算定额是编制地区"单位估价表"的依据,也是编制概算定额的基础资料。

2. 预算定额的意义

预算定额是在施工图设计和工程施工阶段编制施工图预算和竣工结算时使用的定额,是确定各分项工程人工、材料、机械台班消耗量的标准,从而直接影响到建设单位与承建企业之间的工程款项往来数额,受到工程建设各方的普遍重视。预算定额除了具备工程建设定额的一般特性外,尤其突出的是它特有的计价性和法规性,所以,预算定额在工程建设中发挥着极为重要的作用。

工程建设的实施过程中,预算定额在编制招标控制价(标底)、投标报价、进行工料分析、实行"两算"对比、编制施工计划、施工组织设计、财务价款结算、统计资料分析、工程分包计价等具体工作方面都发挥着重要作用。

关键细节 11 预算定额的编制方法

预算定额的编制方法一般有经验估计法、统计分析法、比较类推法、技术测定法等。
(1)经验估计法是指依据有实践经验的工人、技术人员和各种管理人员,在长期的工作实践过程中所积累的经验、资料,通过座谈讨论、分析研究来拟定试行定额的一种方法。
(2)统计分析法是指利用生产过程中的统计资料如任务单、日报表、领料卡、作业记录、考勤表等,通过分析、整理、计算而确定定额的方法。
(3)比较类推法是以现有类似定额项目及其指标为依据,按照不同条件进行比较分析、推算调整来制定新的定额的方法。
(4)技术测定法是指依据对现场作业各工序的全部过程,通过计时、计量等实测,将所获得的资料包括时间、地点、内容、人员、耗料、机械、完成量等,经过科学分析、整理而制定定额的方法。

二、预算定额的编制原则

预算定额的编制工作是一项政策性、技术性很强的专业工作,涉及的因素很多,影响的范围较广。预算定额编制工作应遵守以下原则:

1. 简明适用原则

在满足预算编制需要的前提下,预算定额在内容和形式上应力求简单、明了、统一、适用。既要做到项目内容齐全、指标完整,又要做到粗细适当、步距合理。要尽可能简化工程量的计算工作,尽可能不留或少留"活口",以减少换算。

2. 反映实际原则

预算定额是施工定额的综合与扩大,存在一定的幅度差,以抵消施工中的辅助因素和附加因素。施工定额以平均先进水平为制定标准,而预算定额通常以平均水平核定。预算定额的分项与内容、精度与广度、指标与基价能否反映当前的施工状况和生产水平,是定额能否促进生产发展的关键。因此,预算定额的制定必须实事求是地反映生产实际水平。

3. 统一合理原则

在统一、合理管理的前提下,各分项工程量及子目消耗指标的计量单位,要做到统一、合理,要体现主要项目在不同条件下的指标差异,尽量消除定额指标在纵向和横向上的矛盾,具有一定的可比性。

关键细节 12 预算定额编制各阶段的内容

预算定额的编制,应由职能机构组织一定数量的专职人员分工负责、协调完成。在确定原则的基础上,要按制定的工作计划做大量而细致的具体工作。编制过程一般可分为以下五个阶段:

(1)审查原有定额。在编制原则的指导下,根据原有定额执行情况,进一步广泛征求意见,找出原有定额存在的问题,进行整理归纳,确定调整项目与内容,并依据生产发展情况,提出补充项目及内容清单。

(2)深入调查研究。有针对性地广泛搜集资料,深入进行现场测定和典型工程测算。

(3)综合分析拟稿。对各种资料进行综合、分析和计算,按规定的统一格式和要求逐项核定各种指标,拟出预算定额草稿,并按分部集中统一编目、编号。同时,按新的定额指标及基价对典型工程再次进行定额水平测算。草稿内容及指标经过修正后作为初稿打印成册。

(4)审核讨论评定。对初稿组织评议审查,进行修改补充后,要归纳、整理编制工作中的各种调查资料和计算数据,并编写"编制说明"。最后,呈文上报。

(5)批准印制颁发。经主管部门批准后,即可印制颁发执行。

三、预算定额的编制依据

(1)现行的设计规范、施工规程、验收标准及有关规定。

(2)通用标准图集及有关新材料、新技术、新工艺的科研、实测、统计、分析的成果与资料。

(3)原有的预算定额和现行的施工定额,以及定额执行情况。

(4)现行地区的人工工资标准、材料和施工机械台班预算价格等。

关键细节 13 预算定额的编排特点

预算定额是按一定的顺序和格式编排的。在内容上一般是以颁布文件、目录、总说明、分部(章)说明、工程量计算规则、定额项目表、附录等为排列次序。其中,"定额项目表"具有以下共同特点:

(1)以项目名称为标题,注明"工作内容"。

(2)项目表的右上角标注工程量的"计量单位";项目横题为定额编号、项目划分;项目表左侧纵列基价及其组成、各种消耗要素的名称、规格、计量及预算价格。

(3)项目表内部为各项要素的定额消耗指标数值。

(4)必要时,项目表下方加"附注",表明未计价材料、条件改变的调整换算等内容。

预算定额是编制定额直接费的法定标准,是预算编制中"套价"或"套指标"的依据。计价项目及其工程量确定以后,定额套价就成为预算编制中计算基础费用的重要内容。因此,选套定额准确与否,直接影响预算的精度。

第四节 工程预算定额的组成及使用方法

一、预算定额的组成

预算定额一般由目录、总说明、各章(分部)说明、工程量计算规则、定额项目表及有关附录组成。其中,"工程量计算规则"可集中单列,也可分列在各章说明内。

1. 总说明

总说明主要说明该预算定额的编制原则和依据、适用范围和作用、涉及的因素与处理方法、基价的来源与定价标准、有关执行规定及增收费用等内容。

2. 各章说明

各章说明主要说明各章(分部)定额的执行规定、定额指标的可调性及换算方法、项目解释等内容。

3. 工程量计算规则

定额套价是以各分项工程的项目划分及其工程量为基础的,而定额指标及其含量的确定,是以工程量的计量单位和计算范围为依据的。因此,每部定额都有自身专用的"工程量计算规则"。工程量计算规则是指对各计价项目工程量的计量单位、计算范围、计算方法等所做的具体规定与法则。

4. 定额项目表

定额项目表是预算定额的主要组成部分,反映了完成一定计量单位的分项工程所消耗的各种人工、材料、机械台班数额及其基价的标准数值。定额项目表由项目名称、工程内容、计量单位和项目表组成。其中,项目表包括定额编号、细目与步距、子目组成、各种消耗指标、基价构成及有关附注等内容,见表3-1和表3-2。

表3-1　　　　　　　　　　　　水龙头安装

工作内容:上水嘴、试水　　　　　　　　　　　　　　　　　　　　计量单位:10个

定额编号			8-438	8-439	8-440
项　目			公称直径(mm以内)		
			15	20	25
名　称	单位	单价/元	数　量		

续

			工日	23.22	0.280	0.280	0.370
人工	综合工日						
材料	铜水嘴	个	—	(10.100)	(10.100)	(10.100)	
	铅油	kg	8.770	0.100	0.100	0.100	
	线麻	kg	10.400	0.010	0.010	0.010	
	基 价/元			7.48	7.48	9.57	
其中	人工费/元			6.50	6.50	8.59	
	材料费/元			0.98	0.98	0.98	
	机械费/元			—	—	—	

表 3-2　　小便槽冲洗管制作、安装

工作内容：切管、套螺纹、钻眼、上零件、栽管卡、试水　　　　　　　　　　10m

定额编号				8-456	8-457	8-458
项　目				公称直径(mm 以内)		
				15	20	25
名　称	单位	单价/元		数　量		
人工	综合工日	工日	23.22	6.490	6.490	7.280
材料	镀锌钢管 DN15	m	6.310	10.200	—	—
	镀锌钢管 DN20	m	8.590	—	10.200	—
	镀锌钢管 DN25	m	12.500	—	—	10.200
	镀锌三通 DN15	个	1.050	3.000	—	—
	镀锌三通 DN20	个	1.610	—	3.000	—
	镀锌三通 DN25	个	2.660	—	—	3.000
	镀锌管箍 DN15	个	0.640	6.000	—	—
	镀锌管箍 DN20	个	0.820	—	6.000	—
	镀锌管箍 DN25	个	1.300	—	—	6.000
	镀锌丝堵(堵头) DN15	个	0.420	6.000	—	—
	镀锌丝堵(堵头) DN20	个	0.540	—	6.000	—
	镀锌丝堵(堵头) DN25	个	0.930	—	—	6.000
	管卡子(单立管) DN25	个	1.340	6.000	6.000	6.000
	铅油	kg	8.770	0.060	0.080	0.100
	线麻	kg	10.400	0.030	0.030	0.040
	钢锯条	根	0.620	0.500	0.500	0.500
机械	立式钻床 $\phi 25$	台班	24.960	0.500	0.500	0.600
基 价/元				246.24	273.15	342.52
其中	人工费/元			150.70	150.70	169.04
	材料费/元			83.06	109.97	158.50
	机械费/元			12.48	12.48	14.98

5. 附录

附录是指制定定额的相关资料和含量、单价取定等内容。如安装工程预算定额中的安装材料价格、机械台班单价、材料损耗率、零配件含量取定、定型产品型号与规格的定额分类等。可集中在定额的最后部分，也可放在有关定额分部内。附录的内容可作为定额调整换算、制定补充定额的依据。

二、预算定额基价

1. 预算定额基价的概念

预算定额基价是指完成单位分项工程（或构件）所必须投入的货币量的标准数值（基本价格）。

定额基价根据定额"要素"的指标内容，由人工费基价、材料费基价、机械费基价三部分构成，而各项基价费用是定额消耗指标与其预算单价的乘积，即：

$$定额基价 = 人工费基价 + 材料费基价 + 机械费基价$$

式中

$$人工费基价 = \sum 定额人工消耗指标(工日) \times 预算工资标准(元/工日)$$

$$材料费基价 = \sum 定额材料消耗指标 \times 材料预算单价$$

$$机械费基价 = \sum 定额机械台班消耗指标(台班) \times 机械台班预算单价(元/台班)$$

由上可见，当定额指标确定以后，各种预算单价（人工、材料、机械台班）就成为计算定额基价的关键性基础数据。

2. 预算定额基价的计算方式

预算定额基价的计算方式主要有预算工资标准的计算、材料预算价格的计算、机械台班价格的计算。

(1) 预算工资标准。我国建筑业的工资形式有计时工资、计件工资和包工工资三种，而工资制度是八级等级制（工资标准与技术等级相对应）。职工收入一般由基本工资、工资性津贴、奖金等三部分组成，其中基本工资为岗位等级工资，工资性津贴属于特殊劳动的额外补偿和地区性价差补贴等。

关键细节 14 预算工资标准的计算

预算工资标准是指综合工平均等级（一般按四级）的标准日工资（元/工日），即：

$$预算工资标准(元/工日) = \frac{月基本工资 + 工资性质津贴}{20.83}$$

式中，"20.83"为国家原劳动人事部于 2008 年 1 月公布的"全年月平均工作日数"，来源是：全年 365 天，扣除法定公休日 11 天和例假日 104(52×2)天，除以 12 个月，即：

年工作日：365 天 − 104 天（休息日）− 11 天（法定节假日）= 250 天

季工作日：250 天 ÷ 4 季 = 62.5 天/季

月工作日：250 天 ÷ 12 月 = 20.83 天/月

目前，建筑业工资处在改革之中，市场经济体制下的工资标准差异极大，企业的分配形式也不统一，不同地区的工资规定也不相同。预算工资标准的确定，不仅是技术性工作

(调查、统计、测算),而且政策性极强。随着物价指数的波动,工资标准也将受其影响而变化。所以,预算定额中采用的工资标准,应由地区主管部门在分析各种资料的基础上统筹综合后统一规定。

(2)材料预算价格。材料预算价格是指材料由产地(或发货地点)到达工地仓库为终点所发生的一切费用的单位价格。由原价、供销部门手续费、包装费、运杂费、采购及保管费等五个因素组成。

关键细节 15 材料预算价格的计算

1)材料预算价格的计算式:

$$材料预算价格=(原价+供销部门手续费+包装费+运杂费)\times(1+采购保管费率)+运输保险费$$

按不同管理方式有出厂价、调拨价、批发价、调剂价、核定价、零售价等区分。供销部门手续费是指物资供销部门转口供货收取的费用,按以原价为基数的规定费率(%)计取,费率随材料品种及地区差异而变化。包装费指为便于运输、减少损坏(耗)所用的包装材料及包装劳动的费用。不同的包装形式、材料,其包装品残值回收率(%)不同(一般为0%~50%)。运杂费包括运输部门规定的各种运输费、装卸费、堆码整理费及正常运输损耗等费用。采购保管费是指企业供应部门在组织采购和物资保管过程中所需的各种费用,其计算费率(%)按材料品种各地区的规定执行(一般为1.5%~3%)。

2)材料预算价格的注意事项。

①当某地区同品种材料出现不同产地(或供货渠道)供货价格时,应根据各种供应数量的不同比例采用加权平均计算,确定统一的预算价格。

②对于市场经济条件下出现的价格浮动,应进行市场调查和分析,以预算定额规定时间的平均价格作为基期中的材料预算价格。定额执行后出现的材料价差,由地区主管部门通过测算行文调整。

(3)机械台班价格。机械台班费用单价由第一类费用和第二类费用两部分构成,即:

$$机械台班费用单价=第一类费用+第二类费用$$

1)第一类费用(不变费用)是根据施工机械年工作制度确定的费用,属于不受施工地点和条件限制而需经常性固定支付的费用。

2)第二类费用(可变费用)是只在机械运转时才会发生的费用,随地区不同而变化。

关键细节 16 第一类费用的组成

(1)折旧费:指机械在使用期内,逐年收回其价值的费用。

(2)大修费:指按规定的大修间隔期,进行机械大修理的费用。

(3)经常修理费:指机械运行中需修理和定期保养的费用。

(4)替换设备及工具附具费:指保证机械正常运转,而需替换设备及随机工具、附具的台班摊销费用。

(5)润滑擦拭材料费:指机械运转及日常保养所需润滑油脂、擦拭用布、棉纱头等的台班摊销费用。

(6)安装、拆卸及辅助设施费：指施工机械进出工地所需安装、拆卸的工料机具消耗与试运转，以及辅助设施的台班摊销费用。

(7)机械进退场费：指施工机械在运距25km内的进退场运输、转移的台班摊销费用。目前，有些地区将大型施工机械进退场费用在预算内单独列支，作为独立的计价项目编制预算。

(8)机械保管费：指管理部门为管理机械而消耗的费用。

关键细节17　第二类费用的组成

(1)随机人工工资：指随机操作的生产工人的工资（人工费），按机械台班定员人数乘以当地预算工资标准计算。

(2)动力燃料费：指施工机械运转每台班所需消耗的电力、柴油、汽油、水等的费用。

(3)养路费及牌照税：指按当地规定对某些施工机械按月收取的养路费及牌照税等进行台班摊销的费用。

三、预算定额单价估价编制

1. 单位估价分析表

(1)单位估价分析表。单位估价分析表是指以货币形式表示预算定额中每一单位分项工程的本地区预算价值的分析计算表，简称单位估价表。它是把预算定额中完成单位分项工程(合格产品)所消耗的人工、材料、机械台班的标准数值(指标)，乘以当地规定的相应要素预算价格(单价)，折合成统一的本地区工程预算单价。也可以说，单位估价表是统一预算定额在本地区具体应用的现行价格新的定额基价表现形式，是本地区编制工程预(结)算的法定价格标准。

(2)单位估价表的编制依据。
1)现行的预算定额。
2)地区现行的预算工资标准。
3)地区各种材料的预算价格。
4)地区现行的施工机械台班费用定额。

关键细节18　单位估价表的作用

(1)单位估价表是编制本地区单位工程预(结)算、计算工程直接费的基本标准。
(2)单位估价表是对设计方案进行经济比较的基础资料。
(3)单位估价表是企业进行经济核算和成本分析的依据。

关键细节19　单位估价表的组成与种类

单位估价表由预算定额的指标和本地区预算价格两部分组成。预算定额的分项内容、定额编号、计量单位、各种耗量指标等，均列入单位估价表；而预算定额的基价及其来源全部改为本地区预算价格，形成本地区编制预算的定额基价。

单位估价表的种类很多，除了可按预算定额分类外，还可按使用范围所规定的不同区域分类。单位估价表可以结合当地施工状况编入预算定额既定项目之外的本地区"补充项目"(缺项定额的补充需报批)。目前,建筑工程系列已形成相应成套的地区单位估价表,而安装工程系列各地尚不统一。

2. 单位估价汇总表

单位估价汇总表是指把单位估价表中各分项工程的主要货币指标(基价、人工费、材料费、机械费)及主要工料消耗量指标汇总在统一格式的简明表格内。其目的在于加快编制预(结)算时的套价查表速度,简化"工料分析"时的原材料换算工作。因此,单位估价汇总表是一种简单实用的定额套价(套指标)手册。

由于单位估价汇总表中资料不全,因而"汇总表"不能代替预算定额、单位估价表所起的作用。"汇总表"可以把许多定额附注的内容进行调整、换算列入表内,供直接套用;也可以把材料的半成品直接换算为原材料消耗量指标,使"材料分析"工作更为简化。但是,"汇总表"不能超出单位估价表内容而增添项目。

3. 价目表

为了进一步简化套价和对某些主要材料进行限价,有些地区把单位估价表中货币值部分单独列出,以形成只有单位分项工程价格的"价目表"。"价目表"比"汇总表"更为简化,但不能用于工料分析。

四、水暖工程全国统一安装定额

1.《全国统一安装工程预算定额》简介

(1)《全国统一安装工程预算定额》的分类。《全国统一安装工程预算定额》(以下简称《全统定额》)是由建设部组织修订和批准执行的。《全统定额》共分十三册:

第一册《机械设备安装工程》(GYD—201—2000);

第二册《电气设备安装工程》(GYD—202—2000);

第三册《热力设备安装工程》(GYD—203—2000);

第四册《炉窑砌筑工程》(GYD—204—2000);

第五册《静置设备与工艺金属结构制作安装工程》(GYD—205—2000);

第六册《工业管道工程》(GYD—206—2000);

第七册《消防及安全防范设备安装工程》(GYD—207—2000);

第八册《给排水、采暖、燃气工程》(GYD—208—2000);

第九册《通风空调工程》(GYD—209—2000);

第十册《自动化控制仪表安装工程》(GYD—210—2000);

第十一册《刷油、防腐蚀、绝热工程》(GYD—211—2000);

第十二册《通信设备及线路工程》(GYD—212—2000);

第十三册《建筑智能化系统设备安装工程》(GYD—213—2003)。

关键细节 20　《全统定额》的组成

《全统定额》共分十三册,每册均包括总说明、册说明、目录、章说明、定额项目表、附录。

1) 总说明主要说明定额的内容、适用范围、编制依据、作用,定额中人工、材料、机械台班消耗量的确定及其有关规定。

2) 册说明主要介绍该册定额的适用范围、编制依据、定额包括的工作内容和不包括的工作内容、有关费用(如脚手架搭拆费、高层建筑增加费)的规定以及定额的使用方法和使用中应注意的事项及有关问题。

3) 目录列出定额组成项目名称和页次,以方便查找相关内容。

4) 章说明主要说明定额章中以下几方面的问题:
①定额适用的范围。
②界线的划分。
③定额包括的内容和不包括的内容。
④工程量计算规则和规定。

5) 定额项目表是预算定额的主要内容,主要包括以下内容:
①分项工程的工作内容(一般列入项目表的表头)。
②一个计量单位的分项工程人工、材料、机械台班消耗量。
③一个计量单位的分项工程人工、材料、机械台班单价。
④分项工程人工、材料、机械台班基价。

6) 附录放在每册定额表之后,为使用定额提供参考数据。主要包括以下几个方面:
①工程量计算方法及有关规定。
②材料、构件、元件等重量表,配合比表,损耗率。
③选用的材料价格表。
④施工机械台班单价表。
⑤仪器仪表台班单价表等。

(2)《全统定额》的特点。

1)《全统定额》扩大了适用范围。《全统定额》基本实现了各有关工业部门之间的共性较强的通用安装定额在项目划分、工程量计算规则、计量单位和定额水平等方面的统一,改变了过去同类安装工程定额水平相差悬殊的状况。

2)《全统定额》反映了现行技术标准规范的要求。随着国家和有关部门先后发布了许多新的设计规范和施工验收规范、质量标准等,《全统定额》根据现行技术标准、规范的要求,对原定额进行了修订、补充,从而更为先进合理,有利于正确确定工程造价和提高工程质量。

3)《全统定额》尽量做到综合扩大、少留活口。如脚手架搭拆费,由原来规定按实际需要计算改为按系数计算或计入定额子目;又如场内水平运距,《全统定额》规定场内水平运距是综合考虑的,不得因实际运距与定额不同而进行调整;再如金属桅杆和人字架等一般起重机具摊销费,经过测算综合取定了摊销费列入定额子目,各个地区均按取定值计算,不允许调整。

4) 凡是已有定点批量生产的产品,如《全统定额》中未编制定额,应当以商品价格列入安装工程预算。如为非标准设备制作,采用了原机械部和化工部联合颁发的非标准设备统一计价办法,保温用玻璃棉毡、席、岩棉瓦块以及仪表接头加工件等,均按成品价格计算。

5)《全统定额》增加了一些新的项目,使定额内容更加完善,扩大了定额的覆盖面。

6)根据现有的企业施工技术装备水平,在《全统定额》中合理地配备了施工机械,适当提高了机械化水平,减少了工人的劳动强度,提高了劳动效率。

2.《全统定额》的适用范围

建筑安装工程技术定额有很多种,其中全国统一预算定额是目前应用最多、最广泛的一种定额,因此,需要了解它的适用范围及注意事项。其中第八册《给排水、采暖、燃气工程》适用于新建、扩建项目中的生活用水、排水、燃气、采暖热源管道、中央空调水系统管道以及附件配件安装、小型容器制作安装。

关键细节 21 水暖工程定额计价的内容

(1)封面,反映工程概况,填写内容包括建设单位、单位工程名称、工程规模、结构类型;预算总造价、单方造价;编制单位名称、技术负责人、编制人和编制日期;审查单位名称、技术负责人、审核人和审核日期等。

(2)编制说明,包括编制依据、工程性质、内容范围、所用定额、有关部门的调价文件、套用单价或补充单位估价方面的情况及其他需要说明的问题。

(3)费用汇总表,指组成单位工程预算造价各费用的汇总表,包括直接费、间接费、利润、材料价差、税金等。

(4)工程预算表,指分部分项工程直接工程费的计算表。其内容包括定额号、分项工程名称、计量单位、工程数量、预算单价及合价,同时列出人工费、材料费、机械费,以便于汇总后计算其他费用。

(5)材料汇总表或材差计算表,指单位工程所需的材料汇总表,包括材料名称、规格、单位、数量、单价等。

关键细节 22 水暖工程定额计价的程序

(1)收集各种编制依据及资料,包括施工图纸、施工组织设计、现行预算定额、费用定额、相关价格信息等。

(2)熟悉定额和施工图纸,充分了解施工组织设计和施工方案。

(3)列出分项工程名称,根据定额规定的计量单位,运用规定的工程量计算规则计算分项工程量。

(4)套用消耗量定额及其价目汇总表编制预算表。注意分项工程的名称、规格、计量单位必须与定额计价表所列内容一致;注意定额总说明及分册说明中有关系数的调整、计费的规定和材料的换算等。

(5)工料机分析。

(6)动态调整。材差的计算:

单项找差=(材料指导价-材料定额取定价)×定额材料消耗量

按实找差=(材料市场价-材料定额取定价)×定额材料消耗量

(7)套取相应的费用定额,计算其他各项费用,汇总得出工程造价。

(8)撰写编制说明,填写封面,装订成册。

关键细节 23 给排水、采暖、燃气工程预算定额注意事项

(1) 室内外给水、雨水铸铁管的安装,定额已包括接头零件安装所需人工费(包括雨水漏斗),但不包括接头零件和雨水漏斗的材料费,应按设计用量另计主材费。

(2) 铸铁排水管及塑料排水管均包括管卡及托架、支架、臭气帽的制作与安装,其用量和种类不得调整。

(3) 定额规定,给水管道室内外界限的划分以建筑物外墙面 1.5m 为界。如果给水管道绕房屋周围 1m 以内敷设,不得按室内管道计算,而应按室外管道计算。

(4) 室内排水铸铁管安装检查口的橡胶板及螺栓已包括在定额其他材料费内,不得另计。

(5) 铸铁法兰(螺纹连接)定额已包括带螺母螺栓的安装人工和材料,主材价不包括带螺母螺栓者,其价格另计。

(6) 该定额没有碳钢法兰螺纹连接安装子目,如发生,可执行该定额中铸铁法兰螺纹连接项目。

(7) 定额中,室内给水螺纹连接部分给出的附属零件是综合计算的,无论实际需要多少,均不得调整。

(8) 雨水管与下水管合用时,执行排水管安装相应项目。

(9) 镀锌给水管线中,螺纹阀门安装定额含量是黑玛钢活接头,若设计用镀锌活接头,可以换算。

(10) 管道安装定额说明中"DN32 以内钢管包括管卡及托钩的制作与安装"条款仅适用于室内螺纹连接钢管的安装。

(11) 各种水箱连接管和支架均未包括在定额内,可按室内管道安装的相应项目执行:型钢支架可执行该定额"一般管架项目";混凝土或砖支座可执行各省、自治区、直辖市建筑工程预算定额有关项目。

(12) 该定额已包括水压试验,无论用何种形式做水压试验,均不得调整。煤气工程系统的压力试验也已包括在定额内。

(13) 系统调整费只有采暖工程才可计取,热水管道不属于采暖工程,不能收取系统调整费。

(14) 地漏安装中所需的焊接管量,定额是综合取定的,任何情况都不能调整。

(15) 钢管调直、煤气工程中的阀门研磨、抹密封油等工作量均已分别包括在相应定额内,不得列项另计。

(16) 采暖工程暖气片的安装定额中没有包括其两端阀门的,可以按其规格另套用阀门安装定额相应项目。

(17) 消火栓中的水龙带定额是按苎麻材料考虑的,如果实际材料不同,可以换算。

(18) 圆形水箱的安装执行矩形钢板水箱的安装定额。

(19) 钢制柱式散热器在出厂时是组装好的合格产品,安装时不再考虑损耗。

(20) 水箱底座所垫枕木执行各地建筑工程预算定额中的相应项目。

(21) 给水阀门井、排水检查井执行各地区建筑安装工程预算定额。

(22) 定额中气焊用的电石可以换算成乙炔气,具体换算办法是乙炔气:氧气=1:2.3。

关键细节 24 刷油、防腐蚀、绝热工程预算定额注意事项

(1)刷油。

1)金属结构刷油,按 $58m^2/t$ 展开面积计算工程量。

2)对预留焊口的部位第一次喷砂除锈后,在焊接组装过程中产生新锈蚀时,其工程量另行计算。

(2)绝热。

1)管道绝热工程不包括阀门、法兰工作内容。发生时,套用有关定额计取费用。

2)绝热工程若采用钢带代替捆扎线,总长度不变,重量可以按所用材料换算。若采用铆钉代替自攻螺钉固定保护层,其用量不变,单价可以换算。

3)聚氨酯泡沫塑料发泡的安装,是按无模具直喷施工考虑的。若采用模具浇注式安装,则其模具(制作安装)费另行计算;发泡环境定额是按15℃以上考虑的,若在15%以下,则应采取相应措施,其费用另计。

4)绝热工程金属盒的制作与安装,是按焊接制作成品盒安装考虑的,其中包括绝热层用工。它不适用于采用薄钢板咬口或钉口金属盒的制作与安装。若有发生,则执行补充定额。

5)阀门、法兰的绝热是按毡、席的安装考虑的。若采用其他绝热材料安装,则其材料数量不变,单价可换算。

6)保温捆扎,用钢带代替钢丝时可以换算,按每块瓦两道,软质材料250mm捆扎一道计算。

(3)防腐。

1)在防腐蚀涂料工程中,涂料配合比与实际设计配合比不同时,可根据设计要求进行换算,但人工费不变,机械台班费亦不调整。

2)刷油工程,同一种油漆刷三遍时,第三遍套用第二遍的定额子目。

3. 建筑安装工程技术定额中的增加费用系数

为了减少活口,便于操作,所有定额均规定了一些系数,如高层建筑增加费系数、超高系数、脚手架搭拆系数、安装与生产同时进行增加费系数、有害身体健康环境中施工增加费系数、系统调试费系数等。

关键细节 25 高层建筑增加费用系数

(1)《全统定额》中所指的高层建筑是指六层以上的多层建筑(不包括六层)或20m以上的工业与民用建筑物。

(2)高层建筑增加费发生的范围有暖气、给排水、生活用煤气、通风空调、电气照明工程及其保温、刷油等。

(3)高层建筑增加的内容包括人工降效、材料、工具垂直运输增加的机械台班费用,施工用水加压泵的台班费用及工人上下班所乘坐的升降设备台班费等。

(4)高层建筑增加费的计算基础是包括六层或20m以下全部工程人工费,具体系数根据专业不同有别。高层建筑的安装工程增加费用系数见表3-3。

表 3-3　　　　　　　　　　高层建筑安装工程增加费用系数　　　　　　　　　　　%

工程名称	计算基数	建筑物层数或高度(层以下或 m 以下)							
		9(30)	12(40)	15(50)	18(60)	21(70)	24(80)	27(90)	30(100)	33(110)
给排水、采暖、燃气工程	人工费	2	3	4	6	8	10	13	16	19

工程名称	计算基数	建筑物层数或高度(层以下或 m 以下)							
		36(120)	39(130)	42(140)	45(150)	48(160)	51(170)	54(180)	57(190)	60(200)
给排水、采暖、燃气工程	人工费	22	25	28	31	34	37	40	43	46

关键细节 26　超高增加费用系数

(1)当施工操作时的高度大于定额中规定的高度时,为了补偿人工降效而收取超高增加费。给排水、采暖、燃气工程超高增加费用系数见表 3-4。

(2)专业不同,定额高度不同,系数也不同,但计取办法均为：

超高增加费＝超高部分工程人工费×系数(刷油、防腐蚀、绝热工程除外)

表 3-4　　　　　　　　　　超高增加费用系数

工程名称	定额高度/m	取费基数	系数(%)
给排水、采暖、燃气工程	3.6	超高部分人工费	10(3.6～8m),15(3.6～12m) 20(3.6～16m),25(3.6～20m)

关键细节 27　脚手架搭拆费用系数

(1)安装工程脚手架搭拆及摊销费用,除部分定额子目已计入该项费用外,均采用系数计取。

(2)计算基数是工程人工费,费用系数各专业不同,计算公式为：

脚手架费用＝人工费×系数

(3)给排水、采暖、燃气工程脚手架搭拆费用系数见表 3-5。

表 3-5　　　　　　　　　　工程脚手架搭拆费用系数

工程名称	计算基数	系数(%)	其中人工工资(%)
给排水、采暖、燃气工程	工程人工费	5	25

关键细节 28　系统调试增加费用系数

采暖工程系统调试费用内容包括人工费、材料费和仪表使用费。采暖工程系统调试费用系数见表 3-6。

表 3-6　　　　　　　　　　系统调试费用系数

工程名称	计算基数	系数(%)	其中人工工资(%)
采暖工程	人工费	15	20

注：热水管道不属采暖工程，不计取系统调试费。

关键细节 29　安装与生产同时进行增加费用系数

安装与生产同时进行增加费用的发生范围为：电气设备安装工程、给水排水工程、采暖工程、煤气工程、通风空调工程和刷油、防腐蚀、绝热工程。它是指改、扩建工程在生产车间或装置内施工，因操作环境或生产条件限制干扰了安装工作的正常进行而降效的增加费用，不包括为了保证安全生产施工而采取的费用。安装与生产同时进行的增加费用为人工费乘以系数，增加费用系数均取 10%。需要注意的是：安装与生产虽然同时进行，但施工不受干扰，则不应计取此项费用。

关键细节 30　在有害身体健康的环境中施工降效增加费用系数

在有害身体健康的环境中施工降效增加费用系数是指在民法通则有关规定允许的前提下，改扩建工程中由于车间装置范围内有害气体或高分贝噪声超过国家标准以致影响身体健康而降低效率所增加的。

关键细节 31　定额调整系数的分类与计算办法

《全统定额》中规定的调整系数或费用系数分为两类：一类为子目系数，是在定额各章、节规定的各种调整系数（如超高系数、高层建筑增加系数等）均属于子目系数；另一类是综合系数，是在定额总说明或册说明中规定的一些系数，如脚手架系数、安装与生产同时进行增加费系数、在有害身体健康的环境中施工降效增加费系数等。子目系数是综合系数的计算基础。上述两类系数计算所得的数值构成直接费。

第四章 给水排水工程定额计价

第一节 给水排水工程概述

一、室内给水系统

1. 室内给水系统的分类

室内给水系统是根据用户对水量、水压的要求,将符合质量要求的水输送到装置在室内的各个用水点,如水龙头、消火栓等。室内给水系统按用途可分为三类:

(1)生活给水系统,是指供民用建筑、公共建筑和工业企业建筑内的饮用、烹调、盥洗、洗涤、淋浴等生活上的用水系统。严格要求水质必须符合国家规定的饮用水质标准。

(2)生产给水系统,是指供给生产设备冷却用水、原料和产品的洗涤用水、锅炉用水及某些工业原料用水的系统。对水质、水量、水压的要求因工艺而异,差别很大。

(3)消防给水系统,是指供消防系统的消防设备用水的系统。消防用水对水质要求不高,但水量、水压必须满足要求。

2. 室内给水系统的组成

室内给水系统由进户管、水表、给水管道、套管、给水附件及设备等几部分组成,如图4-1所示。

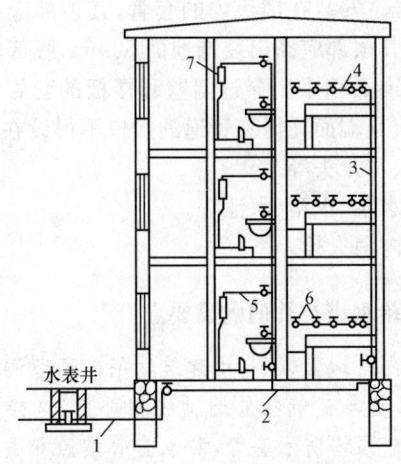

图 4-1 室内给水系统的组成
1—进户管;2—水平干管;3—立管;4—横管;5—支管;6—水嘴;7—便器冲洗水箱

(1)进户管又称引入管。给水由室外干管引入,是室内给水的首段管道,一般采用单管进户,由建筑物第一个给水阀门井引至室内给水总阀门或室内进户总水表之间的管,是室外给水管网与室内给水管网之间的联络管段。

(2)水表是指引入管上装设的水表及其前后设置的阀门、泄水装置。每栋建筑都有一个供水系统,设有阀门和水表作为进户装置,便于控制和计量整个系统的用水量,一般为湿式水表,采用螺纹或焊接法兰连接两种方式安装。

(3)给水管道是将水输送到各用水点的管道和附件,室内给水管道包括水平干管、立管、横管、支管、阀门、水嘴等。

1)水平干管:由室外引入室内送给各立管的水平管道。水平干管可根据设计要求明装或暗敷与立管连接。高层建筑中引入各层的水平干管一般悬吊暗敷设在吊顶内或沿地下室墙顶明装,采用角钢托架或管卡及吊架固定。为便于维修时放空,给水干管宜设0.002~0.005的坡度,坡向泄水装置。

2)立管:与水平干管交叉送往各层的给水竖管。一般沿墙、柱明敷设,管外皮距离墙:$DN \leqslant 32$ 时,应为 25~35mm;当 $DN > 32$ 时,应为 30~50mm,立管上安装的控制阀设在距地面 150mm 处。立管应用管卡固定且符合要求,楼层高度小于或等于 5m 时,每层必须安装 1 个;楼层高度大于 5m 时,每层不得少于 2 个。管卡距地面应为 1.5~1.8m,2 个以上管卡应均匀安装,同一房间的管卡应安装在同一高度上。

3)横管:与立管交叉连接的水平管道。横管一般沿墙明敷设,宜有 0.002~0.005 的坡度坡向泄水方向,以便于检修时放空管道中的积水。

4)支管:向一个用水点敷设的管道。支管一般为 $DN15$~$DN20$,沿墙用托钩或管卡固定。

5)阀门、水嘴:在给水管路中为控制和检修,设置有阀门和水嘴。$DN \leqslant 50$ 时宜采用截止阀,$DN > 50$ 时宜采用闸阀。

6)套管的设置:管道穿过室内墙壁和楼板,应设置钢套管或 PVC 套管。一般套管管径比所穿过管道管径大 2 号。安装在楼板内的套管,其顶部应高出装饰地面 20mm;安装在卫生间及厨房内的套管,其顶部应高出装饰地面 50mm,底部应与楼板底面相平;安装在墙壁内的套管,其两端应与饰面相平。穿过墙壁和楼板的套管与管道之间的缝隙应用阻燃密实材料和防水油膏填实且端面光滑。管道的接口不得设在套管内。

(4)给水附件包括阀门、水龙头等。

(5)升压和储水设备如水泵、水箱、水池等。

(6)室内消防设备如室内消火栓。

关键细节 1　室内给水进户管的敷设要点

(1)进户管道多埋于室内外地面以下,由建筑物基础预留洞或由采暖地沟引入。

(2)进户管敷设时,应尽量与建筑物外墙轴线相垂直,这样穿过基础或外墙的管段最短。在穿过建筑物基础时,应预埋防水套管,防水套管按照相关标准图集分为柔性防水套管和刚性防水套管。柔性防水套管是在套管与管道之间用柔性材料封堵起到密封效果,刚性防水套管是在套管与管道之间用刚性材料封堵达到密封效果。防水套管是在套管外壁增加不少于 1 圈的防水翼,浇筑在墙体内成为一个整体,不会因热胀冷缩出现裂纹而渗漏。柔性防水套管适用于管道穿过墙壁之处有振动或有严密防水要求的建筑物,刚性防水套管一般用在地下室或地下入户需穿建筑物外墙等需穿管道的位置。

关键细节2　给水水箱的设置要点

给水水箱在给水系统中起贮水、稳压的作用，是重要的给水设备。其多用钢板焊制而成，也可用钢筋混凝土制成，有圆形和矩形两种。给水水箱一般置于建筑物最高层的水箱间内。给水水箱配管如图4-2和图4-3所示，其连接管道有以下几种：

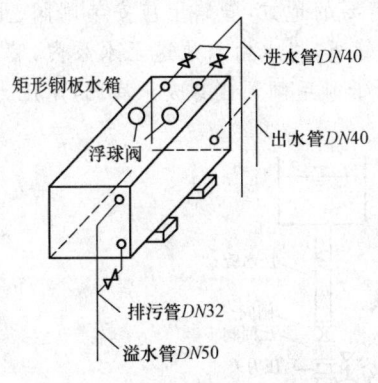 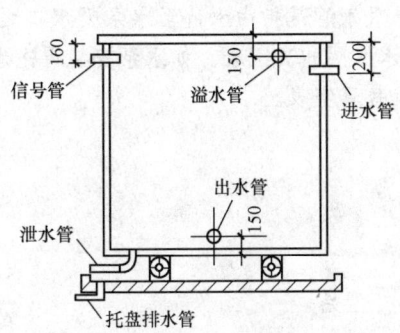

图4-2　水箱管道安装示意图　　　图4-3　水箱托盘排水管

(1)进水管：来自室内供水干管或水泵供水管，接管位置应在水箱一侧距箱顶200mm处，并与水箱内的浮球阀接通，进水管上应安装阀门以控制和调节进水量。

(2)出水管：位于水箱的一侧距箱底100mm处接出，连接于室内给水干管上。出水管上应安装阀门。当进水管和出水管连接在一起共用一根管道时，出水管的水平管段上应安装止回阀。

(3)溢水管：从水箱顶部以下100mm处接出，其直径比进水管直径大2号。溢水管上不得安装阀门，并应将管道引至排水池槽处，但不得与排水管直接连接。

(4)排污管：从箱底接出，一般直径为40～50mm，应安装阀门，可与溢水管相连接。

(5)信号管：接在水箱一侧，其高度与溢水管相同，管路引至水泵间的池槽处，用以检查水箱水位情况，当信号管出水时应立即停泵。信号管管径一般为25mm，管路上不装阀门。当水泵与水箱采用联锁自动控制时，可不设信号管。

给水水箱的制作安装应符合国家标准，配管时所有连接管道均应以法兰或活接头与水箱连接，以便于拆卸。水箱内外表面均应做防腐。

关键细节3　离心水泵的设置要点

(1)升压设备——离心水泵。离心水泵型号如图4-4所示。

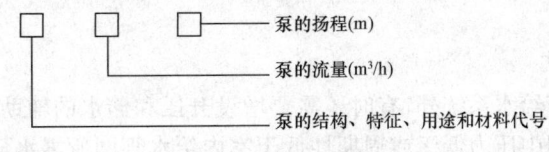

图4-4　离心水泵型号

(2)离心水泵工作原理。水泵启动前,先将泵壳和吸水管中灌满水,当叶轮在电机的带动下高速旋转时,充满叶片间槽道内的水从叶轮中心被甩向泵壳,获得能量,并随叶轮旋转而流到泵的出水管处,进入压水管道。这时叶轮的中心处由于水被甩出而形成了真空,在水池液面大气压力的作用下,水被压入叶轮补充由压水管道流出的水,叶轮连续旋转,就会源源不断地使水获得能量被压出。

(3)离心水泵管路附件。离心水泵管路附件如图4-5所示。水泵的工作管路有压水管和吸水管两条。压水管是将水泵压出的水送到需要的地方,管路上应安装闸阀、止回阀、压力表;吸水管是指由水池至水泵吸水口之间的管道,将水由水池送至水泵内,管路上应安装吸水底阀和真空表。如水泵安装得比水液面低时用闸阀代替吸水底阀,用压力表(正压表)代替真空表。

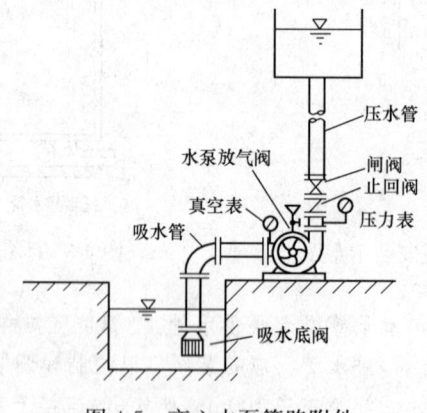

图4-5 离心水泵管路附件

水泵工作管路附件可简称为一泵、二表、三阀。

水管闸阀在管路中起调节流量和维护检修水泵、关闭管路的作用;止回阀在管路中起到保护水泵、防止突然停电时水倒流入水泵中的作用;水泵底阀起阻止吸水管内的水流入水池,保证水泵能注满水的作用;压力表用来测量出水压力和真空度。

二、室内给水系统的给水方式

室内给水系统的给水方式有直接给水方式、联合给水方式、水箱给水方式、分区供水给水方式等。

1. 直接给水方式

直接给水方式即室内给水系统直接在室外管网压力作用下工作。这种方式适用于室外管网水量、水压比较稳定,一天内任何时间均能满足室内用水需要的情况,如图4-6所示。

2. 联合给水方式

建筑物内除了有给水系统外,有时还需要增设升压和储水的辅助设备,如水泵、水箱等。当室外给水管网中压力低于或周期性低于室内给水管网所需水压,而且室内用水量又很不均匀时,宜采用此种给水方式,如图4-7所示。

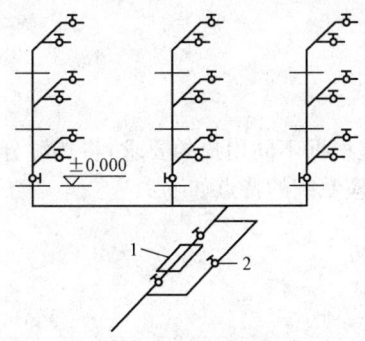 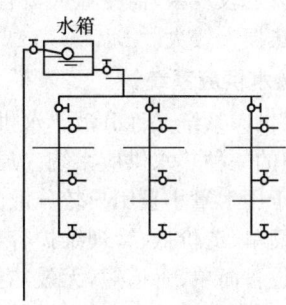

图 4-6 直接给水方式 　　　图 4-7 联合给水方式
1—水表；2—水表旁通管 　　1—水箱；2—水泵；3—水池

3. 水箱给水方式

建筑物内部除设有给水管道系统外，还在屋顶设有水箱，且室内给水管道与室外给水管网直接连接。当室外给水管网水压足够时，室外管网直接向水箱供水，再由水箱向各配水点连续供水；当外网水压较小时，则由水箱向室内给水系统补充水量，如图 4-8 所示。

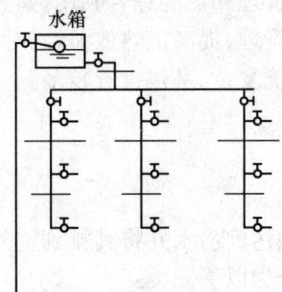

图 4-8 水箱给水方式

4. 分区供水给水方式

分区供水给水方式多用于高层建筑。当室外管网水压只能供到下层而不能供到建筑物上层时，为了充分有效地利用室外管网的水压，常将建筑物分成上、下两个供水区，下区直接在城市管网压力下工作，上区则由水泵水箱联合供水。

三、室内热水供应系统

1. 集中热水供应系统

集中热水供应系统由热源统一加热并设集中的热水供应管道系统供应各用户。集中热水供应系统的特点如下：

(1)适用于用户多、热水用量大、水温水质要求高、用户较集中的建筑。
(2)加热设备集中便于专业人员管理，可提高供热效率。
(3)便于满足不同用户的不同使用要求，有利于用户使用较高质量的热水。
(4)较分散热水供应系统的设备利用率高，从而可减少设备、节约经费。

(5)管道设备较复杂,需专业人员管理。
(6)管道热损失较大。

2. 局部热水供应系统

局部热水供应系统又称分散热水供应系统,是根据不同用户的要求,将热源分别加热供应所需用户的一种热水供应系统。局部热水供应系统的特点如下:
(1)适用于用水量小且用户较分散的建筑。
(2)系统简单、造价低、管理维护容易。
(3)加热设备简单、管道短,无效热损失少。
(4)热效率较低,单位产热量设备投资大。
(5)热水水温不易保证,波动较大。

3. 区域热水供应系统

区域热水供应系统设置有区域加热站,通过热交换后设集中热水管道供应系统至各用户。区域热水供应系统的特点如下:
(1)适用于热水用量大且用户多的群体建筑,如城镇住宅小区和大型工业企业建筑等。
(2)区域供热便于统一维护管理和热能综合利用,如热电厂的供热系统。
(3)区域供热有利于专业化管理、提高供热效益,同时能有效减少环境污染。
(4)供热设备多、管道长、系统复杂、基建投资较多。

四、室内排水管道

1. 室内排水系统的分类

室内排水系统的任务是接纳污(废)水并将其排到室外。建筑内部装设的排水管道按接纳排除污(废)水的性质可以分为以下三类:
(1)生活污水管道类。
1)粪便污水管道:指用于排出大、小便及其用途相似的卫生设备排出的污水管道。
2)生活废水管道:指用于排出洗涤废水及厨房排水的污水管道。
粪便污水多单独排入化粪池,而生活废水则直接排入室外合流制下水道或雨水道中。
(2)工业废水管道类。
1)工业污水管道:指用于排出参与生产工艺并被污染的废水的管道。这种管道排出的水一般污染较严重,一般要通过专门处理达到排放标准后才能排放。
2)工业废水管道:指用于输送不直接参与工艺生产,可重复循环使用的冷却、洗涤用水的管道。这种管道排出的水一般为轻度污染,可循环使用。
3)雨水管道:用来接纳排除屋面的雨雪水的管道。一般用于高层建筑和大型厂房屋面水的排除。
(3)室内雨水管道类。
以上三类污(废)水,如分别设置管道排出室外,称为分流制室内排水;若将其中两类或三类污(废)水合流排出,则称为合流制室内排水。

2. 室内排水系统的组成

室内排水系统如图 4-9 所示。

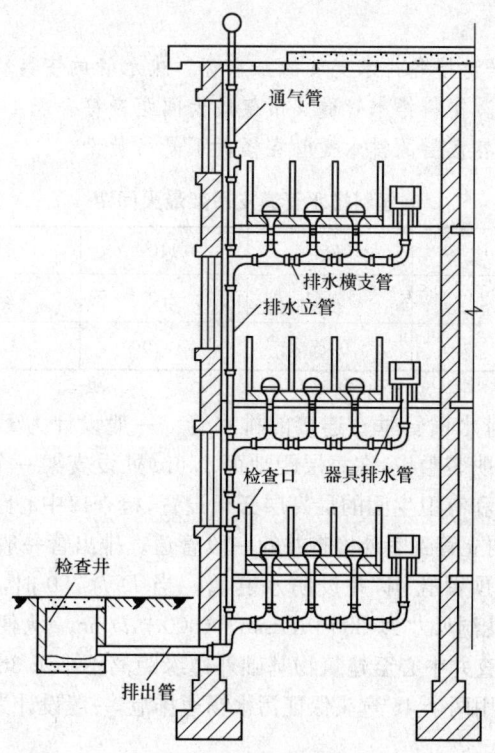

图 4-9 室内排水系统

(1)排水收集设备:指用来收集污水和废水的器具,包括多种卫生器具、地漏及多种泄水口等。

(2)排水管道系统:排水管道包括器具排水管(排水支管)、排水干管、排水主管、排出管及通气管,部分建筑的室内雨水内排水系统。

(3)管道清通设备:指在排水管道系统内,为便于管道堵塞检修,设置清扫口、检查口和检查井等的设备。

(4)通气装置:由通气管、透气帽组成。一般利用排水立管作为通气管伸出屋面和大气相通,伸出屋面大于等于0.3m,上人屋面其高度不低于2.2m,通气管伸出屋面的顶部装设透气帽,防止杂物落入并堵塞管道而影响透气。

(5)附件:主要有排水栓、存水弯等。排水栓一般设在盥洗槽、污水盆的下水口处,防止大颗粒污染物堵塞管道。存水弯一般设在排水支管上,防止管道内污浊空气进入室内。

(6)抽升设备:在工业与民用建筑的地下室、人防建筑等内部标高低于室外地坪的房间,其污水一般难以自流排至室外,需要抽升排泄。常用的抽升设备有水泵、空气扬水器等。

(7)排水设备:包括排水水泵及污水处理设备等。

关键细节4 排水管道系统的设置要点

(1)排水支管:将卫生洁具产生的污水送入排水横管的排水管。一般为DN50,大便器

为 $DN100$。

(2)排水横管:水平连接各排水支管的排水管。排水管的安装标高与坡度必须符合设计要求,并用支架固定。塑料排水管道支吊架最大间距应符合表4-1的规定。一般设计均要求有自然排放坡度,各楼层的排水横管在楼板下悬吊敷设。

表4-1　　　　　　　　塑料排水管道支吊架最大间距

管径/mm	50	75	110	125	160
立管/m	1.2	1.5	2.0	2.0	2.0
横管/m	0.5	0.75	1.10	1.30	1.6

(3)排水立管:与排水横管垂直连接的排水管。一般设计为 $DN75\sim DN150$,设置在卫生间或厨房的角落,明装敷设,在每层距地面1.6m处设支架一个。立管上每两层设置一个检查口,在最底层和有卫生间的最高层必须设置,检查口中心距地面一般为1m。

(4)排出管:由室内立管到室外检查井的一段管道。排出管一般敷设于地下或地下室。穿过建筑物基础时应预留孔洞,并设防水套管。当 $DN\leqslant 80$ 时,孔洞尺寸为 $300mm\times 300mm$;$DN\geqslant 100$ 时,孔洞尺寸为 $(300+d)mm\times (300+d)mm$。为便于检修,排出管长度不宜太长,一般自室外检查井中心至建筑物基础外边缘距离不小于3m,不大于10m。立管与排出管之间的转弯处,用两个45°弯头保证污水畅通排泄,一般设计为 $DN100\sim DN200$。

关键细节5　清通设备的设置要点

(1)清扫口:有两种形式,即地面清扫口和横管丝堵清扫口。当污水管在楼板下悬吊敷设时,可将清扫口设在上一层楼地面上,污水管起点的清扫口与管道相垂直的墙面距离不得小于200mm;若污水管起点设置堵头代替清扫口时,与墙面距离不得小于400mm。连接两个及两个以上大便器或三个以上卫生器具的污水横管上应设置相应的清扫口。

(2)检查口:检查口中心高度距操作地面一般为1m,检查口的朝向应便于检修。离心铸铁检查口采用法兰盖,塑料立管采用丝扣塑料帽,在管道进行清通时打开。为便于检修排水立管,在立管上应每隔一层设置一个检查口,但在最底层和有卫生器具的最高层必须设置。

(3)检查井:设置在排出管与室外管道交接处,属于土建施工部分。

第二节　给水排水管道安装工程

一、给水排水管道敷设

给水排水管道的敷设与建筑物的性质、外形、结构情况有关,管道敷设应力求长度最短,尽可能与墙、梁、柱平行敷设,以便于安装和检修。管道的敷设分为明装和暗装两种。

1. 管道的明装方式

明装是指管道沿墙、梁、柱、地板和桁架的敷设方式。明装的优点是安装与维修方便、造价低等；缺点是室内欠美观，管道表面积灰尘，夏天产生结露等。一般用于民用建筑和大部分生产车间。

2. 管道的暗装方式

暗装是指管道敷设在地下室、吊顶、地沟、墙槽或管井内。暗装的优点是不影响室内美观和整洁；缺点是安装复杂、维修不便、造价高。一般适用于装饰和卫生标准要求高的建筑物中。

二、给水排水管道安装

1. 给排水管道的干管安装方式

室内给水管一般分下供埋地式（由室外进到室内各立管）和上供架空式（由顶层水箱引至室内各立管）两种。

（1）埋地式干管安装首先确定干管的位置、标高、管径等，正确地按设计图纸规定的位置开挖土方至所需深度，若未留墙洞，则需要按图纸的标高和位置在工作面上画好打眼位置的十字线，然后打洞；十字线的长度应大于孔径，以便打洞后按剩余线迹来检验所定管道的位置正确与否。埋地总管一般应坡向室外，以保证检查维修时能排尽管内余水。

给水引入管与排水管的水平净距不得小于 1m；室内给水管与排水管平行敷设时，两管间的最小水平净距为 500mm。交叉敷设时，垂直净距 150mm，给水管应敷设在排水管上方，给水管必须敷设在排水管下方时应加套管，套管长度不应小于排水管径的 3 倍。

对埋地镀锌钢管被破坏的镀锌表层及管螺纹露出部分的防腐，可采用涂铅油或防锈漆的方法；对镀锌钢管大面积表面破损的，则应调换管子或与非镀锌钢管相同，按"三油两布"的方法进行防腐处理。

（2）架空式干管安装首先确定干管的位置、标高、管径、坡度、坡向等，正确地按图示位置、间距和标高确定支吊架的安装位置，在应安装支吊架的部位画出长度大于孔径的十字线，然后打洞安装支吊架。

干管安装一般在支吊架安装完毕后进行。可先在主干管中心线上定出各分支主管的位置，标出主管的中心线，然后将各主管间的管段长度测量记录并在地面进行预制和预组装（组装长度应以方便吊装为宜），预制时同一方向的主管端头应保证在同一直线上，且管道的变径应在分出支管之后进行。组装好的管子应在地面进行检查，若有歪斜扭曲，则应进行调直。

安装管道时应将管道滚到支吊架上，用预先准备好的 U 形卡将管道固定，防止管道滚落伤人。干管安装后，还应进行最后的校正调直，保证整根管子水平面和垂直面都在同一直线上并最后固定牢固。

2. 给排水管道的支管安装

（1）支管明装：安装支管前，先按立管上预留的管口位置在墙面上画出水平支管安装位置的横线，并在横线上按图纸要求画出各分支线或给水配件的位置中心线，再根据横线中心线测出各支管的实际尺寸进行编号记录，根据记录尺寸进行预制和组装，检查调直后进行安装。

给水立管和装有3个或3个以上配水点的支管始端,以及给水闸阀后段按水流方向均应设置可拆卸的连接件。

(2)支管暗装:确定支管高度后画线定位,剔出管槽,将预制好的支管敷设在槽内,找正定位后用勾钉固定。卫生器具的冷热水预留口要做在明处,并安装好螺纹堵。

3. 给排水管道的立管安装

首先根据图纸要求或给水配件及卫生器具的种类确定支管的高度,在墙面上画出横线;再用线坠吊在立管的位置,在墙上画出垂直线,并根据立管卡的高度在垂直线上确定出立管卡的位置并画好横线,然后再根据所画横线和垂直线的交点打洞埋设管卡。安装立管管卡时应注意:当层高小于或等于5m时,每层须安装一个;当层高大于5m时,每层不得少于两个。管卡的安装高度,应距地面1.5～1.8m;两个以上的管卡应均匀安装,成排管道或同一房间的立管卡和阀门等的安装高度应保持一致。

管卡装好后,再根据干管和支管横线测出各立管的实际尺寸并进行编号记录,在地面统一进行预制和组装,在检查和调直后方可进行安装。安装时,要注意下面支管端头方向。安装好的立管要进行最后检查,保证垂直度和离墙距离,使其正面和侧面都在同一垂直线上。最后把管卡收紧,或用螺栓固定于立管上。

竖井内立管安装的卡件宜在管井口设置型钢,上下统一吊线安装卡件。安装在墙内的立管应在结构施工中预留管槽,立管安装后吊直找正,用卡件固定。

三、给水排水管道连接

管道连接是指管与管的连接,管道连接的方法有螺纹连接、焊接连接、法兰连接、热熔连接、电容连接等。

关键细节6　管道连接要点

(1)螺纹连接:又称丝扣连接,是通过管端加工的外螺纹和管件内螺纹,将管子与管子、管子与管件、管子与阀门等紧密连接。适用于$DN \leqslant 100$的镀锌钢管及较小管径、较低压力的焊管的连接及带螺纹的阀门和设备接管的连接。

(2)焊接连接:是管道安装工程中应用最广泛的一种连接方法。常用于$DN>32$的焊接钢管、无缝钢管、铜管的连接。

(3)法兰连接:是管道通过连接法兰及紧固件螺栓、螺母的紧固,压紧两法兰中间的垫片而使管道连接的方法。常用于$DN \geqslant 100$的镀锌钢管、无缝钢管、给水铸铁管、PVC-U管和钢塑复合管的连接。

(4)热熔连接:是将两根热熔管道的配合面紧贴在加热工具上加热其平整的端面,直至熔融,移走加热工具后,将两个熔融的端面紧靠在一起,在压力的作用下保持到接头冷却,使之成为一个整体的连接方式。适用于PP—R、PB、PE等塑料管的连接。

(5)电容连接:包括电熔承插连接和电熔鞍形连接。是将PE管材完全插入电熔管件内,将专用电熔机两导线分别接通电熔管件正负两极,接通电源加热电热丝使内部接触处熔融,冷却完毕成为一个整体的连接方式。电熔连接主要应用在直径较小的燃气管道系统。

关键细节7 管道防腐处理

(1)给排水不论明、暗装,管道、管件及支架等刷漆前应先清除表面的灰尘、污垢、锈斑及焊渣等物。

(2)埋地镀锌钢管及铸铁管均刷沥青漆二道,明装镀锌钢管刷银粉漆一道。

(3)支架不论明暗装,均除锈后刷防锈漆一道、银粉漆二道。

四、给水排水管道安装定额的有关规定

1. 给水排水管道安装工程定额说明

(1)给水排水工程管道安装界线划分。

1)给水管道。

①室内外界线以建筑物外墙皮1.5m为界,入口处设阀门者以阀门为界。

②与市政管道界线以水表井为界,无水表井者,以与市政管道碰头点为界。

2)排水管道。

①室内外以出户第一个排水检查井为界。

②室外管道与市政管道界线以与市政管道碰头井为界。

(2)给水排水工程管道安装定额包括以下工作内容:

1)管道及接头零件安装。

2)水压试验或灌水试验。

3)室内 $DN32$ 以内钢管包括管卡及托钩的制作安装。

4)钢管包括弯管的制作与安装(伸缩器除外),无论是现场弯制或成品弯管,均不得换算。

5)铸铁排水管、雨水管及塑料排水管,均包括管卡及托吊支架、臭气帽、雨水漏斗的制作安装。

6)穿墙及过楼板铁皮套管安装人工。

(3)镀锌铁皮套管制作。

1)穿墙过楼板铁皮套管的安装人工已包括在管道安装定额内。

2)铁皮套管的制作可以另列项目执行镀锌铁皮套管制作项目。

(4)管道支架制作安装。

1)首先要弄清在哪些地方设支架,设几个支架,支架重量怎么计算等。给水管道各种支架标准图见《全国通用给水排水标准图集》(S151,S342)。

2)适用于一般工矿企业和民用建筑中室内给水、排水管道支架、吊架和托架的制作与安装。

3)管架间距分为1.5m、3m、6m三种。

4)管道支架的个数计算:支架个数=某规格管子的长度/该规格管子支架间距,计算结果有小数时进1取整。

2. 给水排水管道安装工程定额计价应注意的问题

(1)给水排水工程管道安装定额不包括以下工作内容:

1) 室内外管道沟土方及管道基础,应执行《全国统一建筑工程基础定额》。
2) 管道安装中不包括法兰、阀门及伸缩器的制作、安装,应按相应项目另行计算。
3) 室内外给水、雨水铸铁管包括接头零件所需的人工,但接头零件价格应另行计算。
4) DN32 以上的钢管支架,按定额管道支架另行计算。
5) 过楼板的钢套管的制作、安装工料,按室外钢管(焊接)项目计算。

(2) 镀锌钢管、焊接钢管、钢管、承插铸铁给水排水管的室内外管道安装定额子目中,其主材为未计价材料。

(3) 室内丝扣管道安装定额中,不包括支架的制作、安装,应另行计算。

(4) 塑料给水管安装定额中,塑料给水管和铜接头零件属未计价材料。

五、给水排水管道安装工程定额的工作内容

1. 室外管道

(1) 镀锌钢管(螺纹连接)。工作内容包括:切管,套丝,上零件,调直,管道安装,水压试验。

(2) 焊接钢管(螺纹连接)。工作内容包括:切管,套丝,上零件,调直,管道安装,水压试验。

(3) 钢管(焊接)。工作内容包括:切管,坡口,调直,煨弯,挖眼接管,异径管制作,对口,焊接,管道及管件安装,水压试验。

(4) 承插铸铁给水管(青铅接口)。工作内容包括:切管,管道及管件安装,挖工作坑,熔化接口材料,接口,水压试验。

(5) 承插铸铁给水管(膨胀水泥接口)。工作内容包括:管口除沥青,切管,管道及管件安装,挖工作坑,调制接口材料,接口养护,水压试验。

(6) 承插铸铁给水管(石棉水泥接口)。工作内容包括:管口除沥青,切管,管道及管件安装,挖工作坑,调制接口材料,接口养护,水压试验。

(7) 承插铸铁给水管(胶圈接口)。工作内容包括:切管,上胶圈,接口,管道安装,水压试验。

(8) 承插铸铁排水管(石棉水泥接口)。工作内容包括:切管,管道及管件安装,调制接口材料,接口养护,水压试验。

(9) 承插铸铁排水管(水泥接口)。工作内容包括:切管,管道及管件安装,调制接口材料,接口养护,水压试验。

2. 室内管道

(1) 镀锌钢管(螺纹连接)。工作内容包括:打堵洞眼,切管,套丝,上零件,调直,栽钩卡及管件安装,水压试验。

(2) 焊接钢管(螺纹连接)。工作内容包括:打堵洞眼,切管,套丝,上零件,调直,栽钩卡,管道及管件安装,水压试验。

(3) 钢管(焊接)。工作内容包括:留堵洞眼,切管,坡口,调直,煨弯,挖眼接管,异形管制作,对口,焊接,管道及管件安装,水压试验。

(4) 承插铸铁给水管(青铅接口)。工作内容包括:切管,管道及管件安装,熔化接口材

料,接口,水压试验。

(5)承插铸铁给水管(膨胀水泥接口)。工作内容包括:管口除沥青,切管,管道及管件安装,调制接口材料,接口养护,水压试验。

(6)承插铸铁给水管(石棉水泥接口)。工作内容包括:管口除沥青,切管,管道及管件安装,调制接口材料,接口养护,水压试验。

(7)承插铸铁排水管(石棉水泥接口)。工作内容包括:留堵洞眼,切管,栽管卡,管道及管件安装,调制接口材料,接口养护,灌水试验。

(8)承插铸铁排水管(水泥接口)。工作内容包括:留堵洞眼,切管,栽管卡,管道及管件安装,调制接口材料,接口养护,灌水试验。

(9)柔性抗震铸铁排水管(柔性接口)。工作内容包括:留堵洞口,光洁管口,切管,栽管卡,管道及管件安装,紧固螺栓,灌水试验。

(10)承插塑料排水管(零件粘接)。工作内容包括:切管,调制,对口,熔化接口材料,粘接,管道,管件及管卡安装,灌水试验。

(11)承插铸铁雨水管(石棉水泥接口)。工作内容包括:留堵洞眼,栽管卡,管道及管件安装,调制接口材料,接口养护,灌水试验。

(12)承插铸铁雨水管(水泥接口)。工作内容包括:留堵洞眼,切管,栽管卡,管道及管件安装,调制接口材料,接口养护,灌水试验。

(13)镀锌铁皮套管制作。工作内容包括:下料,卷制,咬口。

3. 法兰安装

(1)铸铁法兰(螺纹连接)。工作内容包括:切管,套螺纹,制垫,加垫,上法兰,组对,紧螺纹,水压试验。

(2)碳钢法兰(焊接)。工作内容包括:切口,坡口,焊接,制垫,加垫,安装,组对,紧螺栓,水压试验。

4. 伸缩器的制作安装

(1)螺纹连接法兰式套筒伸缩器的安装。工作内容包括:切管,套螺纹,检修盘根,制垫,加垫,安装,水压试验。

(2)焊接法兰式套筒伸缩器的安装。工作内容包括:切管,检修盘根,对口,焊法兰,制垫,加垫,安装,水压试验等。

(3)方形伸缩器的制作安装。工作内容包括:做样板,筛砂,炒砂,灌砂,打砂,制堵板,加热,煨制,倒砂,清理内砂,组成,焊接,拉伸安装。

5. 管道的消毒冲洗

管道消毒冲洗的工作内容包括:溶解漂白粉,灌水,消毒,冲洗等。

6. 管道压力试验

管道压力的试验工作内容包括:准备工作,制堵盲板,装设临时泵,灌水,加压,停压检查。

六、给水排水管道安装工程定额工程量计算

(1)给水排水工程管道安装定额工程量计算规则如下:

1)各种管道均按施工图所示中心长度,以"m"为计量单位,不扣除阀门、管件(包括减压器、疏水器、水表、伸缩器等组成安装)所占的长度。

2)镀锌铁皮套管制作以"个"为计量单位,其安装已包括在管道安装定额内,不得另行计算。

3)管道支架的制作安装,室内管道公称直径 32mm 以下的安装工程已包括在内,不得另行计算;公称直径 32mm 以上的,可另行计算。

4)各种伸缩器的制作安装,均以"个"为计量单位。方形伸缩器的两臂,按臂长的两倍合并在管道长度内计算。

5)管道的消毒、冲洗、压力试验,均按管道长度以"m"为计量单位,不扣除阀门、管件所占的长度。

(2)相关计算公式。

1)管道保温层工程量计算公式为:

$$V = \pi \times (D + 1.033\delta_1) \times 1.033\delta_1 \times L$$

式中　D——直径(m);

1.033——调整系数;

δ_1——绝热层厚度;

L——管道长(m)。

2)管道保护层工程量计算式为:

$$S = \pi \times (D + 2.1\delta_2 + 0.0082) \times L$$

式中　2.1——调整系数;

δ_2——保护层厚度;

D——直径(m);

L——管道长(m)。

关键细节 8　镀锌钢管安装定额工程量计算实例

图 4-10 所示为某厨房给水系统部分管道,采用镀锌钢管、螺纹连接,试计算镀锌钢管的工程量。

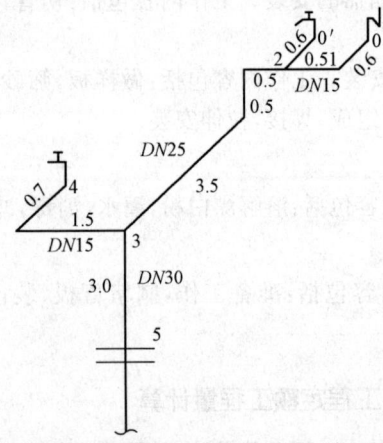

图 4-10　某厨房给水系统管道示意图

解:螺纹连接镀锌钢管定额工程量:

$DN30$:3.0m(节点 3 到节点 5)

$DN25$:3.5+0.5+0.5(节点 3 到节点 2)=4.5(m)

$DN15$:1.5+0.7(节点 3 到节点 4)+0.5+0.6+0.6(节点 2 到节点 0′,节点 2 到 1 再到节点 0)=3.9(m)

第三节 给水排水阀门安装工程

一、阀门安装简介

1. 阀门

(1)阀门是管道或设备中用来控制水流的控制部件,其种类很多,给排水工程中常用的有闸阀、截止阀、球阀、止回阀、蝶阀等。

(2)阀门型号的编号方法。阀门型号通常应表示阀门类型、驱动方式、连接形式、结构特点、公称压力、密封面材料、阀体材料等要素,如图 4-12 所示。目前,阀门制造厂一般采用统一的编号方法。

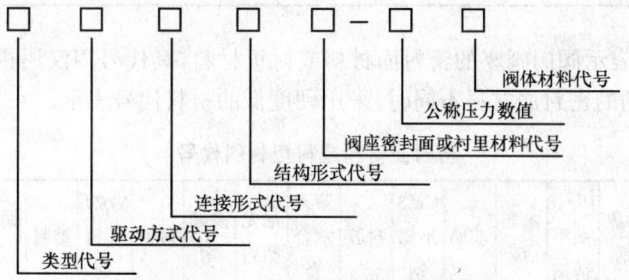

图 4-12 阀门型号表示代号图

1)第 1 单元表示类型,称为类型代号,用汉语拼音字母表示,见表 4-2。

表 4-2　　　　　　　　阀门类型代号

类型	安全阀	蝶阀	隔膜阀	止回阀底阀	截止阀	节流阀	排污阀	球阀	疏水阀	柱塞阀	旋塞阀	减压阀	闸阀
代号	A	D	G	H	J	L	P	Q	S	U	X	Y	Z

注:低温(低于-40℃)和保温的阀门,在类型代号前分别加"D"和"B"汉语拼音字母。

2)第 2 单元表示传动方式,称为驱动方式代号,用阿拉伯数字表示,见表 4-3。

表 4-3　　　　　　　　阀门驱动方式代号

传动方式	电磁动	电磁—液动	电—液动	蜗轮	正齿轮	伞齿轮	气动	液动	气—液动	电动	手柄手轮
代号	0	1	2	3	4	5	6	7	8	9	无代号

注:1. 手轮、手柄和扳手驱动及安全阀、减压阀省略本代号。
　　2. 对于气动或液动:常开式用 6K、7K 表示;常闭式用 6B、7B 表示;气动带手动用 6S 表示。

3)第 3 单元为连接形式代号,表示阀门与管道或设备接口的连接方式,用阿拉伯数字表示,见表4-4,其中焊接连接包括对焊与承插焊。

表4-4　　　　　　　　　　连接形式代号

连接方式	内螺纹	外螺纹	两不同连接	法兰	焊接	对夹	卡箍	卡套
代号	1	2	3	4	6	7	8	9

4)第4单元表示阀门结构形式,称为结构形式代号,用阿拉伯数字表示。由于阀门类型较多,故其结构形式按阀门种类表示,见表4-5。

表4-5　　　　　　　　　　闸阀结构形式代号

结构形式			代号
阀杆升降式（明杆）	楔式闸板	弹性闸板	0
		刚性闸板 单闸板	1
		刚性闸板 双闸板	2
	平行式闸板	刚性闸板 单闸板	3
		刚性闸板 双闸板	4
阀杆非升降式（暗杆）	楔式闸板	单闸板	5
		双闸板	6
	平行式闸板	单闸板	7
		双闸板	8

5)第5单元表示阀门阀座的密封面材料或衬里材料,其代号用汉语拼音字母表示,见表4-6。当密封副的密封面材料不同时,采用硬度低的材料代号表示。

表4-6　　　　　　　　　密封面材料或衬里材料代号

材料	锡基轴承合金巴氏合金	搪	渗氮钢	18-8系不锈钢	氟塑料	玻璃	Cr13不锈钢	衬胶	蒙乃尔合金	尼龙塑料	渗硼钢	Mo2Ti不锈钢	衬铅	塑料	铜合金	橡胶	硬质合金	阀体直接加工
代号	B	C	D	E	F	G	H	J	M	N	P	Q	R	S	T	X	Y	W

6)第6单元表示阀门公称压力数值。在表示阀门型号时,只写公称压力数值,不写单位。

7)第7单元表示阀体材料,称为阀体材料代号,用汉语拼音字母表示,见表4-7。公称压力$PN \leqslant 1.6$MPa的灰铸铁阀体和$PN \leqslant 2.5$MPa的铸铁阀体,省略本单元代号。灰铸铁底压阀和钢制中压省略此项。

表4-7　　　　　　　　　　阀体材料代号

阀体材料	钛及钛合金	碳钢	Cr13系不锈钢	铬钼钢	可锻铸铁	铝合金	18-8系不锈钢	球墨铸铁	Mo2Ti系不锈钢	塑料	铜及铜合金	铬钼钒钢	灰铸铁
代号	A	C	H	I	K	L	P	Q	R	S	T	V	Z

关键细节9　阀门安装要点

(1)阀门安装之前,应仔细核对所用阀门的型号、规格是否与设计相符。

(2)根据阀门的型号和出厂说明书检查对照该阀门可否在要求的条件下应用。

(3)阀门吊装时,绳索应绑在阀体与阀盖的法兰连接处,如图 4-11 所示,切勿拴在手轮或阀杆上,以免损坏阀杆与手轮。

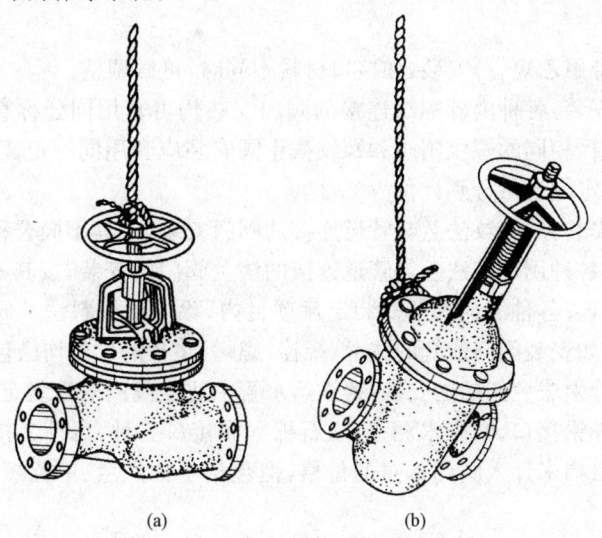

图 4-11　阀门吊装时绳索的绑扎
(a)错误;(b)正确

(4)在水平管道上安装阀门时,阀杆应垂直向上,不允许阀杆向下安装。
(5)安装阀门时,不得采用生拉硬拽的强行对口连接方式,以免因受力不均引起损坏。
(6)明杆闸阀不宜装在地下潮湿处,以免阀杆锈蚀。

2. 水位标尺

(1)水位标尺分为标准标尺和非标标尺两种。
1)标准标尺的数字刻度以 10cm 为单位;长度有 1m、2m 两种。
2)非标标尺只有以 50cm 为单位的和以 1m 为单位的。长度根据实际要求来制作。
(2)常用材料有不锈钢、UPVC、搪瓷等。
(3)常用来标注的色彩有红色和蓝色两种。
(4)具有防冻、防腐、高温、反光功能。
(5)刻度、数字有丝印、粘贴、雕刻、蚀刻、压制等多种。
(6)具有直观、经济、方便等特点。
(7)适于江河、湖泊、水库、灌区直接观察水位。

二、阀门安装定额的有关规定

1. 阀门、水位标尺安装定额说明

(1)螺纹阀门安装适用于各种内外螺纹连接的阀门安装。
(2)法兰阀门安装适用于各种法兰阀门的安装。如仅为一侧法兰连接,定额中的法兰、带帽螺栓及钢垫圈数量减半。

(3)各种法兰连接用垫片均按石棉橡胶板计算,如用其他材料,不得调整。

(4)浮标液面计 FQ-Ⅱ型的安装是按《采暖通风国家标准图集》(N102－3)编制的。

(5)水塔、水池浮漂水位标尺的制作安装,是按《全国通用给水排水标准图集》(S318)编制的。

(6)法兰阀(带甲乙短管)安装,如接口材料不同时,可做调整。

1)螺纹阀门安装:各种内外螺纹连接的阀门安装均可套用同公称直径的螺纹阀安装定额项目,公称直径相同的螺纹闸阀和螺纹截止阀安装应套用同一定额子目,但两者主要材料费不同,应按定额含量分别计价。

2)法兰阀门安装:用螺纹法兰与管道连接的阀门安装,按其不同公称直径套用螺纹法兰阀门安装定额;各种用焊接法兰与管道连接的法兰阀门的安装,按其不同公称直径套用焊接法兰定额项目。各种法兰阀门安装定额项目内,除主要材料法兰阀门价格未计入定额内,其余的材料如安装阀门配套的法兰、螺栓、螺帽、垫片的价值均已包括在定额内。

3)铸铁给水管中法兰阀门的安装:铸铁给水管中法兰阀门的安装定额项目,按管道接口材料不同分为青铅接口、膨胀水泥接口、石棉水泥接口三种,每种又按不同公称直径划分子目。每个子目均未计入阀门本身的价格,但包括了如法兰、甲乙短管、螺栓、螺帽、垫片等。

2. 阀门、水位标尺安装定额计价应注意的问题

(1)自动排气阀、手动排气阀、浮球阀、水位控制阀的安装定额中,各种阀门为未计价材料。

(2)浮标液面计安装定额中,浮标液面计属未计价材料。

三、阀门安装定额的工作内容

1. 阀门安装

(1)螺纹阀。工作内容包括:切管,套螺纹,制垫,加垫,上阀门,水压试验。

(2)螺纹法兰阀。工作内容包括:切管,套螺纹,上法兰,制垫,加垫,调直,紧螺栓,水压试验。

(3)焊接法兰阀。工作内容包括:切管,焊法兰,制垫,加垫,紧螺栓,水压试验。

(4)法兰阀(带短管甲乙)青铅接口。工作内容包括:管口除沥青,制垫,加垫,化铅,打麻,接口,紧螺栓,水压试验。

(5)法兰阀(带短管甲乙)石棉水泥接口。工作内容包括:管口除沥青,制垫,加垫,调制接口材料,接口养护,紧螺栓,水压试验。

(6)法兰阀(带短管甲乙)膨胀水泥接口。工作内容包括:管口除沥青,制垫,加垫,调制接口材料,接口养护,紧螺栓,水压试验。

(7)自动排气阀、手动放风阀。工作内容包括:支架制作安装,套丝,丝堵攻丝,安装,水压试验。

(8)螺纹浮球阀。工作内容包括:切管,套丝,安装,水压试验。

(9)法兰浮球阀。工作内容包括:切管,焊接,制垫,加垫,紧螺栓,固定,水压试验。

(10)法兰液压式水位控制阀。工作内容包括:切管,挖眼,焊接,制垫,加垫,固定,紧螺栓,安装,水压试验。

2. 浮标液面计、水塔及水池浮飘水位标尺制作安装

(1)浮标液面计 FQ-Ⅱ型。工作内容包括:支架制作安装,液面计安装。

(2)水塔及水池浮飘水位标尺制作安装。工作内容包括:预埋螺栓,下料,制作,安装,导杆升降调整。

四、阀门、水位标尺安装定额工程量计算

(1)各种阀门安装,均以"个"为计量单位。法兰阀门安装,如仅为一侧法兰连接,定额所列法兰、带帽螺栓及垫圈数量减半,其余不变。

(2)各种法兰连接用垫片,均按石棉橡胶板计算。如用其他材料,不得调整。

(3)法兰阀(带短管甲乙)安装,均以"套"为计量单位。如接口材料不同,可调整。

(4)自动排气阀安装以"个"为计量单位,已包括了支架制作安装,不得另行计算。

(5)浮球阀安装均以"个"为计量单位,已包括了联杆及浮球的安装,不得另行计算。

(6)浮标液面计、水位标尺是按国标编制的,如设计与国标不符时,可调整。

关键细节 10　厨房给水系统阀门安装定额及工程量计算实例

图 4-13 所示为某公共厨房给水系统,给水管道采用焊接钢管,供水方式为上供式,试计算阀门安装工程量。

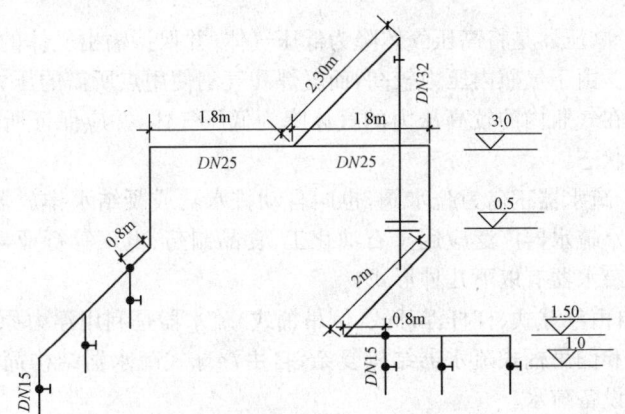

图 4-13　某公共厨房给水系统图

解: 由图 4-13 可知阀门定额安装工程量

螺纹阀门　DN32:1 个

螺纹阀门　DN15:6 个

关键细节 11　手动放风阀定额工程量计算实例

图 4-14 所示为手动放风阀示意图,试计算其工程量。

解: 手动放风阀定额工程量:

手动放风阀:1 个。

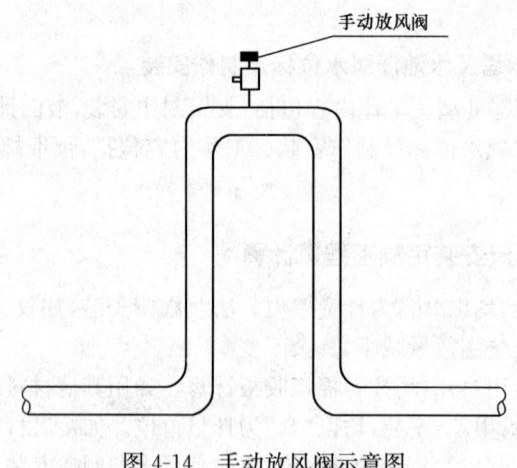

图4-14 手动放风阀示意图

第四节 给水排水低压器具安装工程

一、低压器具简介

1. 低压器具

(1)减压器。减压器是将高压气体降为低压气体,并保持输出气体的压力和流量稳定不变的调节装置。由于气瓶内压力较高,而气焊和气割使用点所需的压力较小,所以需要用减压器把储存在气瓶内的较高压力的气体降为低压气体,并应保证所需的工作压力自始至终保持稳定状态。

(2)疏水器。疏水器正名为疏水阀,也叫自动排水器或凝结水排放器,分为蒸汽系统和气体系统使用。疏水器广泛应用于石油化工、食品制药、电厂等行业,在节能减排方面起着重要作用。疏水器有以下几种形式:

1)机械式(自由浮球式、杠杆浮球式、倒吊桶式)疏水器是利用浮力原理开关的。其中杠杆浮球疏水器和倒吊桶疏水器结构复杂,自由浮球式疏水器结构简单,不漏气,一般用于管线疏水或设备疏水。

2)热动力式(圆盘式、脉冲式)疏水器是利用空气动力学原理,气体转向产生的压降来开关阀门的。其用于流量较小、差压较大、对连续性要求不高的地方,由于结构简单、存在脉冲性泄漏,一般用于管线疏水。

3)热静力式(双金属片、膜盒式、波纹管式)疏水器是利用汽、水的不同温度引起温度敏感元件动作,达到控制阀门的目的。其灵敏度不高,有滞后现象,在压力变化的管道中不能正常工作。可装在用气设备上部单纯做排空气用,疏水方面常用于伴热管线疏水。

4)泵阀式疏水器采用内置泵阀设计,一般附带电动执行机构,疏水时不必考虑疏水器两侧压力差,从而达到疏水器从低压向高压疏水的目的。

大多疏水器可以自动识别汽、水(不包括热静力式),从而达到自动阻汽排水的目的。

🔑关键细节 12 疏水器安装注意事项

(1)设置于上升部位的场合。一般情况下,疏水阀都是安装在低于冷凝水排出设备的位置,但是,如果想将疏水阀安装在高于冷凝水排出设备之处,则需在疏水阀的前方安装扬升接头,从而使冷凝水能够顺利地流入疏水阀。扬升接头也可称为"吸升接头"。当冷凝水排出部位较低时,可以通过它将冷凝水吸至高处并导向前方。

(2)出口侧回收管。用于回收疏水阀排出的冷凝水的配管管径应具备一定的余量,至少应能够防止蒸汽锤或压力损失带来的影响。此外,将回收管与多个集水管(返管)连接时,应制造一定的流入角度,以便于冷凝水的流动。

(3)出口侧配管被水淹没的场合。将冷凝水排至排水沟的场合下,若将排水管直接伸入水中易引发冷凝水飞溅的危险。如果必须要用于被水淹没的场合下,为了防止蒸汽停止时排水沟内的水逆流至疏水阀而出现故障,应在排水管中进行开孔或安装真空调整阀。

(4)冷凝水收集装置的设置。在蒸汽输送管中设置疏水阀时,需要设计冷凝水收集装置。在通气初期和流速较快的场合下,能够有效地收集冷凝水,有利于疏水阀更好地工作。如果没有设计冷凝水收集装置,容易出现冷凝水未被排出,垃圾、水垢堵塞入口等现象。

(5)不同压力的冷凝水管线的回收。对于压力条件各不相同的冷凝水管线,需对应每个不同的压力设计冷凝水回收管,或安装后进行回收。一旦低压的回收管内流入了高压的冷凝水,将会因冷凝水的温度差而导致冷凝水再次蒸发,从而产生噪声等不利影响。

2. 水表

(1)水表的用途:用于水的计量,以便计算水费。

(2)水表的分类:根据测量流量的方法可分为容积式水表和流速式水表两种。

🔑关键细节 13 水表的特点

(1)容积式水表是通过水流每次充满一定容积来计算流量的,由于构造复杂且不精确,这类水表目前已不常采用。

(2)流速式水表是当水流通过水表时推动翼片转动,进而测量流量。翼片转动速度与水的速度成正比,翼片轮的转动带动一组联动齿轮,联动齿轮计量盘上通过指针的转动将流量读数表示出来。这种水表目前采用较多。流速式水表按其构造分为翼轮式水表(翼轮转轴和水流方向垂直)和涡流式水表(翼轮转轴和水流方向平行)。翼轮式水表又分干式和湿式两种。干式水表中计数机件是用金属圆盘与水隔开,干式水表在计数盘上面装一块厚玻璃用来承受水压。在湿式水表中计数机件浸在水中,其机件简单,但是技术精确度则随使用时间的增长而降低(特别当水质不清时)。翼轮式水表用于管径小于50mm的管道上,采用螺纹连接,对于大流量,如管径在50mm以上,则采用涡流式水表。

二、低压器具安装定额的有关规定

1. 低压器、水表安装定额说明

(1)减压器、疏水器的组成与安装是按《采暖通风国家标准图集》(N108)编制的,如实际组成与此不同,阀门和压力表数量可按实际调整,其余不变。

(2)法兰水表安装是按《全国通用给水排水标准图集》(S145)编制的,定额内包括旁通管及止回阀。水表组成与安装的定额项目分螺纹水表安装和焊接法兰水表安装两种,每种又按不同公称直径分为若干个子目。

1)螺纹水表安装定额内不仅包括水表本身安装,而且包括水表前的一个螺纹闸阀的安装。

2)法兰水表安装定额中已包括阀门、止回阀和旁通管,如实际组成与图集不同,阀门、止回阀可按实际调整,其余不变。

2. 低压器、水表安装定额计价应注意的问题

低压器、水表的安装计价应注意各类减压器、疏水器在水表安装定额中均属未计价材料。

三、低压器具安装定额的工作内容

1. 减压器的安装

减压器的安装分为螺纹连接和焊接两种连接方式。

(1)螺纹连接。工作内容为:切管,套螺纹,安装零件,制垫,加垫,组对,找正,找平,安装及水压试验。

(2)焊接。工作内容为:切管,套螺纹,安装零件,组对,焊接,制垫,加垫,安装,水压试验。

2. 疏水器的安装

疏水器的安装分为螺纹连接和焊接两种形式。工作内容为:切管,套螺纹,安装零件,制垫,加垫,组成(焊接),安装,水压试验。

3. 水表的安装

水表的安装分为螺纹水表安装和焊接法兰水表(带旁通管和止回阀)安装。

(1)螺纹水表安装。工作内容为:切管,套螺纹,制垫,加垫,安装,水压试验。

(2)焊接法兰水表安装。工作内容为:切管,焊接,制垫,加垫,水表和阀门及止回阀的安装,紧螺栓,通水试验。

四、低压器、水表安装定额工程量计算

(1)减压器、疏水器的组成安装以"组"为计量单位。如设计组成与定额不同,阀门和压力表数量可按设计用量进行调整,其余不变。

(2)减压器的安装,按高压侧的直径计算。

(3)法兰水表的安装以"组"为计量单位,定额中旁通管及止回阀如与设计规定的安装形式不同,阀门及止回阀可按设计规定进行调整,其余不变。

关键细节14 疏水器安装定额工程量计算实例

图4-15所示为螺纹连接疏水器安装示意图,试计算其工程量。

解:根据图4-15可知疏水器定额安装工程量:1个。

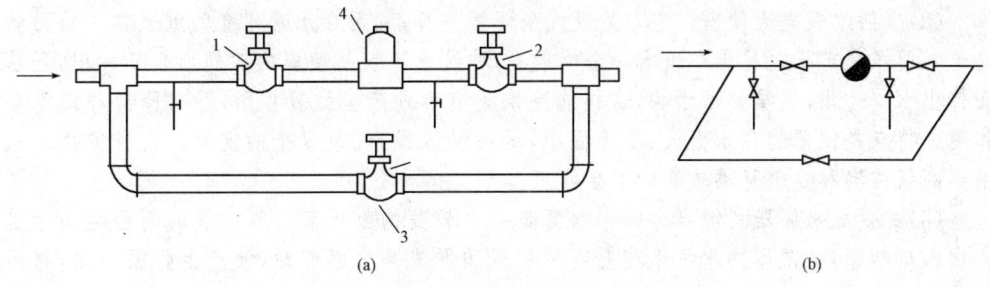

图 4-15 疏水器安装方式
(a)平面图；(b)简图
1、2、3—阀门；4—疏水器

第五节　给水排水卫生器具安装工程

一、卫生器具简介

1. 卫生器具的概念

卫生器具指的是供水或接受、排出污水或污物的容器或装置，是建筑内部给水排水系统的重要组成部分。

2. 卫生器具的分类

(1)便溺用卫生器具，如大便器、小便器等。

(2)盥洗、淋浴用卫生器具，如洗脸盆、淋浴器等。

(3)洗涤用卫生器具，如洗涤盆、污水盆等。

(4)专用卫生器具，如医疗、科学研究实验室等特殊需要的卫生器具。

3. 卫生器具的结构与作用

(1)各种卫生器具的结构、形式以及材料各不相同，根据卫生器具的用途、装设地点、维护条件、安装等要求而定。

(2)厕所或卫生间中的便溺用卫生器具的主要作用是收集排除粪便污水。

4. 卫生器具的质量要求

对卫生器具的质量有以下要求：表面光滑易于清洗，不透水，耐腐蚀，耐冷热，有一定的强度。除大便器外，每一卫生器具均应在排水口处设置十字栏栅，以防粗大污物进入排水管道，引起管道阻塞。一切卫生器具下面必须设置存水弯，以防排水系统中的有害气体窜入室内。

关键细节 15　便溺用卫生器具的形式

(1)冲落式坐便器。利用存水弯水面在冲洗时迅速升高水头来实现排污，所以水面窄，水在冲洗时发出较大的噪声。其优点是价格便宜和冲水量少。这种大便器一般用于要求不高的公共厕所。

（2）喷射虹吸式大便器。它与虹吸式坐便器一样，利用存水弯建立的虹吸作用将污物吸走。便器底部正对排出口设有一个喷射孔，冲洗水不仅从便器的四周出水孔冲出，还从底部出水口喷出，直接推动污物，这样能更快更有力地产生虹吸作用，并有降低冲洗噪声作用。特点是便器的存水面大、干燥面小，是一种低噪声、最卫生的便器。这种便器一般用于高级住宅和建筑标准较高的卫生间里。

（3）虹吸式坐便器。便器内的存水弯是一个较高的虹吸管。虹吸管的断面略小于盆内出水口断面，当便器内水位迅速升高到虹吸顶并充满虹吸管时，便产生虹吸作用，将污物吸走。这种便器的优点是噪声小，比较卫生、干净，缺点是用水量较大。这种便器一般用于普通住宅和建筑标准不高的旅馆等公共卫生间。

（4）旋涡虹吸式连体坐便器。其特点是把水箱与便器结合成一体，把水箱浅水口位置降到便器水封面以下，并借助右侧的水道使冲洗水进入便器时在水封面下成切线方向冲出，形成旋涡，有消除冲洗噪声和推动污物进入虹吸管的作用。水箱配件也采取稳压消声设计，所以进水噪声低，对进水压力适用范围大。另外由于水箱与便器连成一体，因此体型大，整体感强，是一种结构先进、功能好、款式新、噪声低的高档坐便器。这种坐便器广泛用于高级住宅、别墅、豪华宾馆、饭店等高级民用建筑中。

（5）喷出式坐便器。这是一种配用冲洗阀并具有虹吸作用的坐便器。在底部水封下部对着排污出口方向设有喷水孔，靠强大快速的水流将污物冲走，因此污物不易堵塞，但噪声大，只适用于公共建筑的卫生间内。

坐便器的选择，除了应以卫生、噪声小、节水为标准外，还应强调产品的款式、色彩、配件的配套水平。所以，在高级民用建筑中，偏重于强调产品的款式、色彩和消声，追求美观，安静舒适，干净卫生，并与建筑物格调和豪华等级相适应。而在量大面广的公共建筑和民用住宅内，则偏重于节能节水以及使用上的方便可靠。总的来说就是，卫生器具是给水系统的末端（受水点），排水系统的始端（收水点）。

二、给水排水卫生器具安装定额的有关规定

1. 卫生器具安装定额说明

（1）本定额所有卫生器具安装项目，均参照《全国通用给水排水标准图集》中的有关标准图集计算，除以下说明外，设计无特殊要求均不做调整。

（2）成组安装的卫生器具，定额均已按标准图集计算了与给水、排水管道连接的人工和材料。

（3）浴盆安装适用于各种型号的浴盆，但浴盆支座和浴盆周边的砌砖、瓷砖粘贴应另行计算。

（4）洗脸盆、洗手盆、洗涤盆的安装适用于各种型号。

（5）化验盆安装中的鹅颈水嘴和化验单嘴、双嘴适用于成品件安装。

（6）洗脸盆肘式的开关安装，不分单双把均执行同一项目。

（7）脚踏开关安装包括弯管和喷头的安装人工和材料。

（8）淋浴器铜制品安装适用于各种成品淋浴器安装。

（9）蒸汽—水加热器安装项目中，包括莲蓬头安装，但不包括支架制作安装；阀门和疏水器安装可按相应项目另行计算。

(10)冷热水混合器安装项目中包括温度计安装,但不包括支座制作安装,其工程量可按相应项目另行计算。

(11)小便槽冲洗管制作安装的定额中,不包括阀门安装,其工程量可按相应项目另行计算。

(12)大、小便槽水箱托架安装已按标准图集计算在定额内,不得另行计算。

(13)高(无)水箱蹲式大便器、低水箱坐式大便器的安装适用于各种型号。

(14)电热水器、电开水炉的安装定额内只考虑了本体安装,连接管、连接件等可按相应项目另行计算。

(15)饮水器安装的阀门和脚踏开关安装,可按相应项目另行计算。

(16)容积式水加热器的安装定额内已按标准图集计算了其中的附件,但不包括安全阀安装、本体保温、刷油漆和基础砌筑。

2. 卫生器具安装定额计价应注意的问题

(1)各种浴盆、净身盆安装定额中,浴盆、浴盆水嘴、浴盆存水弯均属未计价材料。

(2)各种洗面盆及其配套的铜活、存水弯、脚踏开关、阀门等,在洗面盆安装定额中属未计价材料。

(3)各种洗涤盆、化验盆安装定额中,洗涤盆、化验盆及其配套的肘式开关、存水弯、回转龙头等属定额未计价材料。

(4)淋浴器组成安装子目中,莲蓬头及单双管成品淋浴器属未计价材料。

(5)各种大便器及其配套的水箱、存水弯等属定额未计价材料。

(6)小便器安装定额中,各种小便器及配套的水箱、存水弯属未计价材料。

(7)大小便槽自动冲洗水箱、水嘴、排水栓及其存水弯、地漏、地面扫除口及各式开水炉、热水器、加热器、消毒器、消毒锅等属未计价材料。

三、卫生器具安装定额的工作内容

1. 浴盆、净身盆安装

(1)搪瓷浴盆、净身盆安装。工作内容包括:栽木砖,切管,套丝,盆及附件安装,上下水管连接,试水。

(2)玻璃钢浴盆、塑料浴盆安装。工作内容包括:栽木砖,切管,套丝,盆及附件安装,上下水管连接,试水。

2. 洗脸盆、洗手盆安装

洗脸盆、洗手盆安装的工作内容包括:栽木砖,切管,套丝,上附件,盆及托架安装,上下水管连接,试水。

3. 洗涤盆、化验盆安装

(1)洗涤盆安装。工作内容包括:栽螺栓,切管,套丝,上零件,器具安装,托架安装,上下水管连接,试水。

(2)化验盆安装。工作内容包括:切管,套丝,上零件,托架器具安装,上下水管连接,试水。

4. 沐浴器安装

沐浴器安装的工作内容包括：留堵洞眼，栽木砖，切管，套丝，沐浴器组成及安装，试水。

5. 大便器安装

(1)蹲式大便器安装。工作内容包括：留堵洞眼，栽木砖，切管，套丝，大便器与水箱及附件安装，上下水管连接，试水。

(2)坐式大便器安装。工作内容包括：留堵洞眼，栽木砖，切管，套丝，大便器与水箱及附件安装，上下水管连接，试水。

6. 小便器安装

(1)挂斗式小便器安装。工作内容包括：栽木砖，切管，套丝，小便器安装，上下水管连接，试水。

(2)立式小便器安装。工作内容包括：栽木砖，切管，套丝，小便器安装，上下水管连接，试水。

7. 其他卫生器具安装

(1)大便槽自动冲洗水箱安装。工作内容包括：留堵洞眼，栽托架，切管，套丝，水箱安装、试水。

(2)小便槽自动冲洗水箱安装。工作内容包括：留堵洞眼，栽托架，切管，套丝，小箱安装、试水。

(3)水龙头安装。工作内容包括：上水嘴，试水。

(4)排水栓安装。工作内容包括：切管，套丝，上零件，安装，与下水管连接，试水。

(5)地漏安装。工作内容包括：切管，套丝，安装，与下水管连接。

(6)地面扫除口安装。工作内容包括：安装，与下水管连接，试水。

(7)小便槽冲洗管制作、安装。工作内容包括：切管，套丝，上零件，栽管卡，试水。

(8)开水炉安装。工作内容包括：就位，稳固，附件安装，水压试验。

(9)电热水器、开关炉安装。工作内容包括：留堵洞眼，栽螺栓，就位，稳固，附件安装，试水。

(10)容积式热交换器安装。工作内容包括：安装，就位，上零件水压试验。

(11)蒸汽水加热器、冷热水混合器安装。工作内容包括：切管，套丝，器具安装、试水。

(12)消毒器、消毒锅、饮水器安装。工作内容包括：就位，安装，上附件，试水。

四、卫生器具安装定额工程量计算

(1)卫生器具的安装，以"组"为计量单位，已按标准图综合了卫生器具与给水管、排水管连接的人工与材料用量，不得另行计算。

(2)浴盆安装不包括支座和四周侧面的砌砖及瓷砖粘贴。

(3)蹲式大便器的安装，已包括固定大便器的垫砖，但不包括大便器蹲台砌筑。

(4)大便槽、小便槽自动冲洗水箱安装，以"套"为计量单位，已包括水箱托架的制作安装，不得另行计算。

(5)小便槽冲洗管制作与安装，以"m"为计量单位，不包括阀门安装，其工程量可按相应定额另行计算。

（6）脚踏开关安装，已包括弯管与喷头的安装，不得另行计算。

（7）冷热水混合器安装，以"套"为计量单位，不包括支架制作安装及阀门安装，其工程量可按相应定额另行计算。

（8）蒸汽－水加热器安装，以"台"为计量单位，包括莲蓬头安装，不包括支架制作安装及阀门、疏水器安装，其工程量可按相应定额另行计算。

（9）容积式水加热器安装，以"台"为计量单位，不包括安全阀安装、保温与基础砌筑，其工程量可按相应定额另行计算。

（10）电热水器、电开水炉安装，以"台"为计量单位，只考虑本体安装，连接管、连接件等工程量可按相应定额另行计算。

（11）饮水器安装以"台"为计量单位，阀门和脚踏开关工程量可按相应定额另行计算。

第六节　给水排水小型容器安装工程

一、小型容器简介

容器是指用来包装或装载物品的贮存器（如箱、罐、坛）或者成形或柔软不成形的包覆材料。

水箱是容器的一种，按材质分为 SMC 玻璃钢水箱、蓝博不锈钢水箱、不锈钢内胆玻璃钢水箱、海水玻璃钢水箱、搪瓷水箱五种。

关键细节 16　水箱的组成

水箱一般配有 HYFI 远传液位电动阀、HYJK 型水位监控系统和 HYQX-II 水箱自动清洗系统以及 HYZZ-2-A 型水箱自洁消毒器。水箱一般有进水管、出水管（生活出水管、消防出水管）、溢流管、排水管。水箱的溢流管与水箱的排水管阀后连接并设防虫网，水箱应有高低不同的两个通气管（设防虫网），并设内外爬梯。水箱按照功能不同分为生活水箱、消防水箱、生产水箱、人防水箱、家用水塔五种，严格意义上讲，厕所冲洗水箱和汽车水箱不属于水箱范畴。

二、小型容器安装定额说明

（1）小型容器安装定额应参照《全国通用给水排水标准图集》(S151,S342)及《全国通用采暖通风标准图集》(T905,T906)编制，适用于给排水、采暖系统中一般低压碳钢容器的制作和安装。

（2）各种水箱连接管均未包括在定额内，可执行室内管道安装的相应项目。

（3）各类水箱均未包括支架的制作安装，如为型钢支架，执行本定额"一般管道支架"项目；混凝土或砖支座可按土建相应项目执行。

（4）水箱制作，包括水箱本身及人孔的质量。水位计、内外人梯均未包括在定额内，发生时，可另行计算。

三、小型容器安装定额的工作内容

1. 水箱制作

(1)矩形钢板水箱制作。工作内容包括:下料,坡口,平直,开孔,接板组对,装配零部件,焊接,注水试验。

(2)圆形钢板水箱制作。工作内容包括:下料,坡口,压头,卷圆,找圆,组对,焊接,装配,注水试验。

(3)大、小便槽冲洗水箱制作。工作内容包括:下料,坡口,平直,开孔,接板组对,装配零件,焊接,注水试验。

2. 水箱安装

(1)矩形钢板水箱安装。工作内容包括:稳固,装配零件。

(2)圆形钢板水箱安装。工作内容包括:稳固,装配零件。

四、小型容器安装定额工程量计算

(1)钢板水箱制作,按施工图所示尺寸,不扣除人孔、手孔质量,以"kg"为计量单位。法兰和短管水位计可按相应定额另行计算。

(2)钢板水箱安装,按国家标准图集水箱容量"m^3"执行相应定额。各种水箱安装,均以"个"为计量单位。

关键细节17 钢板水箱安装定额工程量计算实例

图 4-16 所示,安装钢板水箱 8 个,其底面是圆形,直径为 800mm,高为 1200mm,试计算其定额工程量。

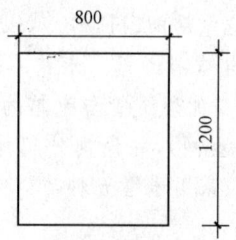

图 4-16　钢板水箱示意图

解:根据图 4-16 可知钢板水箱定额工程量:

钢板水箱:8 个。

第五章　采暖工程定额工程量计算

第一节　采暖工程概述

一、采暖系统的分类

1. 室内采暖系统按供热范围分类

(1)局部采暖系统:热源供热范围只是一个较小的局部系统,如火炉采暖、电热采暖等。该系统中的热源、管道、散热设备等合为一体,有的甚至没有管道,较为简单。

(2)集中采暖系统:热源远离采暖房间,集中加热热媒,通过管道将热媒送至需要采暖的功能区域的散热设备。

(3)区域采暖系统:该系统实质上是扩大了的集中采暖系统。其供热范围不是一个或数个建筑物,而是一个区域内的许多建筑物。

2. 室内采暖系统按散热设备的散热方式分类

(1)对流采暖系统:热设备以对流方式散热为主的采暖系统。

(2)辐射采暖系统:热设备以辐射散热为主的采暖系统。

3. 室内采暖系统按热媒种类分类

(1)热水采暖系统:即热媒为热水的采暖系统。根据热水在系统中循环流动动力的不同,热水采暖系统又分为自然循环热水采暖系统、机械循环热水采暖系统、蒸汽喷射热水采暖系统。

(2)蒸汽采暖系统:即热媒是蒸汽的采暖系统。根据蒸汽压力的不同,蒸汽采暖系统又分为低压蒸汽采暖系统和高压蒸汽采暖系统。

(3)热风采暖系统:即热媒为空气的采暖系统。该系统是用辅助热媒把热能从热源输送至热交换器,经热交换器把热能传给空气,再由空气把热能输送至各采暖房间。工程中常用的热风机采暖系统、热泵采暖系统均为热风采暖系统。

关键细节1　低压蒸汽采暖系统的供热方式

当供汽压力$\leqslant 0.07$MPa时,称为低压蒸汽采暖系统。

低压蒸汽采暖系统的管路布置可分为:双管上分式、下分式、中分式蒸汽采暖系统及单管垂直上分式和下分式蒸汽采暖系统。低压蒸汽采暖系统管路布置的常用形式、适用范围及系统特点简要汇总见表5-1。

表 5-1　　　　　　　　低压蒸汽采暖系统常用的几种形式

形式名称	图　式	特点及适用范围
双管上供下回式		1. 特点 (1) 常用的双管做法。 (2) 易产生上热下冷现象。 2. 适用范围 室温需调节的多层建筑
双管下供下回式		1. 特点 (1) 可缓和上热下冷现象。 (2) 供汽立管需加大。 (3) 需设地沟。 (4) 室内顶层无供汽干管、美观。 2. 适用范围 室温需调节的多层建筑
双管中供下回式		1. 特点 (1) 接层方便。 (2) 与上供下回式相比,有利于解决上热下冷现象。 2. 适用范围 顶层无法敷设供汽干管的多层建筑
单管下供下回式		1. 特点 (1) 室内顶层无供汽干管,美观。 (2) 供汽立管要加大。 (3) 安装简便、造价低。 (4) 需设地沟。 2. 适用范围 三层以下建筑
单管上供下回式		1. 特点 (1) 常用的单管做法。 (2) 安装简便、造价低。 2. 适用范围 多层建筑

注：1. 蒸汽水平干管汽、水逆向流动时坡度应大于 5‰,其他应大于 3‰。
　　2. 水平敷设的蒸汽干管每隔 30～40m 宜设抬管泄水装置。
　　3. 回水为重力干式回水方式时,回水干管敷设高度应高出锅炉供汽压力折算静水压力再加 200～300mm 安全高度。如系统作用半径较大时,则需采取机械回水。

图 5-1 为一完整的上分式低压蒸汽采暖系统的组成形式示意图。

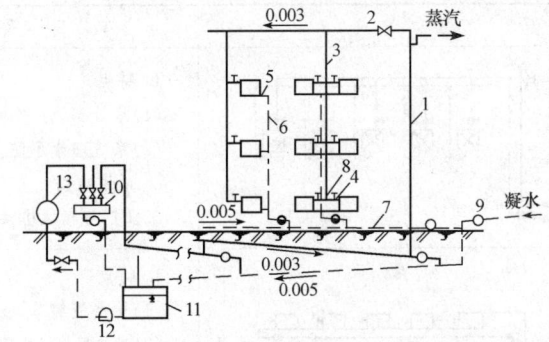

图 5-1 上分式低压蒸汽采暖系统示意图
1—总立管；2—蒸汽干管；3—蒸汽立管；4—蒸汽支管；5—凝水支管
6—凝水立管；7—凝水干管；8—调节阀；9—疏水器
10—分汽缸；11—凝结水箱；12—凝结水泵；13—锅炉

关键细节 2　高压蒸汽采暖系统的供热方式

当供汽压力＞0.07MPa 时，称为高压蒸汽采暖系统。高压蒸汽采暖系统比低压蒸汽采暖系统供汽压力高、流速大、作用半径大、散热器表面温度高、凝结水温度高，多用于工厂里的采暖。高压蒸汽采暖常用的形式如图 5-2 所示。

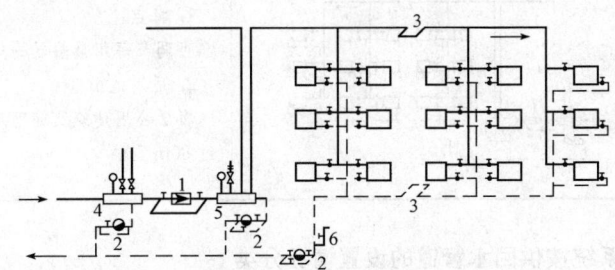

图 5-2 高压蒸汽采暖系统图示
1—减压阀；2—疏水器；3—伸缩器；4—生产用分汽缸；5—采暖用分汽缸；6—放气管

高压蒸汽采暖管路布置常用的形式、适用范围及系统特点简要汇总见表 5-2。

表 5-2　　　　　　　　高压蒸汽采暖系统常用的几种形式

形式名称	图　　式	特点及适用范围
上供下回式		1. 特点 常用的做法，可节约地沟。 2. 适用范围 单层公用建筑或工业厂房

续

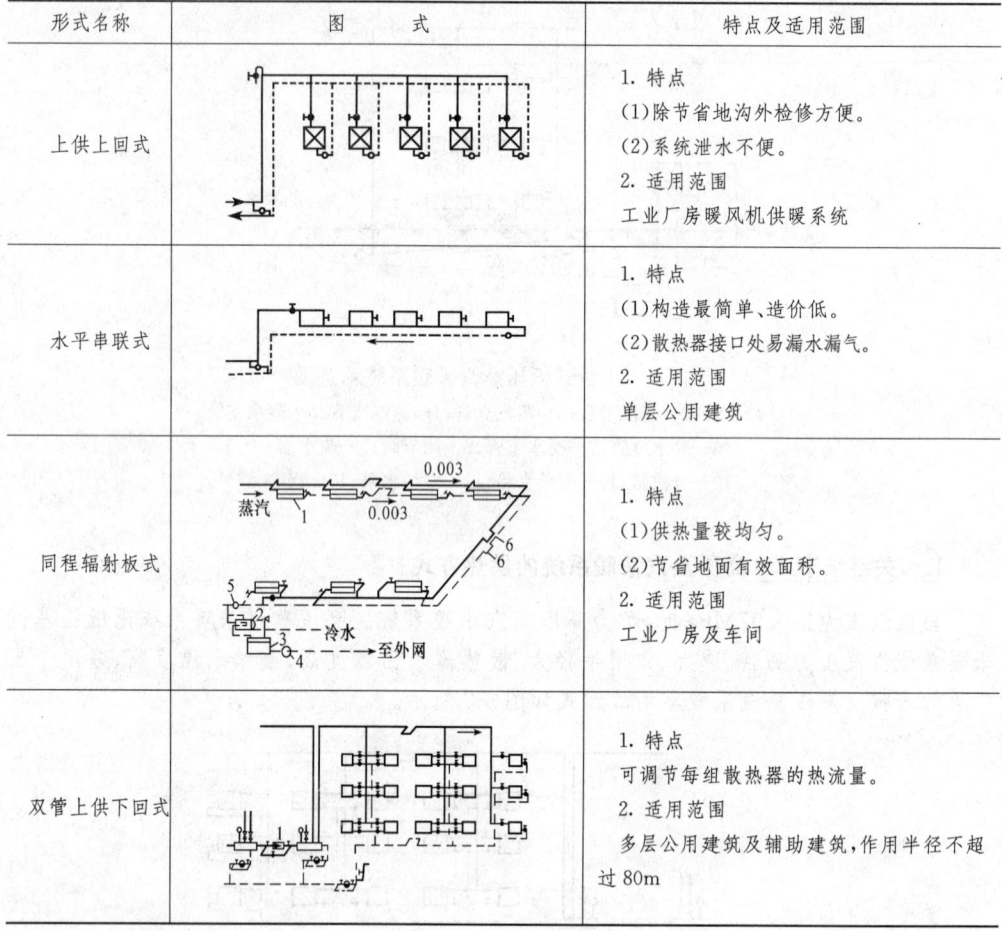

形式名称	图式	特点及适用范围
上供上回式		1. 特点 (1)除节省地沟外检修方便。 (2)系统泄水不便。 2. 适用范围 工业厂房暖风机供暖系统
水平串联式		1. 特点 (1)构造最简单、造价低。 (2)散热器接口处易漏水漏气。 2. 适用范围 单层公用建筑
同程辐射板式		1. 特点 (1)供热量较均匀。 (2)节省地面有效面积。 2. 适用范围 工业厂房及车间
双管上供下回式		1. 特点 可调节每组散热器的热流量。 2. 适用范围 多层公用建筑及辅助建筑,作用半径不超过80m

4. 室内采暖系统按供回水管道的设置情况分类

(1)双管系统:指连接散热器的供水主管和回水主管分别设置。双管系统的特点是每组散热器可以组成一个循环管,每组散热器的进水温度基本上是一致的,各组散热器可自行调节热媒流量,互相不受影响,便于使用、检修。

(2)单管系统:指连接散热器的供水立管和回水立管用同一根立管。单管系统的特点是立管将散热器串联起来,构成一个循环环路,各楼层间散热器进水温度不同。离热水进口端越近,温度越高;离热水出口端越近,温度越低。

二、采暖系统组成

1. 一般采暖系统组成

采暖系统如图5-3所示,主要由以下几方面组成:
(1)热源:锅炉(热水或蒸汽)。
(2)管道系统:供热以及回水、冷凝水管道。

(3)散热设备:散热片(器)、暖风机。
(4)辅助设备:膨胀水箱、集气(汽)罐、除污器、冷凝水收集器、减压装置、疏水器等。
(5)循环水泵。

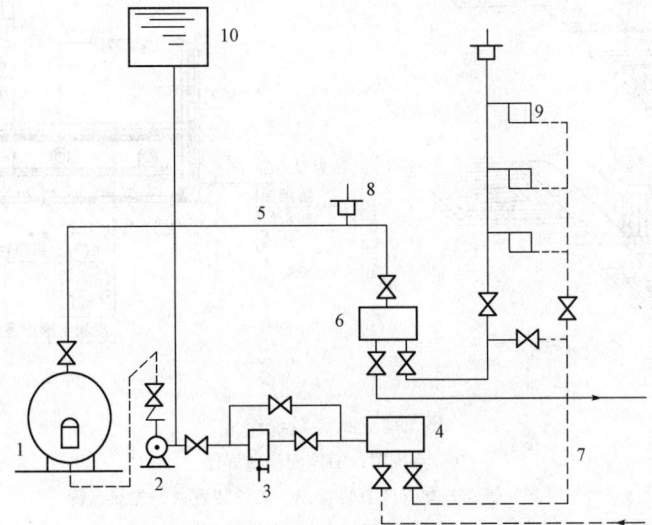

图 5-3 采暖系统组成
1—锅炉;2—循环水泵;3—除污器;4—集水器;5—供热管道
6—分水器;7—回水管;8—排水阀;9—散热器;10—膨胀水箱

2. 地暖采暖系统组成

近几年,许多建筑物采用低温地板辐射取暖,可使室内温度均匀、舒适。采暖系统供回水温度要求最高温度不高于 60℃,系统工作压力应小于等于 0.8MPa。

关键细节3 地暖系统组成要点

地暖系统组成如图 5-4 所示。
(1)热水管网。室内输送热媒的供、回水干管、立管。
(2)分水器。热水系统中,用于连接各路加热管供水管的配水装置,如图 5-5 所示。
(3)加热管。通过热水循环,加热地板的管道。
(4)集水器。热水系统中,用于连接各路加热管回水管的汇水装置,如图 5-5 所示。
(5)绝热层。用于阻挡热量传递,减少无效热耗的构造层。
(6)填充层。在绝热层或楼板基面上设置加热管用的找平层,用以保护加热设备并使地面温度均匀。
(7)隔离层。防止建筑地面上各种液体或地下水、潮气透过地面的构造层。一般仅在潮湿房间使用。
(8)找平层。在垫层或楼板面上进行抹平找坡的找平层。
(9)面层。建筑地面直接承受物理和化学作用的表面层,一般是室内地板的装饰面。

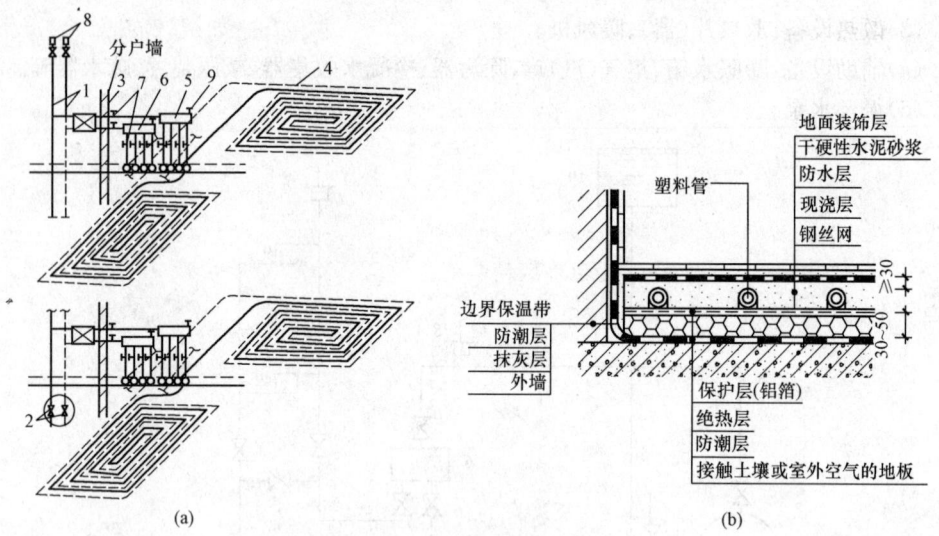

图 5-4 地暖系统组成
(a)系统图;(b)地面构造详图
1—供暖立管;2—立管调节装置;3—入户装置;4—加热盘管
5—分水器;6—集水器;7—球阀;8—自动排气装置;9—放气阀

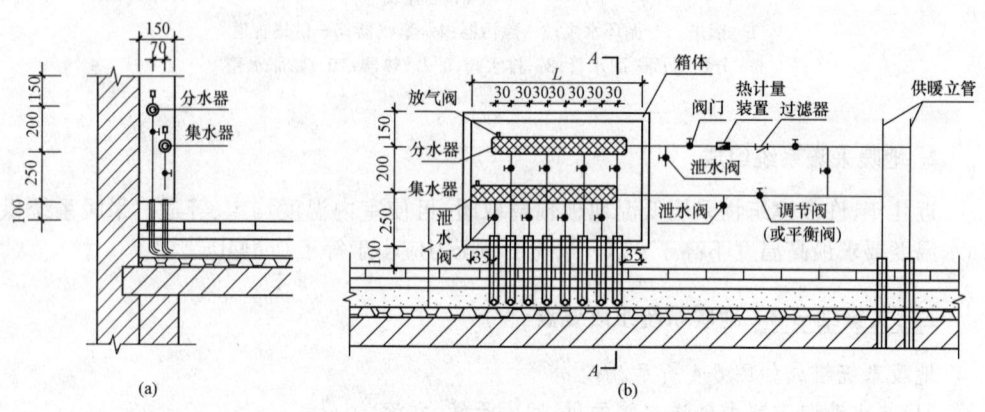

图 5-5 分水器、集水器安装示意图
(a)A—A 剖面图;(b)正视示意图

第二节 采暖管道安装工程

一、采暖管道简介

1. 采暖干管安装

(1)根据施工图及设计要求,以及技术员的技术交底,领取所需材料和部分工具。对于材料、管件,尤其是阀门的内螺纹长度不合格的不得领取。管道预制之前应画出草图,确定出立管位置,将计算的尺寸标注到草图上。干管安装在地沟内的,应在土建砌基础时开始预制,并在盖沟盖板之前安装完毕。如安装在设备层或首层顶板下,则在设备层或首层结构完成并拆完模板后即可预制。

(2)干管安装时,应按施工图和预制加工草图所标注的尺寸、标高、坐标、坡度等进行接线安装卡架。线的标高便是管道外径的底表面。装完卡架,拆除接线,将管道装入卡架内。由入户总干管开始,卡架的间距不应超出施工规范和施工图集要求,在转弯处应适当增加卡架。过墙套管不能代替卡架。

关键细节 4 采暖干管变径方法

蒸汽采暖系统下行上给和上行下给式的供汽管道应下偏心,管底平。但为了避免产生水击现象,不使凝结水集中到干管末端的立管,上行下给式干管连接立管的三通口应优先选择朝向下方。

热水采暖系统下行上给式供水干管和回水干管可以同心变径。它不影响空气的排除和流动,也不会积存空气和影响管道的断面。

当热水采暖供水的水平干管必须按下降坡度敷设(汽水逆行),或蒸气臂道必须按上升坡度敷设(汽水逆行)时,可以同心变径。

蒸汽采暖系统的回水干管可以同心变径。$DN>70mm$ 时,L 值为 300mm;$DN<50mm$ 时,L 值为 200mm。

关键细节 5 采暖干管分路安装方法

如果干管分路后有固定支架,则应考虑干管的膨胀,其做法如图 5-6 所示。如果水平干管分路后不装固定支架,则不需要考虑干管的膨胀。可用焊接"羊角弯"或用一个三通三个弯头组成。管径不大于 $DN40$ 的用螺纹阀门时,应加装铸铁螺纹法兰。如用于高温热水或高压蒸汽中,应一律用法兰阀门和焊接钢法兰。当公称压力 0.6~4MPa、管径不大于 $DN40$ 时,垫片厚度不应超过 2mm;不大于 $DN150$ 的不超过 2.5mm;$DN250$ 的垫片厚度不得超过 3mm,材质为橡胶石棉中压板。

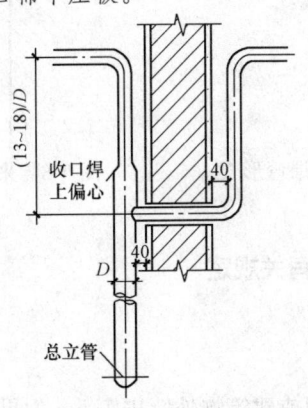

图 5-6 干管分路做法图示

2. 采暖立管安装

采暖立管一般分单立管、双立管、单双管。预制之前应按施工图画出每一幅立管的草图,并编号。单立管可以按施工图标注的楼层高度或实测实量有代表性的一部分立管进行预制。双立管或单双立管应按事先画出的草图全部实测实量。所用工具不可用卷尺,应用木杆,其长度同楼层高度,或略高于楼层高度。

采暖立管与干管连接时,如供汽立管四层以上和热水采暖立管五层以上,应由干管三通按热媒流向沿干管向前300mm并与干管或墙面垂直与立管相连接,当供汽立管在三层以下和热水采暖立管四层以下时应注意:热水单管顺序式立管只计算有闭合管段的立管,其余没有闭合管的立管不计算在内。例如六层楼的热水单管顺序式立管,由五层至六层有闭合管段,一层至四层没有闭合管。那么这个立管为两层,按四层以下的做法安装。热媒上行下给回水。

采暖立管与干管相连接的做法,亦可以用弯代替弯头。例如用三个弯头立管与干管连接时应连续,中间不要有焊口。如果为平房(一层)采暖系统,立管与干管连接时亦可煨制灯叉(来回)弯与干管焊接或丝接。

3. 管道敷设

室内采暖管道除有特殊的要求外,一般均采用明装敷设,常用的管材为焊接钢管。供水立管与散热器支管的连接,当直径小于32mm时采用活接头、弯头、三通等管件螺纹连接;当管道直径为40~57mm时可采用乙炔气焊接;当直径大于57mm时采用电弧焊焊接。焊接钢管管件一般采用在施工现场用煨弯、挖眼接管等方法制作。立管与支管在同一平面交叉,立管应煨制成元宝弯的形式绕开,如图5-7所示。水平管与散热器连接,因不在同一条直线上,需要煨来回弯(灯叉弯)进行连接,如图5-8所示。

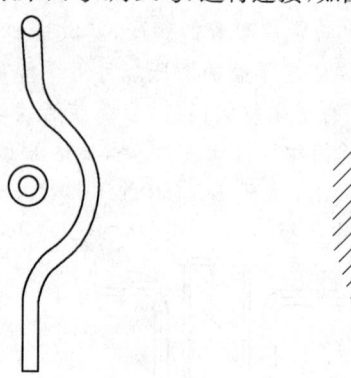

图5-7 元宝弯煨弯形式　　图5-8 来回弯煨弯形式

二、采暖管道安装定额的有关规定

1. 采暖管道安装定额说明

(1)界限划分。

1)室内、外管道以入口阀门或建筑物外墙皮1.5m为界。

2)与工业管道界限以锅炉房或泵站外墙皮1.5m为界。

3) 工厂车间内的采暖管道以采暖系统与工业管道碰头点为界。

4) 设在高层建筑内的加压泵间管道以泵站间外墙皮为界。

(2) 室内采暖管道安装工程除管道本身价值和直径在 32mm 以上的钢管支架需另行计算外,以下工作内容均已考虑在定额中,不得重复计算:管道及接头零件安装;水压试验或灌水试验;DN32 以内钢管的管卡及托钩制作安装;弯管制作与安装(伸缩器、圆形补偿器除外);穿墙及过楼板铁皮套管安装人工等。穿墙及过楼板镀锌铁皮套管的制作应按镀锌铁皮套管项目另行计算,钢套管的制作安装工料按室外焊接钢管安装项目计算。

(3) 除锅炉房和泵房管道安装以及高层建筑内加压泵间的管道安装执行《全统定额》中《工业管道工程》分册的相应项目外,其余部分均按《全统定额》中《给排水、采暖、燃气工程》分册执行。

(4) 安装的管子规格如与定额中子目规定不相符合,应使用接近规格的项目,规格居中时按大者套,超过定额最大规格时可作补充定额。

2. 采暖管道安装定额计价的注意事项

(1) 连接散热器立管的工程量计算。管道的安装长度为上下干管的标高差,加上上部干管、立管与墙面的距离差,立管乙字弯也可按 $0.06 \sim 0.1m$ 取值,减去散热器进、出口之间的间距,再加上立管与下部干管连接时规范规定的增加长度。当立管高度大于 15m 时,可按 0.3m 计取;当立管高度小于 15m 时,可按 $0.06 \sim 0.1m$ 计取。

(2) 连接散热器支管的工程量计算。支管的安装长度等于立管中心到散热器中心的距离,再减去散热器长度的 1/2,最后加上支管与散热器连接时的乙字弯的增加长度(一般可按 $0.035 \sim 0.06m$ 计取)。

(3) 管道的除锈、刷油、防腐蚀、保温。在采暖安装工程中,管道、设备、散热器等需要采用除锈、刷油来进行防腐蚀工作,有时管道还需要进行保温绝热。采暖工程中的除锈、刷油、保温绝热工程应执行《全统定额》第十一册《刷油、防腐蚀、绝热工程》中相应的项目。

三、采暖管道安装定额的工作内容

采暖管道安装定额的工作内容与给水排水管道安装定额的工作内容相同。

四、采暖管道安装定额工程量计算

管道工程量的计算顺序和计算要领同室内给水管道工程量计算,要注意排出口的位置。

(1) 室内采暖管道的工程量均按图示中心线以"延长米"为单位计算,阀门、管件所占长度均不从延长米中扣除,但暖气片所占长度应扣除。

(2) 镀锌铁皮套管制作以"个"为单位计算工程量,其安装费用已包括在管道安装定额内。

(3) 管道支架制作安装同给排水管道安装。

(4) 管道冲洗、消毒同给水管道安装。

关键细节 6 室内钢管安装定额工程量计算实例

已知某居民委员会办公楼图,需要安装室内钢管,焊接连接,DN25 钢管 200m,DN30

钢管150m。试计算其定额工程量。

解：$DN25$ 室内钢管定额工程量为 200m。

$DN30$ 室内钢管定额工程量为 150m。

第三节　采暖管道伸缩器安装工程

一、采暖管道伸缩器简介

采暖管道每隔一定距离应设置膨胀补偿装置，以保证管道在热状态下稳定、安全地工作，减少并释放管道受热膨胀时所产生的应力变形。伸缩器有以下几种：

(1)方形伸缩器。方形伸缩器是钢管煨弯制成的，如果伸缩器的管径较大或由于几何尺寸所限无法用整根管子煨制时，可煨一个180°U字形弯，再煨两个90°弯焊接。

(2)圆形伸缩器。圆形伸缩器的煨制比方形伸缩器的难度大，应由高级技术工煨制。其使用效果和观感均优于方形伸缩器。

(3)套筒式伸缩器。

关键细节7　方形伸缩器的安装方法

方形伸缩器的焊接点应在直臂的中间，也可以用四个压制弯头组对焊接方形伸缩器，但必须按原设计加大直臂尺寸。待固定支架安装完毕后，按设计要求预拉伸，预拉伸量为该管段的热伸长量的一半。预拉伸可用千斤顶，把千斤顶安放在伸缩器的内侧直臂靠下部。预拉前量取预拉尺寸，切记不可超拉。其工作状况如图5-9所示，图中安装时的位置亦是采暖系统停止运转的位置。两个直臂应水平安装，后臂应与管道有相同的坡度。

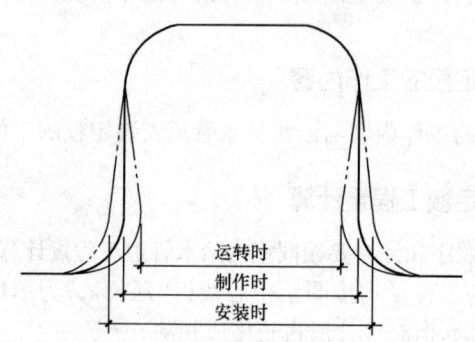

图 5-9　方形伸缩器工作状态

关键细节8　圆形伸缩器的安装方法

圆形伸缩器煨制时，如用整根管子有困难，可在 L 位置中间增加焊接口。管径不大于$DN70$ 的，在施工现场即可煨制。煨制前应画出1∶1的实样，或按弯曲弧度的内弧做样板比着依次煨制。其安装要求同方形伸缩器，预拉方法可利用两侧的法兰间隙。

用于高压蒸汽干管"抬头"处或入户装置处与疏水器连接的伸缩器,不得预拉或预压。直埋波纹管伸缩器安装如图5-10所示,减压器组装如图5-11所示。

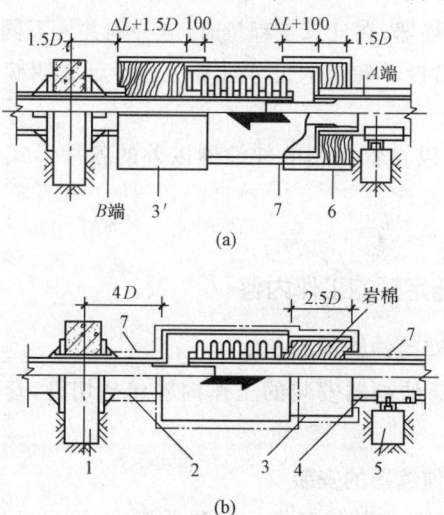

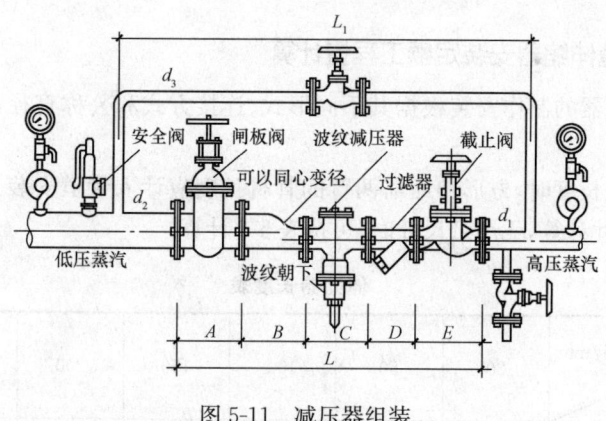

图 5-11 减压器组装

关键细节9 套筒式伸缩器的安装要求

(1)内套筒外表面加工精度不应低于IT9～IT11级精度以及与之相对应的表面粗糙度。

(2)备有防止芯子脱出的构造。

(3)填塞的石棉绳应涂石墨粉,各层填料环的接口应错开120°放置。

(4)填料环搭接时,应有30°斜角上下压着搭接。填料环宽度应大于填料箱1～5mm。

二、采暖管道伸缩器安装定额说明

(1)采用直管弯制伸缩器,在计算工程量时,应分别并入不同直径的导管延长米内,弯曲的两臂长度原则上应按设计确定的尺寸计算。若设计未明确,按弯曲臂长(H)的两倍计算。

(2)套筒式以及除去以直管弯制的伸缩器以外的各种形式的补偿器,在计算工程量时,均不扣除所占管道的长度。

三、采暖管道伸缩器定额的工作内容

1. 螺纹连接法兰式套筒伸缩器的安装

螺纹连接法兰式套筒伸缩器安装的工作内容包括切管,套螺纹,检修盘根,制垫,加垫,安装,水压试验。

2. 焊接法兰式套筒伸缩器的安装

焊接法兰式套筒伸缩器安装的工作内容包括切管,检修盘根,对口,焊法兰,制垫,加垫,安装,水压试验等。

3. 方形伸缩器的制作安装

方形伸缩器的制作安装的工作内容包括做样板,筛砂,炒砂,灌砂,打砂,制堵板,加热,煨制,倒砂,清理内砂,组成,焊接,拉伸安装。

四、采暖管道伸缩器安装定额工程量计算

(1)各种伸缩器的制作安装根据其不同形式、连接方式和公称直径,分别以"个"为单位计算。

(2)计算管道长度时,方形伸缩器两臂的管材长度应计入管道安装工程量中,有图纸尺寸时按图纸尺寸计算,无图纸尺寸时,可按表 5-3 计算。

表 5-3　　　　　　　　　　伸缩器长度表　　　　　　　　　　m

类型 \ 直径/mm	20	50	100	150	200	250	300
方形伸缩器	0.60	1.20	2.20	3.50	5.00	6.50	8.50
圆形枇杷形伸缩器	0.60	1.10	2.00	3.00	4.00	5.00	6.00

关键细节 10　方形伸缩器安装定额工程量计算实例

已知某设计图,需要安装 $DN50$ 的方形伸缩器 10 个,方形伸缩器如图 5-12 所示,试计算其定额工程量。

解:$DN50$ 的方形伸缩器定额工程量为 10 个。

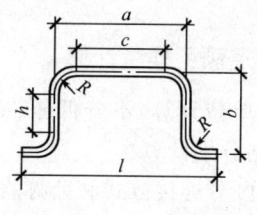

图 5-12 方形伸缩器

第四节 采暖阀门安装工程

一、采暖阀门简介

1. 阀门

阀门是流体输送系统中的控制部件,具有截止、调节、导流、防止逆流、稳压、分流或溢流泄压等功能。阀门用于控制空气、水、蒸汽、各种腐蚀性介质、泥浆、油品、液态金属和放射性介质等各种类型流体的流动。用于流体控制系统的阀门,从最简单的截止阀到极为复杂的自控系统中所用的各种阀门,其品种和规格繁多。根据材质可分为铸铁阀门、铸钢阀门、不锈钢阀门、铬钼钢阀门、铬钼钒钢阀门、双相钢阀门、塑料阀门、非标订制阀门等。

2. 集气罐、自动排气阀

热水采暖系统中排气装置的作用是排除采暖系统中的空气,以防止产生气堵,影响热水循环。常用的排气方法分为自动和手动两种,一般在供热管路的室内干管末端设置集气罐、自动排气阀,用以收集和排除系统中的空气。集气罐一般采用 $DN100 \sim DN250$ 的钢管焊接而成,有立式和卧式两种。自动排气阀常用的规格有 $DN15$、$DN20$、$DN25$ 等,与末端管道的直径相同,靠本体内自动机构使系统中的空气自动排出。

3. 低压器具

采暖工程的低压器具与给排水的低压器具相同。

二、采暖阀门安装定额说明

(1)螺纹阀门安装适用于内外螺纹的阀门安装;法兰阀门安装适用于各种法兰阀门的安装。如仅为一侧法兰连接时,定额中的法兰、带帽螺栓及钢垫圈数量减半计算。各种法兰连接用垫片均按橡胶和石棉板计算,如用其他材料,均不做调整。

(2)减压器、疏水器的设计组成与定额不同时,阀门和压力表的数量可按设计需要量调整,其余不变。但单体安装的减压器、疏水器应按阀门安装项目执行。单体安装的安全阀可按阀门安装的相应定额项目乘以系数 2.0 计算。

三、采暖阀门安装定额的工作内容

采暖阀门安装定额的工作内容与给水排水阀门安装定额的工作内容相同。

四、采暖阀门、低压器具安装定额工程量计算

(1)阀门安装工程量以"个"为单位计算,不分低压、中压,使用同一定额,但连接方式应按螺纹式和法兰式以及不同规格分别计算。

(2)减压器的组成与安装均应区分连接方式和公称直径的不同,分别以"组"为单位计算。减压器安装按高压侧的直径计算。

(3)疏水器的组成与安装按连接方式(螺纹连接或焊接)和公称直径大小不同,分别以"组"为单位计算工程量。

关键细节 11 疏水器安装定额工程量计算实例

图 5-13 所示为螺纹连接疏水器安装示意图,试计算其定额工程量。

解:根据图 5-13 查定额 8-346 可知,疏水器安装定额工程量为 1 个。

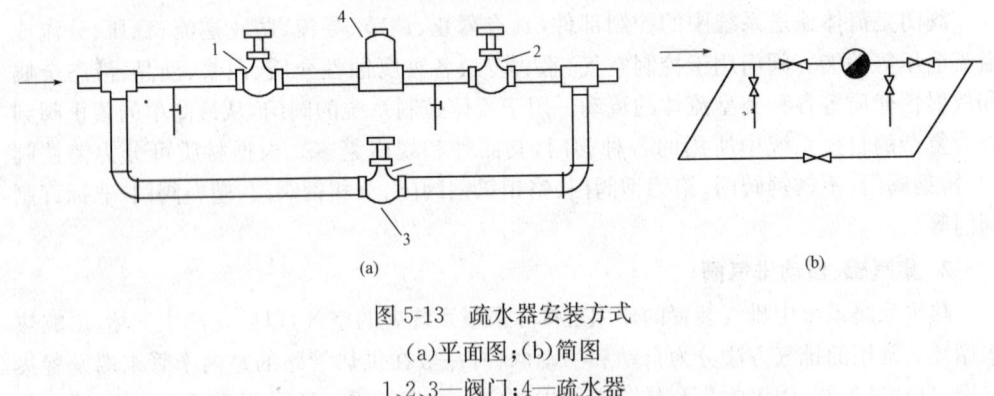

图 5-13 疏水器安装方式
(a)平面图;(b)简图
1、2、3—阀门;4—疏水器

第五节 采暖供热器具安装工程

一、采暖供热器具简介

采暖供热器具一般指散热器。散热器俗称暖气片,其功能是将热介质所携带的热能散发到建筑物的室内空间。工程中散热器的型号、每组的片数都是由设计确定的,散热器的安装包括散热器的现场组对、托钩、活接头连接,与其配置的有阀门、放风门等的连接。散热器一般设置于建筑物室内的窗台下。

1. 铸铁散热器

铸铁散热器材质为灰铸铁。按结构形式分为柱型、翼型、柱翼型和板翼型,按内表面加工工艺分为普通片(采用一般铸造工艺加工的单片散热器)和无砂片(采用内腔不粘砂工艺加工的单片散热器)。柱型散热器有 M132 型、M813 型、76 型和四柱型、五柱型等。翼型散热器有长翼型、圆翼型等。柱翼型散热器是目前推广的散热器,定向对流灰铸铁散热器,它可以较好地解决建筑物室内高级装修中散热器被封闭在内影响采暖效果这一问题。

🔑 关键细节 12　铸铁散热器的选择要点

(1)禁止使用灰铸铁长翼型散热器。热计量供暖系统应使用内腔无砂型散热器。

(2)查证产品的工作压力是否符合国家标准要求,柱型、柱翼型散热器的工作压力不应低于 0.8MPa,板翼型散热器的工作压力不应低于 0.4MPa,以及是否满足使用需求。

(3)依据厂家出具国家认定单位测试的产品"散热量检测报告"、"耐压试验报告"、"金属热强度试验报告"、内腔无砂产品的"内腔无砂试验报告",对检测结果与产品样本标识的数据进行核对,要求被测产品为抽样品有近二年内的检测报告。

(4)厂家应提供散热器水阻特性数据。

(5)散热器外观等应符合《铸铁采暖散热器》(GB 19913—2005)的要求。接口处加工面应精细并保证垂直度和平面度。

2. 光排管散热器

光排管散热器是由焊接钢管焊制而成的,依据不同管径区分规格。光排管散热器一般分 A 型(用于蒸汽)与 B 型(用于热水)两种,其规格尺寸见表 5-4。

表 5-4　　　　　　　　　　光排管散热器的外形尺寸

形　式	管径 排数	$D76\times3.5$		$D89\times3.5$		$D108\times4$		$D133\times4$	
		三排	四排	三排	四排	三排	四排	三排	四排
H	A 型	452	578	498	637	556	714	625	809
	B 型	328	454	367	506	424	582	499	682

注:L 为 2000、2500、3000、3500、4000、4500、5000、5500、6000 共 9 种。

🔑 关键细节 13　光排管散热器的选择要点

光排管散热器采用优质焊接钢管或无缝钢管焊接成型,根据不同的结构可以分为蒸汽光排管散热器和热水光排管散热器两种型号。其中,蒸汽散热排管是一种标准型号的散热排管,适用于蒸汽加热系统,因其进出水接头分置于排管两侧,所以采用曲管来消除受热膨胀及其他原因所造成的应力。

二、采暖供热器具安装定额说明

(1)采暖供热器具安装定额是参照 1993 年《全国通用暖通空调标准图集·采暖系统及散热器安装》(T9N112)编制的。

(2)各类型散热器不分明装或暗装,均按类型分别编制。柱型散热器为挂装时,可执行 M132 项目。

(3)柱型和 M132 型铸铁散热器安装需用拉条时,拉条另行计算。

(4)定额中列出的接口密封材料,除圆翼汽包垫采用橡胶石棉板外,其余均采用成品汽包垫。如采用其他材料,不做换算。

(5) 光排管散热器的制作、安装项目,单位每 10m 是指光排管长度。联管作为材料已列入定额,不得重复计算。

(6) 板式、壁板式散热器,已计算了托钩的安装人工和材料。闭式散热器的主材价不包括托钩者,托钩价格另行计算。

三、采暖供热器具安装定额的工作内容

1. 铸铁散热器的安装

铸铁散热器安装的工作内容包括:制垫,加垫,组成,栽钩,加固,水压试验等。

2. 光排管散热器的制作与安装

光排管散热器制作与安装的工作内容包括:切管,焊接,组成,栽钩,加固及水压试验等。

3. 钢制闭式散热器、钢制板式散热器、钢柱式散热器的安装

钢制闭式散热器、钢制板式散热器、钢柱式散热器安装的工作内容包括:打堵墙眼,栽钩,安装,稳固。

4. 钢制壁式散热器的安装

钢制壁式散热器安装的工作内容包括:预埋螺栓,安装汽包及钩架,稳固。

5. 暖风机安装

暖风机安装的工作内容包括:吊装,稳固,试运转。

6. 热空气带安装

热空气带安装的工作内容包括:安装,稳固,试运转。

四、采暖供热器具安装定额工程量计算

(1) 热空气幕安装,以"台"为计量单位,其支架制作安装可按相应定额另行计算。

(2) 长翼、柱型铸铁散热器组成安装,以"片"为计量单位,其汽包垫不得换算;圆翼型铸铁散热器组成安装,以"节"为计量单位。

(3) 光排管散热器制作安装,以"m"为计量单位,已包括联管长度,不得另行计算。

(4) 采暖系统的管道、支架、散热器除锈、刷油、保温工程量可按本章计算。钢板制作的散热器,如为成品,则在工厂已经做过除锈、刷油,可不计算;因运输、保管、施工不善而产生的除锈、刷油,由责任方负责承担,按实计算,执行第十一册《刷油、防腐蚀、绝热工程》定额子目。

关键细节 14 光排管散热器定额工程量计算实例

图 5-14 所示为光排管散热器示意图,试计算其定额工程量。

解:根据题意,查定额 8-503,可知光排管散热器制作安装定额工程量为:450mm=0.45m。

关键细节 15 热空气幕安装定额工程量计算实例

已知某设计图,需要安装 RM 热空气幕,5 台,试计算其定额工程量。

第五章　采暖工程定额工程量计算

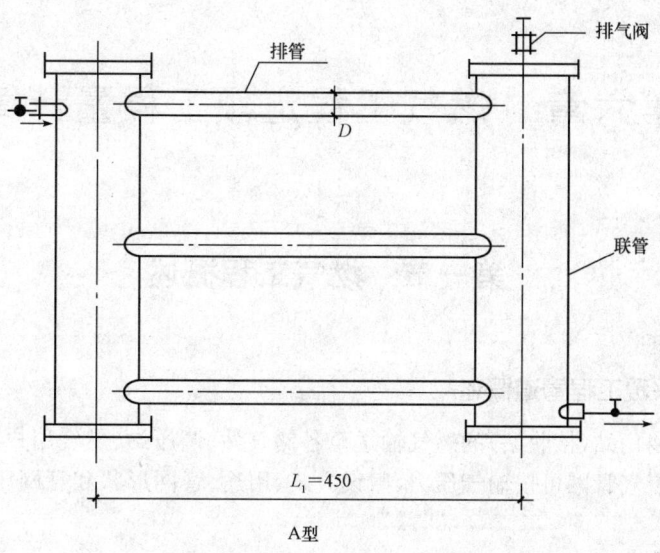

图 5-14　光排管散热器示意图

解：RM 热空气幕定额工程量为 5 台。

第六章 燃气工程定额工程量计算

第一节 燃气工程概述

一、燃气采暖工程管道概述

输配管网将门站(接收站)的燃气输送至各储气站、调压站、燃气用户,并保证沿途输气安全可靠。燃气管网可按输气压力、敷设方式、用途、管网形状和管网压力级制等加以分类。

1. 按输气压力分类

我国城镇燃气管道按燃气设计压力 P(MPa)分为七级,见表6-1。

表6-1　　　　　　　　城镇燃气管道设计压力(表压)分级

名　称		压力 P/MPa	名　称		压力 P/MPa
高压管道	A	$2.5<P\leqslant4.0$	中压管道	A	$0.2<P\leqslant0.4$
	B	$1.6<P\leqslant2.5$		B	$0.01<P\leqslant0.2$
次高压管道	A	$0.8<P\leqslant1.6$	低压管道		$P<0.04$
	B	$0.4<P\leqslant0.8$			

2. 按敷设方式分类

(1)埋地管道。输气管道一般埋设于土壤中,当管段需要穿越铁路、公路时,有时需加设套管或管沟,因此有直接埋设及间接埋设两种。

(2)架空管道。工厂厂区内、管道跨越障碍物以及建筑物内的燃气管道,常采用架空敷设方式。

3. 按用途分类

(1)长距离输气管线。其干管及支管的末端连接城镇或大型工业企业,作为该供气区的气源点。

(2)城镇燃气管道。

1)分配管道,包括街区和庭院的分配管道。在供气地区将燃气分配给工业企业用户、商业用户和居民用户。

2)用户引入管,将燃气从分配管道引到用户室内管道引入口处的总阀门。

3)室内燃气管道,通过用户管道引入口的总阀门将燃气引向室内,并分配到每个燃气用具。

(3)工业企业燃气管道。

1)工厂引入管和厂区燃气管道,将燃气从城镇燃气管引入工厂,分送到各用气车间。

2)车间燃气管道,从车间的管道引入口将燃气送到车间内各个用气设备(如窑炉)。车间燃气管道包括干管和支管。

3)炉前燃气管道,从支管将燃气分送给炉上各个燃烧设备。

4. 按管网形状分类

(1)环状管网。管道联成封闭的形状,它是城镇输配管网的基本形式,在同一环中,输气压力处于同一级制。

(2)枝状管网。以干管为主管,呈放射状由主管引出分配管而不呈环状。在城镇管网中一般不单独使用。

(3)环枝状管网。环状与枝状混合使用的一种管网形式,是工程设计中常用的管网形式。

5. 按管网压力级制分类

(1)单级系统。仅有低压或中压一种压力级别的管网输配系统。

(2)二级管网系统。具有两种压力等级组成的管网系统。

(3)三级管网系统。由低压、中压和次高压三种压力级别组成的管网系统。

(4)多级管网系统。由低压、中压、次高压和高压多种压力级别组成的管网系统。

二、燃气输配系统

燃气输配系统包括燃气长距离输送系统和燃气压送储存系统。

关键细节1 燃气长距离输送系统组成

燃气长距离输送系统通常由集输管网、气体净化设备、起点站、输气干线、输气支线、中间调压计量站、压气站、分配站、电保护装置等组成,按燃气种类、压力、质量及输送距离的不同,在系统的设置上有所差异。

关键细节2 燃气压送储存系统组成

燃气压送储存系统主要由压送设备和储存装置组成。压送设备是燃气输配系统的心脏,用来提高燃气压力或输送燃气,目前在中、低压两级系统中使用的压送设备有罗茨式鼓风机和往复式压送机。储存装置的作用是保证不间断地供应燃气,平衡调度燃气供变量。其设备主要有低压湿式储气柜、低压干式储气柜、高压储气罐(圆筒形、球形)。燃气压送储存系统的工艺有低压储存、中压输送;低压储存、中低压分路输送等。

第二节 燃气管道安装工程

一、燃气管道简介

1. 燃气管道的管材

用于输送燃气的管道材料有钢管、铸铁管、塑料管和复合管等,一般根据燃气的性质、施工要求、压力等情况来选用，并应满足机械强度、抗腐蚀、抗震及气密性等基本要求。

2. 城镇燃气管道系统

城镇燃气管道系统由输气干管、中压输配干管、低压输配干管、配气支管和用气管道组成。

(1)输气干管。将燃气从气源厂或门站送至城市各高中压调压站的管道，燃气压力一般为高压A及高压B。

(2)中压输配干管。将燃气从气源厂或储配站送至城市各用气区域的管道，包括出厂管、出站管和城市道路干管。

(3)低压输配干管。将燃气从调压站送至燃气供应地区，并沿途分配给各类用户的管道。

(4)配气支管。分为中压支管和低压支管。中压支管是将燃气从中压输配干管引至调压站的管道，低压支管是将燃气从低压输配干管引至各类用户室内燃气计量表前的管道。

(5)用气管道。将燃气计量表引向室内各个燃具的管道。

关键细节3 燃气管道的立管安装方式

(1)立管是将煤气由水平干管（或引入管）分送到各层的管道。立管一般敷设在厨房、走廊或楼梯间内。每一立管的顶端和底端设丝堵三通，作清洗用，其直径不小于25mm。当由地下室引入时，立管在第一层应设阀门。阀门应设于室内，对重要用户应在室外另设阀门。当立管管径不大于50mm时，一般每隔一层楼装设一个活接头。

(2)立管通过各层楼板处应设套管。套管高出地面至少50mm，套管与立管之间的间隙用油麻填堵，沥青封口。

(3)立管在一幢建筑中一般不改变管径，直通上面各层。

关键细节4 燃气管道的支管安装方式

用户支管是由立管引向各单独用户计量表及煤气用具的管道。用户支管在厨房内的高度不低于1.7m，敷设坡度应不小于0.002，并由煤气计量表分别坡向立管和煤气用具，支管穿墙时也应有套管保护。室内燃气管道一般为明装敷设。当建筑物或工艺有特殊要求时，也可采用暗装，但必须敷设在有人顶的闷顶或有活盖的槽内，以便安装和检修。

3. 燃气系统附属设备

燃气系统附属设备包括凝水器、补偿器、调压器和过滤器。

(1)凝水器。按构造分为封闭式和开启式两种，常设置在输气管线上，用来收集、排除燃气的凝水。封闭式凝水器无盖，安装方便，密封良好，但不易清除内部的垃圾、杂质；开启式凝水器有可以拆卸的盖，清除内部垃圾、杂质比较方便。常用的凝水器有铸铁凝水器、钢板凝水器等。

(2)补偿器。补偿器的形式有套筒式补偿器和波形管补偿器，常用在架空管、桥管上，用来调节因环境温度变化而引起的管道膨胀与收缩。埋地铺设的聚乙烯管道在长管段上通常设置套筒式补偿器。

(3)调压器。按构造可分为直接式调压器与间接式调压器两类,按压力应用范围分为高压、中压和低压调节器,按燃气供应对象分为区域、专用和用户调压器。其作用是降低和稳定燃气输配管网的压力。直接式调压器靠主调压器自动调节,间接式调压器设有指挥系统。

(4)过滤器。通常设置在压送机、调压器、阀门等设备进口处,用来清除燃气中的灰尘、焦油等杂质。过滤器的过滤层由不锈钢丝绒或尼龙网组成。

二、燃气管道安装定额说明

(1)燃气管道安装定额包括低压镀锌钢管、铸铁管、管道附件、器具的安装。

(2)室内外管道分界。

1)地下引入室内的管道,以室内第一个阀门为界。

2)地上引入室内的管道,以墙外三通为界。

(3)室外管道与市政管道,以两者的碰头点为界。

(4)各种管道安装定额包括下列工作内容:

1)场内搬运,检查清扫,分段试压。

2)管件制作(包括机械煨弯、三通)。

3)室内托钩角钢卡的制作与安装。

(5)钢管焊接安装项目适用于无缝钢管和焊接钢管。

(6)承插煤气铸铁管是以 N 和 X 型接口形式编制的,如果采用 N 型和 SMJ 型接口时,其人工乘系数 1.05;当安装 X 型、ϕ400 铸铁管接口时,每个口增加螺栓 2.06 套,人工乘以系数 1.08。

(7)燃气输送压力大于 0.2MPa 时,承插煤气铸铁管安装定额中人工乘以系数 1.3。燃气输送压力的分级见表6-2。

表 6-2　　　　　　　　　　燃气输送压力(表压)分级

名　称	低压燃气管道	中压燃气管道		高压燃气管道	
		B	A	B	A
压力/MPa	$P\leqslant 0.005$	$0.005<P\leqslant 0.2$	$0.2<P\leqslant 0.4$	$0.4<P\leqslant 0.8$	$0.8<P\leqslant 1.6$

三、燃气管道安装定额的工作内容

1. 室外管道安装

(1)镀锌钢管螺纹连接。工作内容包括:切管,套丝,上零件,调直,管道及管件安装,气压试验。

(2)钢管焊接。工作内容包括:切管,坡口,调直,弯管制作,对口,焊接,磨口,管道安装,气压试验。

(3)承插煤气铸铁管柔性机械接口。工作内容包括:切管,管道及管件安装,挖工作坑,接口,气压试验。

2. 室内镀锌钢管安装

室内镀锌钢管(螺纹连接)安装的工作内容包括:打墙洞眼,切管,套丝,上零件,调直,栽管卡及钩钉,管道及管件安装,气压试验。

四、燃气管道安装定额工程量计算

(1)各种管道安装,均按设计管道中心线长度以"m"为计量单位,不扣除各种管件和阀门所占长度。

(2)除铸铁管外,管道安装中已包括管件安装和管件本身价值。

(3)承插铸铁管安装定额中未列出接头零件的,其本身价值应按设计用量另行计算,其余不变。

(4)钢管焊接挖眼接管工作均在定额中综合取定,不得另行计算。

关键细节5 室内镀锌钢管安装定额工程量计算

已知某设计图,需要安装室内镀锌钢管150m,试计算其定额工程量。
解:室内镀锌钢管的定额工程量为150m。

第三节 燃气阀门安装工程

一、燃气阀门简介

燃气管道上常用的阀门有闸阀、旋塞阀、截止阀、球阀和蝶阀等。

关键细节6 燃气阀门安装的要求

(1)安装前应检查阀芯的开启度和灵活度,并根据需要对阀体进行清洗、上油。

(2)安装有方向性要求的阀门时,阀体上的箭头方向应与燃气流向一致。

(3)法兰或螺纹连接的阀门应在关闭状态下安装,焊接阀门应在打开状态下安装。焊接阀门与管道连接焊缝宜采用氩弧焊打底。

(4)安装时,吊装绳索应拴在阀体上,严禁拴在手轮、阀杆或转动机构上。

(5)阀门安装时,与阀门连接的法兰应保持平行,其偏差不应大于法兰外径的0.15%,且不得大于2mm。严禁强力组装,安装过程中应保证受力均匀,阀门下部应根据设计要求设置承重支撑。

(6)法兰连接时,应使用同一规格的螺栓,并符合设计要求。紧固螺栓时应对称、均匀地用力,松紧适度,螺栓紧固后螺栓与螺母宜齐平,不得低于螺母。

(7)在阀门井内安装阀门和补偿器时,阀门应先与补偿器组对,然后与管道上的法兰组对,将螺栓与组对法兰紧固好后,方可进行管道与法兰的焊接。

(8)对直埋的阀门,应按设计要求做好阀体、法兰、紧固件及焊口的防腐。

(9)安全阀应垂直安装,在安装前必须经法定检验部门检验并铅封。

二、燃气阀门安装定额说明

编制预算时,下列项目应另行计算:

(1)阀门安装,按本定额相应项目另行计算。

(2)法兰安装,按本定额相应项目另行计算(调长器安装、调长器与阀门联装、燃气计量表安装除外)。

(3)穿墙套管:铁皮管按本定额相应项目计算,内墙用钢套管按本定额室外钢管焊接定额相应项目计算,外墙钢套管按《工业管道工程》定额相应项目计算。

(4)埋地管道的土方工程及排水工程,执行相应预算定额。

(5)非同步施工的室内管道安装的打、堵洞眼,执行《全国统一建筑工程基础定额》。

(6)室外管道所有带气碰头。

三、燃气阀门安装定额的工作内容

1. 抽水缸安装

(1)铸铁抽水缸(0.005MPa 以内)安装(机械接口)。工作内容包括:缸体外观检查,抽水管及抽水立管安装,抽水缸与管道连接。

(2)碳钢抽水缸(0.005MPa 以内)安装。工作内容包括:下料,焊接,缸体与抽水立管组装。

2. 调长器安装

(1)调长器安装。工作内容包括:灌沥青,焊法兰,加垫,找平,安装,紧固螺栓。

(2)调长器与阀门连接。工作内容包括:连接阀门,灌沥青,焊法兰,加垫,找平安装,紧固螺栓。

四、燃气阀门安装定额工程量计算

调长器及调长器与阀门连接,包括一副法兰安装,螺栓规格和数量以压力为 0.6MPa 的法兰装配;如压力不同,可按设计要求的数量、规格进行调整,其他不变。

关键细节7 螺纹阀门安装工程量计算实例

已知某设计图,需要安装 DN50 螺纹阀门为 15 个,试计算其定额工程量。

解:DN50 螺纹阀门定额工程量为 15 个。

第四节 燃气表安装工程

一、燃气表简介

从燃气表的外面只能看到小玻璃窗里有个带数码的滚轮,滚轮上有七位数字,小数点前四位黑色,后三位红色,用气的时候能看到最低位的数字轮慢悠悠地转动。当最低位从 0 转到 9 时,它前面的那一位数字轮就转动一下,使读数增加一个数,这就是进位。这也是一种十进位的计数装置,叫"滚轮计数器"。

滚轮的外表虽然只有数字,实际上每一位数字的两侧都有一圈轮(有的是藏在数字轮里边的),相邻的两位旁边还有一个小齿轮和两个数字轮啮合。但是小齿轮的形状特殊,平时是打滑的,只在进位的时候带动比它高的一位一起转。

关键细节8 家用燃气表的安装要求

(1)高位安装时,表底距地面不宜小于1.4m。
(2)低位安装时,表底距地面不宜小于0.1m。
(3)高位安装时,燃气计量表与燃气灶的水平净距不得小于300mm,表后与墙面净距不得小于10mm。
(4)燃气计量表安装后应横平竖直,不得倾斜。
(5)采用高位安装,多块表挂在同一墙面上时,表之间净距不宜小于150mm。
(6)燃气计量表应使用专用的表连接件安装。

关键细节9 工业燃气表的安装要求

(1)额定流量小于50m^3/h的燃气计量表,采用高位安装时,表底距室内地面不宜小于1.4m,表后距墙不宜小于30mm,并应加表托固定;采用低位安装时,应平正地安装在高度不小于200mm的砖砌支墩或钢支架上,表后距墙净距不应小于50mm。
(2)额定流量大于或等于50m^3/h的燃气计量表,应平正地安装在高度不小于200mm的砖砌支墩或钢支架上,表后距墙净距不应小于150mm;叶轮表、罗茨表的安装场所、位置及标高应符合设计文件的规定,并应按产品标识的指向安装。
(3)采用铅管或不锈钢波纹管连接燃气计量表时,铅管或不锈钢波纹管应弯曲成圆弧状,不得形成直角。弯曲时,应保持铅管的原口径。
(4)采用法兰连接燃气计量表时,应符合有关规定。垫片表面应洁净,不得有裂纹、断裂等缺陷;垫片内径不得小于管道内径,垫片外径不应妨碍螺栓的安装。法兰垫片不允许使用斜垫片或双层垫片。
(5)工业企业多台并联安装的燃气计量表,每块燃气计量表进出口管道上应按设计文件的要求安装阀门;燃气计量表之间的净距应能满足安装管道、组对法兰、维修和换表的需要,且不宜小于200mm。
(6)燃气计量表与各种灶具和设备的水平距离的规定如下:
1)与金属烟囱水平净距不应小于1.0m,与砖砌烟囱水平净距不应小于0.8m。
2)与炒菜灶、大锅灶、蒸箱、烤炉等燃气灶具的灶边水平净距不应小于0.8m。
3)与沸水器及热水锅炉的水平净距不应小于1.5m。
4)当燃气计量表与各种灶具和设备的水平距离无法满足上述要求时,应加隔热板。

二、燃气表安装定额说明

编制预算时,下列项目应另行计算:
(1)燃气计量表安装,不包括表托、支架、表底基础。
(2)燃气加热器具只包括器具与燃气管终端阀门连接,其他执行相应定额。
(3)铸铁管安装定额内未包括接头零件的,可按设计数量另行计算,但人工、机械不变。

三、燃气表安装定额的工作内容

1. 燃气表安装

(1)民用燃气表。工作内容包括:连接接表材料,燃气表安装。
(2)公商用燃气表。工作内容包括:连接接表材料,燃气表安装。
(3)工业用罗茨表。工作内容包括:下料,法兰焊接,燃气表安装,紧固螺栓。

2. 燃气加热设备安装

(1)开水炉。工作内容包括:开水炉安装,通气,通水,试火,调试风门。
(2)采暖炉。工作内容包括:采暖炉安装,通气,试火,调试风门。
(3)沸水器。工作内容包括:沸水器安装,通气,通水,试火,调试风门。
(4)快速热水器。工作内容包括:快速热水器安装,通气,通水,试火,调试风门。

3. 民用灶具安装

(1)人工煤气灶具。工作内容包括:灶具安装,通气,试火,调试风门。
(2)液化石油气灶具。工作内容包括:灶具安装,通气,试火,调试风门。
(3)天然气灶具。工作内容包括:灶具安装,通气,试火,调试风门。

4. 公用事业灶具安装

(1)人工煤气灶具。工作内容包括:灶具安装,通气,试火,调试风门。
(2)液化石油气灶具。工作内容包括:灶具安装,通气,试火,调试风门。
(3)天然气灶具。工作内容包括:灶具安装,通气,试火,调试风门。

5. 单双气嘴安装

单双气嘴安装的工作内容包括:气嘴研磨,上气嘴。

四、燃气表安装定额工程量计算

(1)燃气表安装,按不同规格、型号分别以"块"为计量单位,不包括表托、支架、表底垫层基础,其工程量可根据设计要求另行计算。
(2)燃气加热设备、灶具等,按不同用途规定型号,分别以"台"为计量单位。
(3)气嘴安装按规格型号连接方式,分别以"个"为计量单位。

关键细节 10　燃气表安装定额工程量计算实例

已知某设计图,需要安装燃气表 15 块,试计算其定额工程量。
解:燃气表定额工程量为 15 块。

关键细节 11　民用灶具安装定额工程量计算实例

图 6-1 所示为液化石油气燃气灶具系统示意图,试计算其定额工程量。
解:根据图可知为双眼灶,查定额 8—648,得:
(1)气灶具,单位:台;数量:1。
(2)钢瓶,单位:个;数量:1。
(3)阀门,单位:个;数量:1。

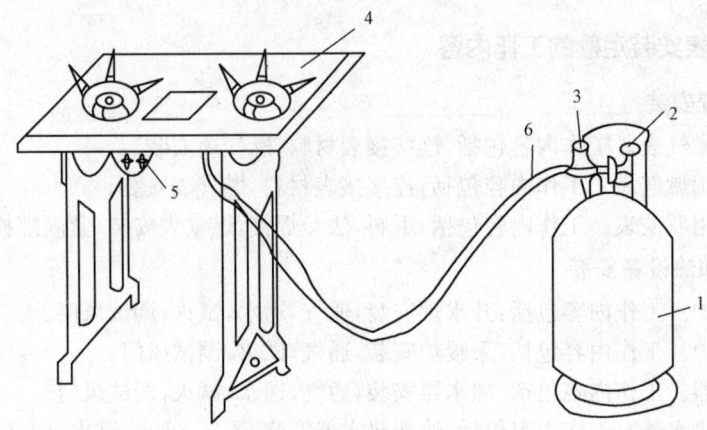

图 6-1 液化石油气燃气灶具系统示意图
1—钢瓶；2—钢瓶角阀；3—调压器；4—燃具；5—燃具开关；6—耐油胶管

(4)调压器,单位:个;数量:1。

第七章 水暖工程设计概算的编制

第一节 水暖工程设计概算概述

一、设计概算的概念与分类

1. 设计概算的概念

设计概算简称概算,是在初步设计阶段,由设计单位根据初步设计图纸,按概算定额或概算指标、取费标准、设备材料预算价格和有关文件规定,预先计算确定的建设项目从筹建到竣工并交付使用的全部建设费用的经济文件。因其是由设计单位根据概算定额编制的,故称为设计概算。

2. 设计概算的分类

初步设计概算包括单位工程概算、单项工程综合概算和建设项目总概算。单位工程概算是一个独立建筑物中分专业工程计算费用的概算文件,如土建工程单位工程概算、给水排水工程单位工程概算、采暖通风单位工程概算及其他专业工程单位工程概算。它是单项工程综合概算文件的组成部分。

若干个单位工程概算和其他工程费用文件汇总后,成为单项工程综合概算,若干个单项工程概算可汇总成为总概算。综合概算和总概算,仅是一种归纳。汇总性文件最基本的计算文件是单位工程概算书。

关键细节 1　设计概算的作用

(1)设计概算一经批准,将作为建设银行控制投资的最高限额。

(2)如果由于设计变更等原因使建设费用超过概算,必须重新审批。

(3)概算不仅为建设项目投资和贷款提供了依据,同时也是编制基本建设计划、签订承包合同、考核投资效果的重要依据。

二、设计概算的编制

1. 设计概算的编制依据

(1) 批准的可行性研究报告。

(2) 设计工程量。

(3) 项目涉及的概算指标或定额。

(4) 国家、行业和地方政府有关法律、法规或规定。

(5) 资金筹措方式。

(6) 正常的施工组织设计。

(7) 项目涉及的设备材料供应及价格。

(8)项目的管理(含监理)、施工条件。
(9)项目所在地区有关的气候、水文、地质地貌等自然条件。
(10)项目所在地区有关的经济、人文等社会条件。
(11)项目的技术复杂程度,以及新技术、专利使用情况等。
(12)有关文件、合同、协议等。

2. 设计概算的编制条件
(1)建设工程项目进行至初步设计阶段时,编制设计概算。
(2)施工图设计阶段,对结构简单、造价不大的辅助及附属生产用工程、服务性工程等,可编制设计概算。
(3)工具、器具及生产家具购置、其他工程费用可编制概算。

关键细节 2 设计概算的编制步骤

(1)熟悉设计文件,了解设计特点和现场实际情况。
(2)收集基础资料,包括工程所在地的地质、气象、交通和设备材料来源和价格等有关基础资料。
(3)熟悉有关定额、规范、标准,设计概算通常可采用扩大单价法或利用概算指标等编制,亦可用类似工程概算法等进行编制,可根据不同情况灵活采用。
(4)列出工程项目,根据工程量计算规则计算工程量。
(5)套用概算定额(或概算指标),编制概算表,计算定额直接费。
(6)根据费用定额和有关计费标准计算各种费用,确定概算造价。
(7)根据所获得的数据,进行单位造价和单位消耗量等的分析。若采用概算指标法编制单位工程概算,则需要针对概算指标中有差异的数据进行修正和换算,若采用类似工程概算法编制单位工程概算,需要注意时间、地区、工程结构和类型、层高、调价等因素,通过系数加以调整,用综合系数乘以类似工程预(结)算造价,即可获得拟建工程概算造价。

第二节 设计概算文件及方法

一、设计概算文件

1. 设计概算文件的组成

设计概算文件是设计文件的组成部分,概算文件编制成册应与其他设计技术文件统一。目录、表格的填写,要求概算文件的编号层次分明、方便查找(总页数应编流水号),由分到合、一目了然。
(1)对于采用三级编制(总概算、综合概算、单位工程概算)形式的设计概算文件,一般由封面、签署页及目录、编制说明、总概算表、其他费用计算表、单项工程综合概算表组成总概算册;视情况由封面、单项工程综合概算表、单位工程概算表、附件组成各概算分册。
(2)对于采用二级编制(总概算、单位工程概算)形式的设计概算文件,可将所有概算文件组成一册。

🏠 关键细节3 概算文件及各种表格格式规定

规定的概算文件或各种表格格式为一般通用形式[具体可参见《建设项目设计概算编审规程》(CECA/GC2—2007)]，有其他格式要求的项目，可针对具体要求制定相应的概算文件或各种表格格式，但表格格式应以不降低编制深度为前提。

(1)设计概算的封面档案号按设计单位档案存档规定编写，概算档案号、概算编号、定额编号必须按规定格式填写齐全。

(2)各个表格之间的编号对应一致；其他费用表为其他费用汇总表或费用计算过程简单时直接采用的表，其他费用计算表为费用详细计算表；进口设备材料货价及从属费用计算表和工程费用计算程序表为说明附表，进口设备材料货价及从属费用计算表可针对项目情况简化；补充单位估价表和主要设备材料数量及价格表为概算文件附表。

(3)表格纸张大小为各种标准纸张（A3、A4、B4、B5等），表格内容按规定格式不得减少。

🏠 关键细节4 概算文件的编制形式

概算文件的编制形式，视项目的功能、规模、独立性程度等因素来决定是采用三级编制（总概算、综合概算、单位工程概算）还是二级编制（总概算、单位工程概算）形式。

2. 概算文件的签署

(1)签署页格式、签署要求和顺序为参考形式，可根据技术管理模式另行制定。

(2)总概算表、综合概算表要求项目负责人签署，项目负责人应对工程范围和投资水平负责。

(3)概算应经签署（加盖执业或从业印章）齐全后才能有效，无证人员编审的概算一律无效。

二、设计概算的编制方法

1. 建设项目总概算及单项工程综合概算的编制

总概算的编制说明，要求文句通畅简练、内容具体确切，能说明问题。《建设项目设计概算编审规程》(CECA/GC2—2007)概算编制说明规定的内容为项目的共有特征，除此之外，概算编制说明还应针对具体项目的独有特征进行阐述。编制依据不应与国家法律法规和各级政府部门、行业颁发的规定制度矛盾，应符合现行的金融、财务、税收制度，符合国家或项目建设所在地政府经济发展政策和规划；概算编制说明还应对概算存在的问题和一些其他相关的问题进行说明，比如不确定因素、没有考虑的外部衔接等问题。进口设备材料货价及从属费用计算表可以使概算具体情况简化，工程费用计算程序表根据工程类别（或企业资质等级）及取费标准、工程所在地的有关政策文件，分别列出建筑、安装工程工程费用计算程序表。

🏠 关键细节5 工程费用项目形式

给出的工程费用项目排列顺序为一般项目的形式，具体项目可按其特点调整，各省、市或行业可针对所管项目特征制定具体形式,特殊项目可参考编制概算。

(1)主要工艺生产装置包括直接参加生产产品和中间产品的工艺生产装置。

(2)辅助工艺生产装置是指为主要生产项目服务的工程项目,包括集中控制室、中央试验室、机修、电修、仪修、汽修、化验、仓库工程等。

(3)公用工程是指为全厂统一设置的公用设施工程项目,如给排水工程(循环水场、给排水泵房、水塔、水池、消防、给排水管网等)、供热工程(锅炉房、热电站、软化水处理设施及全厂热力管网)、供电及电信工程[全厂变(配)电所、电话站、广播站、微波站、全厂输电线路、场地道路照明、电信网络等]。

(4)总图运输包括厂区及竖向大型土石方、防洪、厂区路、桥涵、护坡、沟渠、铁路专用线、运输车辆、围墙大门、厂区绿化等。

(5)生产管理服务性工程是指为办公生产服务的工程,包括传达室、厂部办公楼、厂区食堂、医务室、浴室、哺乳室、倒班宿舍、招待所、培训中心、车库、自行车棚、哨所、公厕等。

(6)生活福利工程是指为职工住宅区服务的生活福利设施工程,如宿舍、住宅、生活区食堂、托儿所、幼儿园、商店、招待所、卫生所、俱乐部以及其他福利设施。

(7)厂外工程是指建设单位的建设、生产、办公等直接服务的厂区以外的工程,如水源工程、输水与排水管线、厂外输电线路、通信线路、输气线路、铁路专用线、公路、桥梁码头等。

2. 其他费用、预备费、专项费用概算编制

《建设项目设计概算编审规程》(CECA/GC2—2007)列举的经常发生的其他费用,对于不同的建设项目是不同的,有的费用项目发生,有的不发生,还可能发生除上述以外的其他一些费用项目,例如一般建设项目很少发生或一些具有明显行业特征的工程建设其他费用项目,如移民安置费、地震安全性评价费、地质灾害危险性评价费、河道占用补偿费、超限设备运输特殊措施费、航道维护费、植被恢复费等。各省、市、自治区和各行业分会可在实施中针对具体项目其他费用发生的实际情况补充规定,或具体项目发生时依据有关政策规定列入。

《建设项目设计概算编审规程》(CECA/GC2—2007)附录C"工程建设其他费用参考计算方法"给出了参考计算方法,有合同或国家以及各省、市或行业有规定的,按合同和有关规定计算。

关键细节6 应列入项目概算总投资中的几项费用

(1)资金来源有多种渠道,如自有资金、基建贷款、外币贷款、合作投资、融资等,还有资产租赁等其他形式。除自有资金、合作投资外,要计算这些资金或资产在建设期的时间价值列入概算。《建设项目设计概算编审规程》按贷款方式给出规定了建设期利息计算方法,其他资金或资产在建设期的时间价值按有关规定或实际发生额度计算。在编制说明中还应对资金渠道进行说明,发生资产租赁的,说明具体租赁方式及租金。

(2)一般铺底流动资金按流动资金的30%计算,也可按其他方法计算。

(3)固定资产投资方向调节税暂停征收,规定征收时应计算,并计入概算。

3. 单位工程概算的编制

(1)单位工程概算书是概算文件的基本组成部分,单项工程概算文件由单位工程概算汇总编制,单位工程概算是编制单项工程综合概算(或项目总概算)的依据。

(2)单位工程概算一般分土建、装饰、采暖通风、给排水、照明、工艺安装、自控仪表、通信、道路、总图竖向等专业或工程分别编制。

1)建筑工程单位工程概算编制深度是影响概算文件编制深度的一个重要因素,应按构成单位工程的主要分部分项工程编制,根据初步设计工程量按工程所在省、市、自治区颁发的概算定额(指标)或行业概算定额(指标),以及工程费用定额计算。必要时结合施工组织设计进行详细计算。在满足投资控制和造价管理的条件下,对于通用结构建筑可采用"造价指标"编制概算。

2)安装工程单位工程概算编制深度是影响概算文件编制深度的另一个重要因素,对其涉及的设备、主要材料,以及其安装施工费用应进行详细计算。对主要设备、主要材料进行多方询价,认真分析比较,确定合理的价格;对关键工程的工程量进行认真核算,结合施工组织设计,合理计算概算造价。

①定型或成套设备费在编制设计概算编制时,一般根据设计设备表,按设备出厂价或询价、报价加设备运杂费方法计算,也可采用以往采购价格,或者有关部门、机构发布的信息价格计算。

②外币汇率按概算编制期国家外汇管理局公布的银行牌价(编制期某日或某主要合同签订日的卖价)计算。

在概算编制说明中应说明引进设备有关费率的取定及依据,如国外运输费、国外运输保险费、海关税费、国内运杂费,以及其他有关税费等,还应说明外币总价、折算方法(牌价日期及汇率)、结算条件、减免税的依据、折合人民币总价等,并且引进设备费用应按设计单元分项列表。

(3)初步设计阶段概算编制深度可参照《建设工程工程量清单计价规范表》(GB 50500—2013)深度,施工图设计概算编制深度应达到《建设工程工程量清单计价规范表》(GB 50500—2013)深度。

关键细节7 引进合同总价的内容

引进设备费用应以与外商签订的合同(或询价)为依据;设计文件应提供能满足概算编制深度要求的有关数据,设计人员或概算编制人员充分考察或咨询引进设备所涉及的有关硬件和软件费用。

引进合同总价一般包括以下内容:

(1)硬件费:指设备、材料、备品备件、化学药剂、触媒、施工专用工具、机具等费用,以外币折合人民币后,列入第一部分工程费用,其中设备、备品备件、化学药剂、触媒、施工专用工具、机具等列入设备购置费;钢材、焊条等材料列入安装工程费。

(2)软件费:指设计费、自控软件、技术资料费、专利费、技术秘密费、技术服务费用等,以外币折合人民币后,列入第二部分其他费用。

(3)从属费用:指国外运输费、国外运输保险费、进口关税、增值税、银行财务费、外贸手续费、海关监管手续费等,国外运输费、国外运输保险费以外币折合人民币后,随货价性质分别列入第一部分工程费用的设备购置费或安装工程费中,进口关税、增值税、银行财务费、外贸手续费、海关监管手续费等按国家有关规定计算分别列入第一部分工程费用的设备购置费或安装工程费中。

4. 调整概算的编制

如果设计概算经批准后调整,需要经过原概算审批单位同意,方可编制调整概算。调整概算需有充分的理由,其理由应按下述关键细节 8 的规定。如果发生第 1 个原因而需调整概算时,需要先重新编制可行性研究报告,经论证评审可行审批后,才能编制调整概算。建设单位和设计单位应在调查分析的基础上编制调整概算,按规定的审批程序报批。

关键细节 8 需要调整概算的原因

(1)超出原设计范围的重大变更。
(2)超出基本预备费规定范围不可抗拒的重大自然灾害引起的工程变动和费用增加。
(3)超出工程造价调整预备费的国家重大政策性的调整。

当调整变化内容较多时,调整前后概算对比表,以及主要变更原因分析应单独成册,也可以与设计文件调整原因分析一起编制成册。在上报调整概算时,应同时提供原设计的批准文件、重大设计变更的批准文件、工程已发生的主要影响工程投资的设备和大宗材料购买货发票(复印件)和合同等作为调整概算的附件。

三、设计概算文件的编审程序和质量控制

(1)参与设计概算文件编制的有关单位应当一起制定编制原则、方法,以及确定合理的概算投资水平,对设计概算的编制质量、投资水平负责。

(2)项目设计负责人和概算负责人对全部设计概算的质量负责;概算文件编制人员应参与设计方案的讨论;设计人员要树立以经济效益为中心的观念,严格按照批准的工程内容及投资额度设计,提出满足概算文件编制深度的技术资料;概算文件编制人员应对投资的合理性负责。

(3)概算文件需经编制单位自审,建设单位(项目业主)复审,工程造价主管部门审批。

(4)概算文件的编制与审查人员必须具有国家注册造价工程师资格,或者具有省市(行业)颁发的造价员资格证,并根据工程项目大小按持证专业承担相应的编审工作。

(5)各造价协会(或者行业)、造价主管部门可根据所主管的工程特点制定概算编制质量的管理办法,并对编制人员采取相应的措施进行考核。

第八章 水暖工程施工图预算的编制

第一节 水暖工程施工图预算概述

一、施工图预算的概念与作用

1. 施工图预算的概念

施工图预算是在施工图设计完成后、工程项目开工之前,根据已批准的施工图纸和已确定的施工组织设计,按照国家和地区现行的统一预算定额或单位估计表、费用标准及材料预算价格等有关规定,对各分项工程进行逐项计算并加以汇总的工程造价的技术经济文件。建筑设备安装工程的施工图预算是用来确定具体建筑设备安装工程预计造价的预算文件。

2. 施工图预算的作用

(1)施工图预算是工程实行招标、投标的重要依据。
(2)施工图预算是签订建设工程施工合同的重要依据。
(3)施工图预算是办理工程财务拨款、工程贷款和工程结算的依据。
(4)施工图预算是施工单位进行人工和材料准备、编制施工进度计划、控制工程成本的依据。
(5)施工图预算是落实或调整年度进度计划和投资计划的依据。
(6)施工图预算是施工企业降低工程成本、实行经济核算的依据。

二、施工图预算的编制

1. 施工图预算编制的依据

(1)国家、行业、地方政府发布的计价依据、有关法律法规或规定。
(2)建设项目有关文件、合同、协议等。
(3)批准的设计概算。
(4)批准的施工图设计图纸及相关标准图集和规范。
(5)相应预算定额和地区单位估价表。
(6)合理的施工组织设计和施工方案等文件。
(7)项目有关的设备、材料供应合同、价格及相关说明书。
(8)项目所在地区有关的气候、水文、地质地貌等的自然条件。
(9)项目的技术复杂程度,以及新技术、专利使用情况等。
(10)项目所在地区有关的经济、人文等社会条件。

2. 施工图预算编制方法

建设项目施工图预算由总预算、综合预算和单位工程预算组成。

施工图预算总投资包含建筑工程费、设备及工器具购置费、安装工程费、工程建设其他费用、预备费、建设期贷款利息、固定资产投资方向调节税及铺底流动资金。

关键细节1 总预算编制

建设项目总预算由综合预算汇总而成。

总预算造价由组成该建设项目的各个单项工程综合预算以及经计算的工程建设其他费、预备费、建设期贷款利息、固定资产投资方向调节税汇总而成。

施工图总预算应控制在已批准的设计总概算投资范围以内。

关键细节2 综合预算编制

综合预算由组成本单项工程的各单位工程预算汇总而成。

综合预算造价由组成该单项工程的各个单位工程预算造价汇总而成。

关键细节3 单位工程预算编制

单位工程预算包括建筑工程预算和设备安装工程预算。

单位工程预算的编制应根据施工图设计文件、预算定额(或综合单价)以及人工、材料及施工机械台班等价格资料进行编制。主要编制方法有单价法和实物量法。

(1)单价法。单价法分为定额单价法和工程量清单单价法。

1)定额单价法是用事先编制好的分项工程的单位估价表来编制施工图预算的方法。

2)工程量清单单价法是指根据招标人按照国家统一的工程量计算规则提供工程数量,采用综合单价的形式计算工程造价的方法。

(2)实物量法。实物量法是依据施工图纸和预算定额的项目划分及工程量计算规则,先计算出分部分项工程量,然后套用预算定额(实物量定额)来编制施工图预算的方法。

3. 建筑工程预算编制

建筑工程预算费用的内容及组成,应符合《建筑安装工程费用项目组成表》(建标〔2013〕44号)的有关规定。

建筑工程预算按构成单位工程本部分项工程,根据设计施工图纸计算各分部分项工程量,按工程所在省(自治区、直辖市)或行业颁发的预算定额或单位估价表,以及建筑安装工程费用定额进行编制。

4. 安装工程预算编制

安装工程预算的费用组成应符合《建筑安装工程费用项目组成表》(建标〔2013〕44号)的有关规定。

安装工程预算按构成单位工程的分部分项工程,根据设计施工图计算各分部分项工程工程量,按工程所在省(自治区、直辖市)或行业颁发的预算定额或单位估价表,以及建筑安装工程费用定额进行编制。

5. 设备及工、器具购置费组成

设备购置费由设备原价和设备运杂费构成;工、器具购置费一般以设备购置费为计算基数,按照规定的费率计算。

进口设备原价即该设备的抵岸价,引进设备费用分外币和人民币两种支付方式,外币部分按美元或其他国际主要流通货币计算。

国产标准设备原价即其出厂价,国产非标准设备原价有多种不同的计算方法,如综合单价法、成本计算估价法、系列设备插入估价法、分部组合估价法、定额估价法等。

工具、器具及生产家具购置费,是指按项目初步设计要求,保证初期正常生产必须购置的没有达到固定资产标准的设备、仪器、生产家具和备品备件的购置费用。

6. 工程建设其他费用、预备费等

工程建设其他费用、预备费及应列入建设项目施工图总预算中的几项费用的计算方法与计算顺序,应参照第七章第二节"二、"中"2. 其他费用、预备费、专项费用概算编制"的相关内容编制。

7. 调整预算的编制

工程预算批准后,一般情况下不得调整。由于重大设计变更、政策性调整及不可抗力等原因造成的可以调整。

调整预算编制深度与要求、文件组成及表格形式同原施工图预算。调整预算还应对工程预算调整的原因做详尽分析说明,所调整的内容调整预算总说明中要逐项与原批准预算对比,并编制调整前后预算对比表[参见《建设项目施工图预算编审规程》(CECA/GC 5—2010)附录B],分析主要变更原因。在上报调整预算时,应同时提供有关文件和调整依据。需要进行分部工程、单位工程,人工、材料等分析的参见《建设项目施工图预算编审规程》(CECA/GC 5—2010)附录B。

第二节 施工图预算文件组成及签署

一、施工图预算编制形式及文件组成

施工图预算根据建设项目实际情况可采用三级预算编制或二级预算编制的形式。当建设项目有多个单项工程时,应采用三级预算编制形式,三级预算编制形式由建设项目施工图总预算、单项工程综合预算、单位工程施工图预算组成。当建设项目只有一个单项工程时,应采用二级预算编制形式,二级预算编制形式由建设项目施工图总预算和单位工程施工图预算组成。

1. 三级预算编制形式的工程预算文件组成

(1)封面、签署页及目录。

(2)编制说明[包括工程概况、主要技术经济指标、编制依据、工程费用计算表(建筑、设备、安装工程费用计算方法和其他费用计取的说明)、其他有关说明的问题]。

(3)总预算表。

(4)综合预算表。

(5)单位工程预算表。

(6)附件。

2. 二级预算编制形式的工程预算文件组成

(1)封面、签署页及目录。

(2)编制说明[包括工程概况、主要技术经济指标、编制依据、工程费用计算表(建筑、设备、安装工程费用计算方法和其他费用计取的说明)、其他有关说明的问题]。

(3)总预算表。

(4)单位工程预算表。

(5)附件。

二、施工图预算文件表格格式

(1)建设项目施工图预算文件的封面。签署页、目录、编制说明式样参见《建设项目施工图预算编审规程》(CECA/GC 5—2010)附录 A。

(2)建设项目施工图预算文件的预算表格。包括总预算表、其他费用表、其他费用计算表、综合预算表、建筑工程取费表、建筑工程预算表、设备及安装工程取费表、设备及安装工程预算表、补充单位估价表、主要设备材料数量及价格表、分部工程工料分析表、分部工程工种数量分析汇总表、单位工程材料分析汇总表及进口设备材料货价及从属费用计算表,表格格式参见《建设项目施工图预算编审规程》(CECA/GC 5—2010)附录 B。

(3)调整预算表格。

1)调整预算"正表"表格,其格式同上述"(2)建设项目施工图预算文件的预算表格"。

2)调整预算对比表格。包括总预算对比表、综合预算对比表、其他费用对比表及主要设备材料数量及价格对比表,表格格式参见《建设项目施工图预算编审规程》(CECA/GC 5—2010)附录 B。

关键细节 4　施工图预算文件签署

(1)建设项目施工图预算文件签署页应按编制人、审核人、审定人等顺序签署,其中编制人、审核人、审定人还需加盖执业或从业印章。

(2)表格签署要求:总预算表、综合预算表签编制人、审核人、项目负责人等,其他各表均签编制人、审核人。

(3)建设项目施工图预算应经签署齐全后方能生效。

第三节　施工图预算审查与质量管理

一、施工图预算审查

施工图预算文件的审查,应当委托具有相应资质的工程造价咨询机构进行。

从事建设工程施工图预算审查的人员,应具备相应的执业(从业)资格,需在施工图预算审查文件上加盖注册造价工程师执业资格专用章或造价员从业资格专用章,并出具施工图预算审查意见报告,报告要加盖工程造价咨询企业的公章和资质专用章。

1. 施工图预算审查内容

(1)审查施工图预算的编制是否符合现行国家、行业、地方政府有关法律、法规和规定要求。

(2)审查工程计算的准确性、工程量计算规则与计价规范规则或定额规则的一致性。

(3)审查在施工图预算的编制过程中,各种计价依据使用是否恰当,各项费率计取是否正确;审查依据主要有施工图设计资料、有关定额、施工组织设计、有关造价文件规定和技术规范、规程等。

(4)审查各种要素市场价格选用是否合理。

(5)审查施工图预算是否超过概算以及进行偏差分析。

2. 施工图预算审查方法

(1)全面审查法。全面审查法是指按照全部施工图的要求,结合有关预算定额分项工程中的工程细目,逐一、全部地进行审核的方法。其具体计算方法和审核过程与编制预算的计算方法和编制过程基本相同。

全面审查法的优点是全面、细致,所审核过的工程预算质量高,差错比较少;缺点是工作量太大。全面审查法一般适用于一些工程量较小、工艺比较简单、编制工程预算力量较薄弱的设计单位所承包的工程。

(2)重点审查法。抓住工程预算中的重点进行审查的方法,称为重点审查法,一般情况下,重点审查法的内容如下:

1)选择工程量大或造价较高的项目进行重点审查。

2)对补充单价进行重点审查。

3)对计取的各项费用的费用标准和计算方法进行重点审查。

重点审查工程预算的方法应灵活掌握。例如,在重点审查中,如发现问题较多,应扩大审查范围;反之,如没有发现问题,或者发现的差错很小,应考虑适当缩小审查范围。

(3)经验审查法。经验审查法是指监理工程师根据以前的实践经验,审查容易发生差错的那些部分工程细目的方法。如土方工程中的平整场地、土壤分类等比较容易出错的地方,应重点加以审查。

(4)分解对比审查法。把一个单位工程,按费用构成进行分解,然后再把相关费用按工种工程和分部工程进行分解,分别与审定的标准图预算进行对比分析的方法,称为分解对比审查法。这种方法是把拟审的预算造价与同类型的定型标准施工图或复用施工图的工程预算造价相比较,如果出入不大,就可以认为本工程预算问题不大,不再审查。如果出入较大,比如超过或少于已审定的标准设计施工图预算造价的1%或3%以上(根据本地区要求),再按分部分项工程进行分解,边分解边对比,哪里出入较大,就进一步审查哪一部分工程项目的预算价格。

二、施工图预算质量管理

建设项目施工图预算编制单位应建立相应的质量管理体系,对编制建设项目施工图预算基础资料的收集、归纳和整理,成果文件的编制、审核和修改、提交、报审和归档等,都要有具体的规定。

预算编制人员应配合设计人员树立以经济效益为核心的观念,严格按照批准的初步设计文件的要求和工程内容开展施工图设计,同时要做好价值分析和方案比选。

　　建设项目施工图预算编制者应对施工图预算编制委托者提供的书面资料(委托者提供的书面资料应加盖公章或有效合法的签名)进行有效性和合理性的核对。应保证自身收集的或已有的造价基础资料和编制依据全面有效。

　　建设项目施工图预算的成果文件应经相关负责人进行审核、审定二级审查。工程造价文件的编制、审核、审定人员应在工程造价成果文件上加盖注册造价工程师执业资格专用章或造价员从业资格专用章。

第九章 水暖工程清单编制

第一节 清单计价概述

一、2013年清单计价规范简介

1. 工程量清单计价规范目的

(1)为了更加广泛深入地推行工程量清单计价,规范建设工程发承包双方的计量、计价行为制定好准则。

(2)为了与当前国家相关法律、法规和政策性的变化规定相适应,使其能够正确的贯彻执行。

(3)为了适应新技术、新工艺、新材料日益发展的需要,促使规范的内容不断更新完善。

(4)总结实践经验,进一步建立健全我国统一的建设工程计价、计量规范标准体系。

2. 工程量清单计价规范编制依据

《建设工程工程量清单计价规范》(GB 50500—2013)、《房屋建筑与装饰工程工程量计算规范》(GB 50854—2013)等9本计量规范(以下简称"13工程计量规范"),是以《建设工程工程量清单计价规范》(GB 50500—2008)(以下简称"08计价规范")为基础,以原建设部发布的工程基础定额、消耗量定额、预算定额以及各省、自治区、直辖市或行业建设主管部门发布的工程计价定额为参考,以工程计价相关的国家或行业的技术标准、规范、规程为依据,收集近年来的新施工技术、工艺和新材料的项目资料,经过整理,在全国广泛征求意见后编制而成。

🔑 关键细节1 工程量清单计价规范的特点

《建设工程工程量清单计价规范》(GB 50500—2013)具有以下特点:

(1)扩大了计价计量规范的适用范围。《建设工程工程量清单计价规范》(GB 50500—2013)(以下简称"13计价规范")明确规定:"适用于建设工程发承包及实施阶段的计价活动",表明了不分何种计价方式,建设工程发承包及实施阶段的计价活动必须执行"13计价规范"。

(2)深化了工程造价运行机制的改革。"13计价规范"坚持了宏观调控、企业自主报价、竞争形成价格、监管行之有效的工程造价的管理模式的改革方向。在条文设置上,使其工程量规则标准化、工程计价行为规范化、工程造价形成市场化。

二、工程量清单计价规范构成

"13计价规范"包括正文和附录两大部分。

1. 正文

正文共 16 章，包括总则、术语、一般规定、工程量清单编制、招标控制价、投标报价、合同价款约定、工程计量、合同价款调整、合同价款期中支付、竣工结算与支付、合同解除的价款结算与支付、合同价款争议的解决、工程造价鉴定、工程计价资料与档案、工程计价表格等内容。

2. 附录

附录包括附录 A～附录 L。
(1)附录 A，为物价变化合同价款调整方法。
(2)附录 B，为工程计价文件封面。
(3)附录 C，为工程计价文件扉页。
(4)附录 D，为工程计价总说明。
(5)附录 E，为工程计价汇总表。
(6)附录 F，为分部分项工程和单价措施项目计价表。
(7)附录 G，为其他项目计价表。
(8)附录 H，为规费、税金项目计价表。
(9)附录 J，为工程计量申请(核准)表。
(10)附录 K，为合同价款支付申请(核准)表。
(11)附录 L，为主要材料、工程设备一览表。

第二节　工程量清单概述

一、工程量清单概念

工程量清单是指表现建设工程的分部分项工程项目、措施项目、其他项目、规费项目和税金项目名称及相应数量等的明细清单。

工程量清单应由具有编制能力的招标人或受其委托具有相应资质的工程造价咨询人编制。

采用工程量清单方式招标时，工程量清单必须作为招标文件的组成部分，其准确性和完整性由招标人负责。

工程量清单是工程量清单计价的基础，应作为编制招标控制价、招标报价，计算工程量，支付工程款，调整合同价款，办理竣工结算以及工程索赔等的依据。

二、工程量清单的作用

工程量清单体现了招标人员要求投标人完成的工程项目及相应的工程数量，全面反映了投标报价要求，是编制招标控制价和投标工程报价的依据，也是支付工程进度款和办理工程结算、调整工程量及工程索赔的依据。

工程量清单是招投标活动中对招标人和投标人都具有约束力的重要文件，其专业性强，内容复杂，对编制人的业务技术要求高，能否编制出完整、严谨的工程量清单，直接影响招标质量，也是招标成败的关键。

第三节 工程量清单编制

一、工程量清单编制的依据

(1)"13计价规范"和相关专业工程的国家计量规范。
(2)国家或省级、行业建设主管部门颁发的计价定额和办法。
(3)建设工程设计文件及相关资料。
(4)与建设工程有关的标准、规范、技术资料。
(5)拟定的招标文件。
(6)施工现场情况、地勘水文资料、工程特点及常规施工方案。
(7)其他相关资料。

关键细节2 工程量清单编制一般规定

(1)招标工程量清单应由招标人负责编制,若招标人不具有编制工程量清单的能力,则可根据《工程造价咨询企业管理办法》(建设部第149号令)的规定,委托具有工程造价咨询性质的工程总价咨询人编制。
(2)招标工程量清单必须作为招标文件的组成部分,其准确性(数量不算错)和完整性(不缺项漏项)应由招标人负责。招标人应将工程量清单连同招标文件一起发给投标人。投标人依据工程量清单进行投标报价时,对工程量清单不负有核实的义务,更不具有修改和调整的权利。如招标人委托工程造价咨询人编制工程量清单,其责任仍由招标人负责。
(3)招标工程量清单是工程量清单计价的基础,应作为编制招标控制价、投标报价、计算或调整工程量以及工程索赔等依据之一。
(4)投标工程量清单应以单位(项)工程为单位编制,由分部分项工程项目清单、措施项目清单、其他项目清单、规费和税金项目清单组成。

二、工程量清单编制的程序

(1)熟悉图纸和招标文件。
(2)了解施工现场的有关情况。
(3)划分项目,确定分部分项工程项目清单和单价措施项目清单的项目名称、项目编码。
(4)确定分部分项目清单和单价措施项目清单的项目特征。
(5)计算分部分项工程项目清单和单价措施项目的工程量。
(6)编制清单(分部分项工程项目清单、措施项目清单、其他项目清单)。
(7)复核、编写总说明、扉页、封面。
(8)装订。

三、分部分项工程项目清单编制

(1)分部分项工程项目清单必须载明项目编码、项目名称、项目特征、计量单位和工程量。这是构成一个分部分项工程项目清单的五个要件,在分部分项工程项目清单的组成中缺一不可。

(2)分部分项工程项目清单应根据"13计价规范"和相关专业工程国家计量规范附录中规定的项目编码、项目名称、项目特征、计量单位和工程量计算规则进行编制。

分部分项工程项目清单项目编码栏应根据相关国家工程量计算规范项目编码栏内规定的9位数字另加3位顺序码共12位阿拉伯数字填写。各位数字的含义为:一、二位为专业工程代码,房屋建筑与装饰工程为01,仿古建筑为02,通用安装工程为03,市政工程为04,园林绿化工程为05,矿山工程为06,构筑物工程为07,城市轨道交通工程为08,爆破工程为09;三、四位为专业工程附录分类顺序码;五、六位为分部工程顺序码;七、八、九位为分项工程项目名称顺序码;十至十二位为清单项目名称顺序码。

在编制工程量清单时应注意对项目编码的设置不得有重码,特别是当同一标段(或合同段)的一份工程量清单中含有多个单项或单位工程且工程量清单是以单项或单位工程为编制对象时,应注意项目编码中的十至十二位的设置不得重码。分部分项工程量清单项目名称栏应按相关工程国家工程量计算规范的规定,根据拟建工程实际填写。在实际填写过程中,"项目名称"有两种填写方法:一是完全保持相关工程国家工程量计算规范的项目名称不变;二是根据工程实际在工程量计算规范项目名称下另行确定详细名称。

分部分项工程量清单项目特征栏应按相关工程国家工程量计算规范的规定,根据拟建工程实际进行描述。

分部分项工程量清单的计量单位应按相关工程国家工程量计算规范规定的计量单位填写。有些项目工程量计算规范中有两个或两个以上计量单位的,应根据拟建工程项目的实际,选择最适宜表现该项目特征并方便计量的单位。如泥浆护壁成孔灌注桩项目,工程量计算规范以"m^3""m"和"根"三个计量单位表示,此时就应根据工程项目的特点,选择其中一个即可。

关键细节3 分部分项工程项目清单中工程量填写规定

"工程量"应按相关工程国家工程量计算规范规定的工程量计算规则计算填写。

工程量的有效位数应遵守下列规定:

(1)以"t"为单位,应保留小数点后三位小数,第四位小数四舍五入。

(2)以"m""m^2""m^3""kg"为单位,应保留小数点后两位小数,第三位小数四舍五入。

(3)以"个""件""根""组""系统"为单位,应取整数。

关键细节4 分部分项工程项目清单编制应注意的问题

(1)不能随意设置项目名称,清单项目名称一定要按"13工程计量规范"的规定设置。

(2)正确对项目进行描述,一定要将完成该项目的全部内容完整地体现在清单上,不能有遗漏,以便投标人报价。

四、措施项目清单编制

措施项目清单是指为完成工程项目施工,发生于该工程施工准备和施工过程中的技术、生活、安全、环境保护等方面的项目。

措施项目清单的设置,首先要参考拟建工程的施工组织设计,以确定安全文明施工、材料的二次搬运等项目。其次参阅施工技术方案,以确定夜间施工增加费、大型机械进出场及安拆费、脚手架工程费等项目。

(1)措施项目清单应根据拟建工程的实际情况列项。

(2)措施项目中可以计算工程量的项目清单宜采用分部分项工程量清单的方式编制,列出项目编码、项目名称、项目特征、计量单位和工程量计算规则;不能计算工程量的项目清单,以"项"为计量单位。

(3)"13 工程计量规范"将实体性项目划分为分部分项工程量清单,将非实体性项目划分为措施项目。非实体性项目,一般来说,其费用的发生和金额的大小与使用时间、施工方法或者两个以上工序相关,与实际完成的实体工程量的多少关系不大,典型的是大中型施工机械、文明施工和安全防护、临时设施等。但有的非实体性项目,则是可以计算工程量的项目,典型的建筑工程是混凝土浇筑的模板工程,用分部分项工程量清单的方式采用综合单价,更有利于措施费的确定和调整,以及合同管理。

五、其他项目清单编制

其他项目清单是指分部分项工程量清单、措施项目清单所包含的内容以外,因招标人的特殊要求而发生的与拟建工程有关的其他费用项目和相应数量的清单。工程建设标准的高低、复杂程度、工期长短、组成内容以及发包人对工程管理要求等都直接影响其他项目清单的具体内容。其他项目清单包括暂列金额、暂估价(包括材料暂估单价、工程设备暂估单价、专业工程暂估价)、计日工、总承包服务费。

关键细节5 暂列金额

暂列金额是招标人在工程量清单中暂定并包括在合同价款中的一笔款项。"13 计价规范"中明确规定暂列金额用于施工合同签订时尚未确定或者不可预见的所需材料、设备、服务的采购,以及施工中可能发生的工程变更、合同约定调整因素出现时的工程价款调整以及发生的索赔、现场签证确认等的费用。

不管采用何种合同形式,工程造价理想的标准是:一份合同的价格就是其最终的竣工结算价格,或者至少两者应尽可能接近。我国规定对政府投资工程实行概算管理,经项目审批部门批复的设计概算是工程投资控制的刚性指标,即使商业性开发项目也有成本的预先控制问题,否则,无法相对准确地预测投资的收益和科学合理地进行投资控制。但工程建设自身的特性决定了工程的设计需要根据工程进展不断地进行优化和调整,业主需求可能会随工程建设进展出现变化,工程建设过程还会存在一些不能预见、不能确定的因素。消化这些因素必然会影响合同价格的调整,暂列金额正是为这类不可避免的价格调整而设立,以便达到合理确定和有效控制工程造价的目标。

另外,暂列金额列入合同价格不等于就属于承包人所有了,即使是总价包干合同,也不等于列入合同价格的所有金额就属于承包人,是否属于承包人应得金额取决于具体的合同约定,只有按照合同约定程序实际发生后,才能成为承包人的应得金额,纳入合同结算价款中。扣除实际发生金额后的暂列金额余额仍属于发包人所有。设立暂列金额并不能保证合同结算价格就不会再出现超过合同价格的情况,是否超出合同价格完全取决于工程量清单编制人暂列金额预测的准确性,以及工程建设过程是否出现了其他事先未预测到的事件。

关键细节6 暂估价

暂估价是指招标阶段直至签订合同协议时,招标人在招标文件中提供的用于支付必然发生但暂时不能确定价格的材料以及专业工程的金额。暂估价包括材料暂估单价、工程设备暂估单价和专业工程暂估价。暂估价类似于FIDIC合同条款中的Prime Cost Items,在招标阶段预见肯定要发生,只是因为标准不明确或者需要由专业承包人完成,暂时无法确定价格。暂估价数量和拟用项目应当结合工程量清单中的"暂估价表"予以补充说明。

为方便合同管理,需要纳入分部分项工程项目清单综合单价中的暂估价应只是材料费、工程设备费,以方便投标人组价。

专业工程的暂估价一般应是综合暂估价,包括除规费和税金以外的管理费、利润等取费。总承包招标时,专业工程设计深度往往是不够的,一般需要交由专业设计人设计,国际上,出于提高可建造性考虑,一般由专业承包人负责设计,以发挥其专业技能和专业施工经验的优势。这类专业工程交由专业分包人完成目前在我国工程建设领域已经比较普遍。公开透明地合理确定这类暂估价的实际开支金额的最佳途径,就是通过施工总承包人与工程建设项目招标人共同组织的招标。

关键细节7 计日工

计日工是为解决现场发生的零星工作的计价而设立的,其为额外工作和变更的计价提供了一个方便快捷的途径。计日工适用的零星工作一般是指合同约定之外的或者因变更而产生的、工程量清单中没有相应项目的额外工作,尤其是那些时间不允许事先商定价格的额外工作。计日工以完成零星工作所消耗的人工工时、材料数量、机械台班进行计量,并按照计日工表中填报的适用项目的单价进行计价支付。

国际上常见的标准合同条款中,大多数都设立了计日工(Daywork)计价机制。但在我国以往的工程量清单计价实践中,由于计日工项目的单价水平一般要高于工程量清单项目的单价水平,因而经常被忽略。从理论上讲,由于计日工往往是用于一些突发性的额外工作,缺少计划性,承包人在调动施工生产资源方面难免不影响已经计划好的工作,生产资源的使用效率也有一定的降低,客观上造成超出常规的额外投入。另外,其他项目清单中的计日工往往是一个暂定的数量,其无法纳入有效的竞争。所以合理的计日工单价水平一定是要高于工程量清单的价格水平的。为获得合理的计日工单价,发包人在其他项目清单中对计日工一定要给出暂定数量,并需要根据经验尽可能估算一个较接近实际的数量。

关键细节 8 总承包服务费

总承包服务费是为了解决招标人在法律、法规允许的条件下进行专业工程发包，以及自行供应材料、设备，并需要总承包人对发包的专业工程提供协调和配合服务，对供应的材料、设备提供收、发和保管服务以及进行施工现场管理时发生，并向总承包人支付的费用。招标人应预计该项费用并按投标人的投标报价向投标人支付该项费用。

为保证工程施工建设的顺利实施，投标人在编制招标工程量清单时应对施工过程中可能出现的各种不确定因素对工程造价的影响进行估算，列出一笔暂列金额。暂列金额可根据工程的复杂程度、设计深度、工程环境条件（包括地质、水文、气候条件等）进行估算，一般可按分部分项工程费的10%～15%作为参考。

暂估价中的材料、工程设备暂估单价应根据工程造价信息或参照市场价格估算，列出明细表；专业工程暂估价应分不同专业，按有关计价规定估算，列出明细表。

计日工应列出项目名称、计量单位和暂估数量。

总承包服务费应列出服务项目及其内容等。

出现未列的项目，应根据工程实际情况补充。如办理竣工结算时就需将索赔及现场签证列入其他项目中。

六、规费及税金项目清单编制

（一）规费项目清单编制

规费是根据省级政府或省级有关权力部门规定必须缴纳的，应计入建筑安装工程造价的费用。根据住房和城乡建设部、财政部"关于印发《建筑安装工程费用项目组成》的通知"（建标〔2013〕44号）的规定，规费主要包括社会保险费、住房公积金、工程排污费，其中社会保险费包括养老保险费、医疗保险费、失业保险费、工伤保险费和生育保险费；税金主要包括营业税、城市维护建设税、教育费附加和地方教育附加。规费作为政府和有关权力部门规定必须缴纳的费用，政府和有关权力部门可根据形势发展的需要，对规费项目进行调整，因此，清单编制人对《建筑安装工程费用项目组成表》中未包括的规费项目，在编制规费项目清单时应根据省级政府或省级有关权力部门的规定列项。

关键细节 9 规费项目清单应列项内容

（1）社会保险费：包括养老保险费、失业保险费、医疗保险费、工伤保险费、生育保险费。

（2）住房公积金。

（3）工程排污费。

关键细节 10 "13计价规范"对规费项目清单的调整

相对于"08计价规范"，"13计价规范"对规费项目清单进行了以下调整：

（1）根据《中华人民共和国社会保险法》的规定，将"08计价规范"使用的"社会保障费"更名为"社会保险费"，将"工伤保险费、生育保险费"列入社会保险费。

(2)根据十一届全国人大常委会第 20 次会议,将《中华人民共和国建筑法表》第四十八条由"建筑施工企业必须为从事危险作业的职工办理意外伤害保险,支付保险费"修改为"建筑施工企业应当依法为职工参加工伤保险缴纳工伤保险费。鼓励企业为从事危险作业的职工办理意外伤害保险,支付保险费"。由于建筑法将意外伤害保险由强制改为鼓励,因此,"13 计价规范"中规费项目增加了工伤保险费,删除了意外伤害保险,将其列入企业管理费中列支。

(3)根据《财政部、国家发展改革委关于公布取消和停止征收 100 项行政事业性收费项目的通知》(财综〔2008〕78 号)的规定,工程定额测定费从 2009 年 1 月 1 日起取消,停止征收。因此,"13 计价规范"中规费项目取消了工程定额测定费。

(二)税金项目清单编制

根据住房和城乡建设部、财政部"关于印发《建筑安装工程费用项目组成》的通知"(建标〔2013〕44 号)的规定,目前我国税法规定应计入建筑安装工程造价的税种包括营业税、城市建设维护税、教育费附加和地方教育附加。如国家税法发生变化,税务部门依据职权增加了税种,应对税金项目清单进行补充。

关键细节 11 税金项目清单应列项内容

(1)营业税。
(2)城市维护建设税。
(3)教育费附加。
(4)地方教育附加。

关键细节 12 "13 计价规范"对税金项目清单的调整

根据财政部《关于统一地方教育附加政策有关问题的通知》(财综〔2010〕98 号)的有关规定,"13 计价规范"相对于"08 计价规范",在税金项目增列了地方教育附加项目。

第十章 水暖工程清单工程量计算

第一节 给水、排水、采暖、燃气管道

一、给水排水、采暖、燃气管道项目简介

(1)镀锌钢管。镀锌钢管是钢筋的冷镀管,采用电镀工艺制成,只在钢管外壁镀锌,钢管的内壁没有镀锌。

(2)钢管。按生产方法,钢管可分为无缝钢管和焊接钢管两大类;按断面形状,钢管可分为简单断面钢管和复杂断面钢管两大类;按壁厚,钢管可分为薄壁钢管和厚壁钢管;按用途,钢管可分为管道用钢管、热工设备用钢管、机械工业用钢管、石油地质勘探用钢管、容器钢管、化学工业用钢管、特殊用途钢管等几种。

(3)承插铸铁管。承插铸铁管是由生铁铸造而成的生铁管,其试验水压力一般不大于0.1MPa,其规格尺寸如图10-1所示。

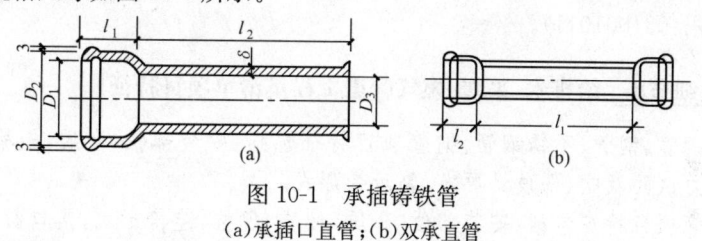

图 10-1 承插铸铁管
(a)承插口直管;(b)双承直管

(4)柔性抗振铸铁管。柔性抗振铸铁管是一种新型的建筑用管材,已被广泛用于排水、排污、雨水管道和通气管道系统。

(5)塑料管。塑料管是以合成树脂为主要成分,加入适量添加剂,在一定温度和压力下塑制成型的有机高分子材料管道,分为用于室内外输送冷、热水和低温地板辐射采暖管道的聚乙烯(PE)管、聚丙烯(PPR)管、聚丁烯(PB)管等。适用于输送生活污水和生产污水的是聚氯乙烯(PVC-U)管。塑料管的优点有:质量轻、搬运装卸便利、耐化学药品性优良、液体阻力小、施工简易、节约能源、保护环境。

(6)塑料复合管。塑料复合管的主要技术特征是塑料层为单层塑料层,其中包含带有网孔的金属加强层,实现了塑料层和金属加强层的整体化。塑料复合管改变了现有产品的耐压强度不够、用途不广、结构复杂、生产成本高等缺点,广泛用做自来水管、煤气管、输油管、电线管等。

(7)钢骨架塑料复合管。钢骨架塑料复合管一般为以钢丝网为骨架的复合管、孔网钢带塑料复合管(PESI)等,作为城镇供水、城镇燃气、建筑给水、消防给水以及特种流体(包括适合使用的工业废水、腐蚀性气体溶浆、固体粉末等)输送用的管材和管件。

(8)不锈钢管。不锈钢管是一种中空的长条圆形钢材,广泛用于石油、化工、医疗、食品、轻工、机械仪表等工业输送管道以及机械结构部件等。另外,在折弯、抗扭强度相同时质量较轻,所以也广泛用于制造机械零件和工程结构,常用做生产各种常规武器、枪管、炮弹等。

(9)铜管。铜管具有质量轻、导热性好、低温强度高等特点,常用于制造换热设备,也用于制氧设备中装置配低温管路。

(10)承插缸瓦管。承插缸瓦管的直径一般不超过 500～600mm,有效长度为 400～800mm,能满足污水管道在技术方面的一般要求,被广泛应用于排除酸碱废水的系统中。

(11)承插水泥管。常用水泥管包括混凝土管和钢筋混凝土管。

(12)承插陶土管。承插陶土管又称普通陶土管,是用含石英和铁质等杂质较多的低质黏土及瘠性料经成型、烧成的多孔性陶器,用来排输污水、废水、雨水、灌溉用水或排输酸性、碱性废水等其他腐蚀性介质。

二、给排水、采暖、燃气管道工程量清单项目设置

给排水、采暖、燃气管道工程量清单项目包括:镀锌钢管(编码:031001001)、钢管(编码:031001002)、不锈钢管(编码:031001003)、铜管(编码:031001004)、铸铁管(编码:031001005)、塑料管(编码:031001006)、复合管(编码:031001007)、直埋式预制保温管(编码:031001008)、承插陶瓷缸瓦管(编码:031001009)、承插水泥管(编码:031001010)、室外管道碰头(编码:031001011)。

关键细节1 给排水、采暖、燃气管道工程量清单项目特征

(1)镀锌钢管、钢管、不锈钢管、铜管项目特征包括:安装部位,介质,规格,压力等级,连接形式,压力试验及吹、洗设计要求,警示带形式。

(2)铸铁管项目特征包括:安装部位,介质,材质,规格,连接形式,接口材料,压力试验及吹、洗设计要求,警示带形式。

(3)塑料管项目特征包括:安装部位,介质,材质,规格,连接形式,阻火圈设计要求,压力试验及吹、洗设计要求,警示带形式。

(4)复合管项目特征包括:安装部位,介质,材质,规格,连接形式,压力试验及吹、洗设计要求,警示带形式。

(5)直埋式预制保温管项目特征包括:埋设深度,介质,管道材质,规格,连接形式,接口保温材料,压力试验及吹、洗设计要求,警示带形式。

(6)承插陶瓷缸瓦管、承插水泥管项目特征包括:埋设深度,规格,接口方式及材料,压力试验及吹、洗设计要求,警示带形式。

(7)室外管道碰头项目特征包括:介质,碰头形式,材质,规格,连接形式,防腐、绝热设计要求。

关键细节2 给排水、采暖、燃气管道工作内容

(1)镀锌钢管、钢管、不锈钢、铜管工作内容包括:管道安装,管件制作、安装,压力试验,吹扫、冲洗,警示带铺设。

(2)铸铁管、承插陶瓷缸瓦管、承插水泥管工作内容包括:管道安装,管件安装,压力试验,吹扫、冲洗,警示带铺设。

(3)塑料管工作内容包括:管道安装,管件安装,塑料卡固定,阻火圈安装,压力试验,吹扫、冲洗,警示带铺设。

(4)复合管工作内容包括:管道安装,管件安装,塑料卡固定,压力试验,吹扫、冲洗,警示带铺设。

(5)直埋式预制保温管工作内容包括:管道安装,管件安装,接口保温,压力试验,吹扫、冲洗,警示带铺设。

(6)室外管道碰头工作内容包括:挖填工作坑或暖气沟拆除及修复,碰头,接口处防腐,接口处绝热及保护层。

关键细节3 给排水、采暖、燃气管道工程量清单应注意的问题

(1)安装部位,指管道安装在室内、室外。

(2)输送介质包括给水、排水、中水、雨水、热媒体、燃气、空调水等。

(3)方形补偿器制作安装应含在管道安装综合单价中。

(4)铸铁管安装适用于承插铸铁管、球墨铸铁管、柔性抗震铸铁管等。

(5)塑料管安装适用于 UPVC、PVC、PP—C、PP—R、PE、PB 等塑料管材。

(6)复合安装适用于钢塑复合管、铝塑复合管、钢骨架复合管等复合型管道安装。

(7)直埋保温管包括直埋保温管件安装及接口保温。

(8)排水管道安装包括立管检查口、透气帽。

(9)室外管道碰头。

1)适用于新建或扩建工程热源、水源、气源、管道与原(旧)有管道碰头。

2)室外管道碰头包括挖工作坑、土方回填或暖气沟局部拆除及修复。

3)带介质管道碰头包括开关闸、临时放水管线铺设等费用。

4)热源管道碰头每处包括供、回水两个接口。

5)碰头形式指带介质碰头、不带介质碰头。

(10)管道工程量计算不扣除阀门、管件(包括减压器、疏水器、水表、伸缩器等组成安装)及附属构筑物所占长度,方形补偿器以其所占长度列入管道安装工程量。

(11)压力试验按设计要求描述试验方法,如水压试验、气压试验、泄露性试验、闭水试验、通球试验、真空试验等。

(12)吹、洗按设计要求描述吹扫、冲洗方法,如水冲洗、消毒冲洗、空气吹扫等。

关键细节4 给排水、采暖燃气管道工程量计算

(1)镀锌钢管、钢管、不锈钢管、铜管、铸铁管、塑料管、复合管、直埋式预制保温管、承插陶瓷缸瓦管、承插水泥管工程量按设计图示管道中心线计算,以"m"为计量单位。

(2)室外管道碰头工程量按设计图示计算,以"处"为计量单位。

【例 10-1】 某室外供热管道中有 DN100 镀锌钢管一段,起止总长度为 130m,管道中设置方形伸缩器一个,臂长 0.9m,该管道刷沥青漆两遍,膨胀蛭石保温,保温层厚度为

60mm,试计算该段管道安装的工程量。

解:供水管的长度为130m,伸缩器两壁的增加长度$L=0.9+0.9=1.8(m)$,则该室外供热管道安装的工程量$=130+1.8=131.8(m)$。

清单工程量计算见表10-1。

表10-1 清单工程计算表

项目编码	项目名称	项目特征描述	计量单位	工程量
031001001001	镀锌钢管	焊接,室外工程,膨胀蛭石保温层,$\delta=60mm$	m	131.8

【例10-2】 图10-1所示为某住宅楼排水系统中排水干管的一部分,采用承插口铸铁管$DN75$,试计算其工程量。

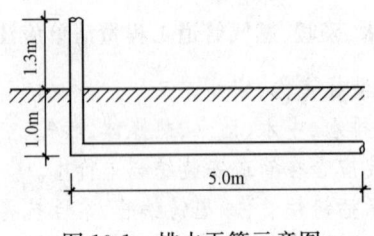

图10-1 排水干管示意图

解:根据清单工程量计算规则,承插口直管$DN75$,则:

工程量$=1.3$(立管地上部分)$+1.0$(立管地下部分)$+5.0$(横管地下部分)$=7.3(m)$

清单工程量计算见表10-2。

表10-2 清单工程量计算表

项目编码	项目名称	项目特征描述	计量单位	工程量
031001005001	铸铁管	承插铸铁排水管,$DN75$(承插口直管)	m	7.3

【例10-3】 已知某设计图,需要安装$DN45$的塑料管100m,试计算其清单工程量。

解:塑料管安装清单工程量计算见表10-3。

表10-3 塑料管安装清单工程量计算表

项目编码	项目名称	项目特征描述	计量单位	工程量
031001006001	塑料管	$DN45$塑料管	m	100

第二节 支架及其他

一、管道支架概述

1. 管道支架的概念

管道支架的制作安装适用于暖、卫、燃气器具设备的支架制作安装。

管道支架又称管架,其作用是支承管道,限制管道变形和位移,承受从管道传来的内压力、外荷载及温度变形的弹性力,通过它将这些力传递到支承结构上或地上。

2. 管道支架的形式

(1)架空敷设的水平管道支架。当水平管道沿柱或墙架空敷设时,可根据荷载的大小、管道的根数、所需管架的长度及安装方式等分别采用各种形式的生根在柱上的支架(简称柱架),或生根在墙上的支架(简称墙架),如图 10-2 所示。

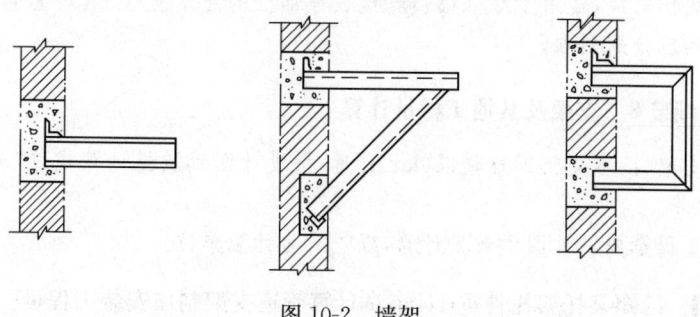

图 10-2 墙架

(2)地上平管和垂直弯管支架。一些管道离地面较近或离墙、柱、梁、楼板底等的距离较大,不便于在上述结构上生根,则可采用生根在地上的地上平管支架,如图 10-3 所示。图 10-4 所示为地上垂直弯管支架。

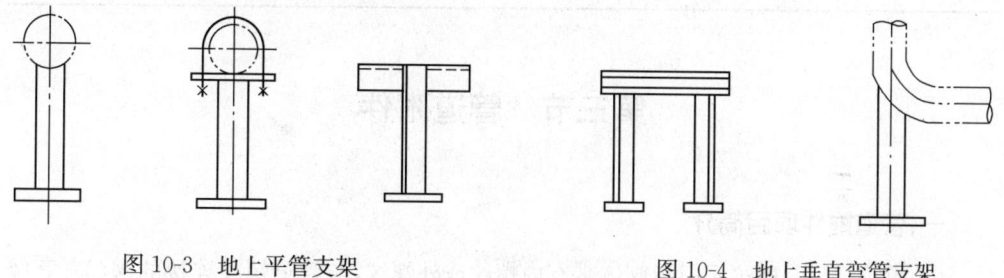

图 10-3 地上平管支架   图 10-4 地上垂直弯管支架

二、支架及其他工程量清单项目设置

支架及其他工程量清单项目包括:管道支架(编码:031002001)、设备支架(编码:031002002)和套管(编码:031002003)。

关键细节5 支架及其他工程量清单项目特征

(1)管道支架的项目特征包括:材质、管架形式。
(2)设备支架的项目特征包括:材质、形式。
(3)套管的项目特征包括:名称、类型、材质、规格、填料材质。

关键细节6 支架及其他工程量清单工作内容

(1)管道支架、设备支架工作内容包括:制作、安装。
(2)套管工作内容包括:制作,安装,除锈,刷油。

关键细节7　支架及其他工程量清单应注意问题

(1)单件支架质量100kg以上的管道支吊架执行设备支吊架制作安装。

(2)成品支架安装执行相应管道支架或设备支架项目,不再计取制作费。支架本身价值含在综合单价中。

(3)套管制作安装,适用于穿基础、墙、楼板等部位的防水套管、填料套管、无填料套管及防火套管等,应分别列项。

关键细节8　支架及其他工程量计算

(1)管道支架、设备支架工程量以"kg"计量,按设计图示质量计算或以"套"计量,按设计图示数量计算。

(2)套管工程量按设计图示数量计算,以"个"为计量单位。

【例10-4】　已知某托架托管重11kg,试计算管道支架制作安装工程量。

解:根据清单工程量计算规则,清单工程量计算见表10-4。

表10-4　清单工程量计算

项目编码	项目名称	项目特征描述	计量单位	工程量
031002001001	管道支架	H型钢	kg	11

第三节　管道附件

一、管道附件项目简介

(1)螺纹阀门。螺纹阀门指阀体带有内螺纹或外螺纹,与管道螺纹连接的阀门。管径小于或等于32mm宜采用螺纹连接。

(2)螺纹法兰阀门。螺纹法兰阀门是指阀门阀体上带有内螺纹或外螺纹,与管道螺纹连接。这种法兰与管道不直接焊接在一起,而是以管口翻边为密封接触面,套法兰起紧固作用,多用于铜、铅等有色金属及不锈耐酸管道上。

(3)焊接法兰阀门。焊接法兰阀门的阀体带有焊接坡口,与管道焊接连接。

(4)带短管甲乙的法兰阀。带短管甲乙的法兰阀中的"短管甲"是带承插口管段加法兰,用于阀门进水管侧;"短管乙"是直管段加法兰,用于阀门出口侧。带短管甲乙的法兰阀门一般用于承插接口的管道工程中。

(5)自动排气阀。自动排气阀是一种依靠自身内部机构将系统内空气自动排出的新型排气装置,其工作原理是依靠罐内水对浮体的浮力,通过内部构件的传动作用自动启动排气阀门。

(6)安全阀。安全阀根据其构造不同可分为下列几类:

1)杠杆式安全阀靠移动重锤位置来平衡系统内的压力。

2)弹簧式安全阀靠压缩弹簧来平衡系统内的介质压力,其弹簧作用力的大小一般不会超过 2000N。

3)脉冲式安全阀主要用于高压和大口径的情况。

(7)法兰。法兰是用钢、铸铁、热塑性或热固性增强塑料制成的空心环状圆盘,盘上开一定数量的螺栓孔。法兰通常有固定法兰、接合法兰、带帽法兰、对接法兰、栓接法兰、突面法兰等类型。

(8)水表。水表是一种计量用水量的工具,用来计量液体流量的仪表称为流量计,通常把室内给水系统中的流量计叫做水表。室内给水系统广泛采用流速式水表,主要由表壳、翼轮测量机构、减速指示机构等部分组成。

(9)塑料排水管消声器。塑料排水管消声器是指设置在塑料排水管上用于减轻或消除噪声的小型设备。

(10)浮标液面计。浮标液面计又称液位计,是用来测量容器内液面变化情况的一种计量仪表。常用的 UFZ 型浮标液面计是一种简易的直读式液位测量仪表,其结构简单、读数直观、测量范围大、耐腐蚀。

(11)浮漂水位标尺。浮漂水位标尺适用于一般工业与民用建筑中的各种水塔、蓄水池,用以指示水位。

二、管道附件工程量清单项目设置

管道附件工程量清单项目包括:螺纹阀门(编码:031003001)、螺纹法兰阀门(编码:031003002)、焊接法兰阀门(编码:031003003)、带短管甲乙阀门(编码:031003004)、塑料阀门(编码:031003005)、减压器(编码:031003006)、疏水器(编码:031003007)、除污器(过滤器)(编码:031003008)、补偿器(编码:031003009)、软接头(软管)(编码:031003010)、法兰(编码:031003011)、倒流防止器(编码:031003012)、水表(编码:031003013)、热量表(编码:031003014)、塑料排水管消声器(编码:031003015)、浮标液面计(编码:031003016)、浮漂水位标尺(编码:031003017)。

关键细节9 管道附件工程量清单项目特征

(1)螺纹阀门、螺纹法兰阀门、焊接法兰阀门项目特征包括:类型、材质、规格、压力等级、连接形式、焊接方法。

(2)带短管甲乙阀门项目特征包括:材质、规格、压力等级、连接形式、接口方式及材质。

(3)塑料阀门项目特征包括:规格、连接形式。

(4)减压器、疏水器项目特征包括:材质、规格、压力等级、连接形式、附件配置。

(5)除污器(过滤器)项目特征包括:材质、规格、压力等级、连接形式。

(6)补偿器项目特征包括:类型、材质、规格、压力等级、连接形式。

(7)软接头(软管)项目特征包括:材质、规格、连接形式。

(8)法兰项目特征包括:材质、规格、压力等级、连接形式。

(9)倒流防止器项目特征包括:材质、型号、规格、连接形式。

(10)水表项目特征包括:安装部位(室内外)、型号、规格、连接形式、附件配置。

(11)热量表项目特征包括:类型、型号、规格、连接形式。

(12)塑料排水管消声器、浮标液面计项目特征包括：规格，连接形式。

(13)浮漂水位标尺项目特征包括：用途、规格。

关键细节 10 管道附件工程量清单工作内容

(1)螺纹阀门、螺纹法兰阀门、焊接法兰阀门、带短管甲乙阀门工作内容包括：安装、电气接线、调试。

(2)塑料阀门工作内容包括：安装、调试。

(3)减压器、疏水器、水表工作内容包括：组装。

(4)除污器(过滤器)、补偿器、软接头(软管)、法兰、倒流防止器、热量表、塑料排水管消声器、浮标液面计、浮漂水位标尺工作内容包括：安装。

关键细节 11 管道附件工程量清单注意问题

(1)法兰阀门安装包括法兰连接，不得另计。阀门安装如仅为一侧法兰连接时，应在项目特征中描述。

(2)塑料阀门连接形式需注明热熔连接、粘结、热风焊接等方式。

(3)减压器规格按高压测管道规格描述。

(4)减压器、疏水器、倒流防止器等项目包括组成与安装的工作内容，项目特征应根据设计要求描述附件配置情况，或根据××图集或××施工图做法描述。

关键细节 12 管道附件工程量计算

(1)螺纹阀门、螺纹法兰阀门、焊接法兰阀门、带短管甲乙阀门、塑料阀门、补偿器、塑料排水管消声器工程量按设计图示数量计算，以"个"为计量单位。

(2)减压器、疏水器、除污器(过滤器)、浮标液面计工程量按设计图示数量计算，以"组"为计量单位。

(3)软接头(软管)、水表工程量按设计图示数量计算，以"个(组)"为计量单位。

(4)法兰工程量按设计图示数量计算，以"副(片)"为计量单位。

(5)浮漂水位标尺工程量按设计图示数量计算，以"套"为计量单位。

【例 10-5】 如图 4-13 所示为某公共厨房给水系统，给水管道采用螺纹钢管，供水方式为上供式，试计算阀门安装清单工程量。

解：阀门安装清单工程量计算见表 10-5。

表 10-5 阀门安装清单工程量计算表

项目编码	项目名称	项目特征描述	计量单位	工程量
031003001001	螺纹阀门	DN15 钢制螺纹阀门	个	6
003003002001	螺纹阀门	DN32 钢制螺纹阀门	个	1

【例 10-6】 如图 10-5 所示为活塞式减压器安装，试计算其清单工程量。

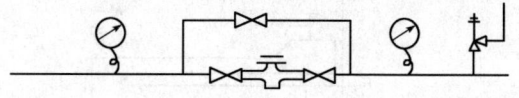

图 10-5　活塞式减压器安装

解：活塞式减压器安装清单工程量计算见表 10-6。

表 10-6　　　　活塞式减压器安装清单工程量计算表

项目编码	项目名称	项目特征描述	计量单位	工程量
031003006001	减压器	活塞式减压阀	组	1

第四节　卫生器具

一、卫生器具项目简介

(1)浴盆。浴盆由盆体、供水管(冷、热)、控制混合水嘴、存水弯等组成。浴盆按材质可分为铸铁搪瓷浴盆、钢板搪瓷浴盆、亚克力浴盆、玻璃钢浴盆等，规格为 1080～1700mm 不等，一般安装在旅馆及较高档次的卫生间内。浴盆安装如图 10-6 所示。

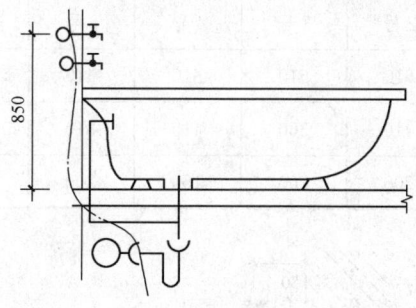

图 10-6　浴盆安装图

(2)净身盆。净身盆是一种妇女坐在上面洗涤下身用的洁具，一般设在纺织厂的女卫生间或产科医院。

(3)洗脸盆。洗脸盆又称洗面器，其形式较多，可分为挂式、柱式、台式三类。洗脸盆一般由冷、热水管道供水，有一些仅供冷水。冷、热水经管道送至盆体上方的调节水龙头。排水部分由排水栓、存水弯流入室内排水管道中。洗脸盆安装如图 10-7 所示。

1)挂式洗脸盆是指一边靠墙悬挂安装的洗脸盆，一般适用于家庭。

2)柱式洗脸盆由盆体与柱体两部分组成。盆体固定于墙上，柱体放置于盆下，主要作用是支撑盆体，隐蔽下水装置，增加洗脸盆整体美感。在较高标准的公共卫生间内常被选用。

3)台式洗脸盆是指由大理石、人造大理石、花岗岩等作为台面，固定于焊接支架上。

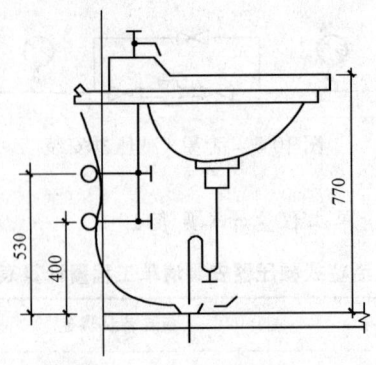

图 10-7　洗脸盆安装图

台式洗脸盆安装于台面上或台面下，在国内宾馆的卫生间中使用最为普遍。

(4)洗手盆。洗手盆一般安装在盥洗室、浴室、卫生间供洗脸洗手用。按其形状不同分为长方形、三角形、椭圆形等，按安装方式不同分为墙架式、柱脚式。

(5)洗涤盆(洗菜盆)。洗涤盆主要装于住宅或食堂的厨房内，其上方接有各式水嘴，供洗涤各种餐具等。洗涤盆多为陶瓷制品，其常用规格有 8 种，具体尺寸见表 10-7。洗涤盆安装如图 10-8 所示。

表 10-7　　　　　　　　　洗涤盆尺寸表　　　　　　　　　　　　mm

尺寸部位	1号	2号	3号	4号	5号	6号	7号	8号
长	610	610	510	610	410	610	510	410
宽	460	410	360	410	310	460	360	310
高	200	200	200	150	200	150	150	150

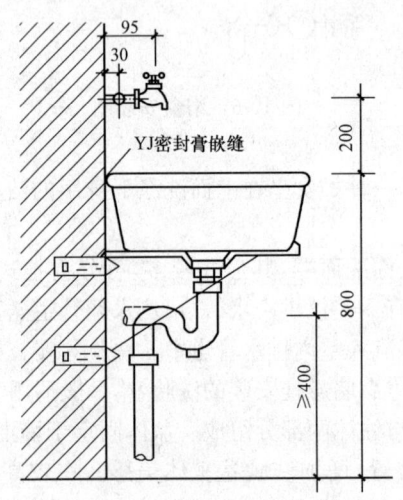

图 10-8　洗涤盆安装图

1)供水设施:洗涤盆一般设置冷水管,目前家庭、酒店和宾馆等均设置了热水管道,经水龙头供洗涤用冷、热水。

2)排水方式:污水经排水栓、存水弯排入室内下水管道中。

(6)化验盆。化验盆装置在工厂、科学研究机关、学校化验室或实验室中,通常都是陶瓷制品,盆内已有水封,排水管上不需装存水弯,也不需盆架,用木螺丝固定于实验台上。盆的出口配有橡皮塞头。根据使用要求,化验盆可装置单联、双联、三联的鹅颈龙头。

(7)淋浴器。淋浴器由冷、热水管道经调节阀调整为适宜的温水供给淋浴喷头。排水方式一般是在地面设置地漏直接排入下水管道中。淋浴器多用于桑拿、公共浴室,与浴盆相比,具有占地面积小、费用低、卫生等特点。

(8)淋浴间。淋浴间主要有单面式和围合式两种,单面式指只有开启门的方向才有屏风,其他三面是建筑墙体;围合式一般两面或两面以上有屏风,包括四面围合的。

(9)桑拿浴房。桑拿浴房适用于医院、宾馆、饭店、娱乐场所、家庭,根据其功能、用途可分为多种类型,如远红外线桑拿浴房、芬兰桑拿浴房、光波桑拿浴房等,可根据实际需要具体选用。

(10)烘手机。烘手机一般装于宾馆、餐馆、科研机构、医院、公共娱乐场所的卫生间中用于干手。其型号、规格多种多样,应根据实际选用。

(11)大便器。大便器主要分坐式和蹲式两种形式,常见坐式大便器(带低位水箱)规格见表10-8。

表 10-8　　　　　　坐式大便器(带低位水箱)规格表　　　　　　mm

尺寸 型号	外形尺寸						上水配管		下水配管
	A	B	B_1	B_2	H_1	H_2	C	C_1	D
601	711	210	534	222	375	360	165	81	340
602	701	210	534	222	380	360	165	81	340
6201	725	190	480	225	360	350	165	72	470
6202	715	170	450	215	360	335	160	175	460
120	660	160	540	220	359	390	170	50	420
7201	720	186	465	213	370	375	137	90	510
7205	700	180	475	218	380	380	132	109	480

1)坐便器按结构形式分为连体低水箱坐便器、分体式坐便器。按排水位置分为前出水和后出水两种。低水箱坐便器安装如图10-9所示。

2)蹲便器由蹲便器、高位冲洗水箱、管道、阀门等组成。一些设计不采用高位冲洗水箱,直接在供水管路上加装延时冲洗阀或手压阀进行冲洗,大便器冲洗水经存水弯经过管道排入室内排水主立管中。蹲便器目前在公共卫生间采用较多。直接冲洗阀蹲便器安装如图10-10所示。高水箱蹲便器安装如图10-11所示。

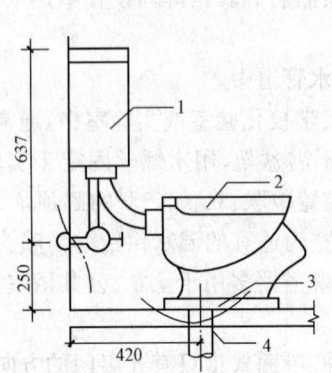 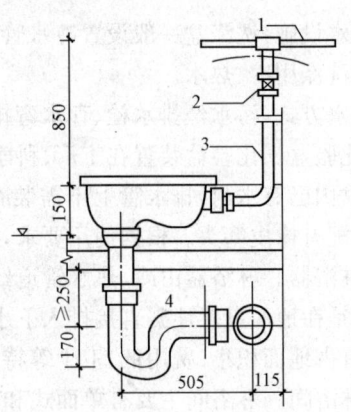

图 10-9　低水箱坐便器安装示意图　　图 10-10　直接冲洗阀蹲便器安装示意图
1—低水箱;2—坐便器;　　　　　　　1—水平管;2—DN25 普通冲洗阀;
3—油灰;4—DN100 排水管　　　　　　3—DN25 冲洗管;4—DN100 存水弯

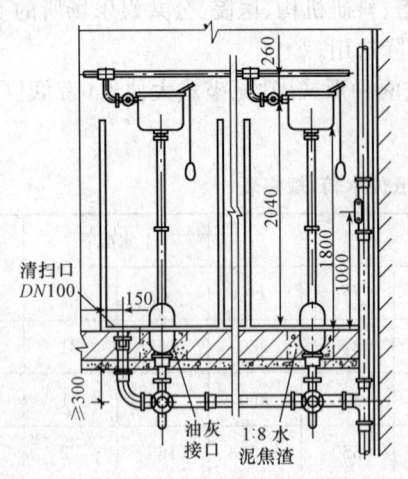 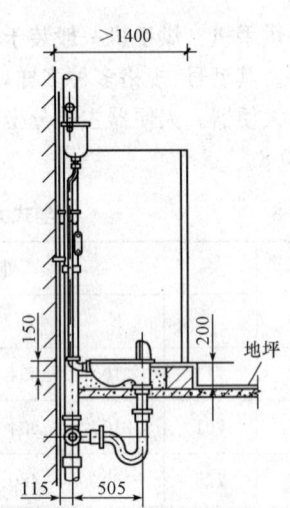

图 10-11　高水箱蹲便器安装示意图

(12)小便器。小便器有挂式和立式两种形式,冲洗方式有角型阀、直型阀及自动水箱冲洗,用于单身宿舍、办公楼、旅馆等处的厕所中,材料一般为配套购置,一个自动冲洗挂式小便器的主要配套材料见表 10-9。

1)冲洗方式:冲洗水管经手动冲洗阀或延时自闭冲洗、红外线控制等进行冲洗。

2)排水方式:经小便器排水栓和存水弯排入室内排水管道中。

表 10-9　　　　　　　一个自动冲洗挂式小便器主要材料表

编号	名称	规格	材质	单位	数量
1	水箱进水阀	DN15	铜	个	1
2	高水箱	1号或2号	陶瓷	个	1

续

编号	名称	规格	材质	单位	数量
3	自动冲洗阀	DN32	铸铜或铸铁	个	1
4	冲洗管及配件	DN32	铜管配件镀铬	套	1
5	挂式小便器	3号	陶瓷	个	1
6	连接管及配件	DN15	铜管配件镀铬	套	1
7	存水弯	DN32	铜、塑料、陶瓷	个	1
8	压盖	DN32	铜	个	1
9	角式截止阀	DN15	铜	个	1
10	弯头	DN15	锻铁	个	1

挂式小便器安装如图10-12所示。立式小便器安装如图10-13所示。

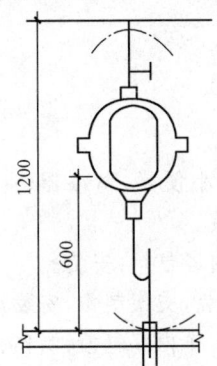 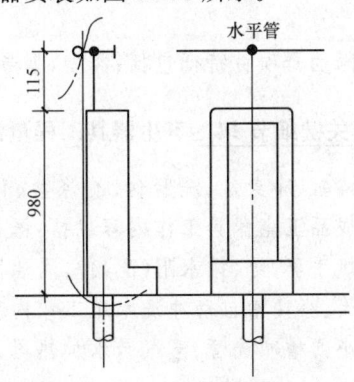

图 10-12　挂式小便器安装示意图　　图 10-13　立式小便器安装示意图

(13)小便槽冲洗管。小便槽可用普通阀门控制多孔冲洗管进行冲洗,应尽量采用自动冲洗水箱冲洗。多孔冲洗管安装于距地面1.1m高度处,其管径≥15mm,管壁上开有2mm小孔,孔间距为10~12mm,安装时应注意使一排小孔与墙面成45°角。

(14)蒸汽—水加热器。蒸汽—水加热器是蒸汽喷射器与汽水混合加热器的有机结合体,是以蒸汽来加热及加压,不需要循环水泵与汽水换热器就可实现热水供暖的联合装置。

(15)饮水器。饮水器是居住区街道及公共场所为满足人的生理卫生要求经常设置的供水设施。饮水器分为悬挂式饮水设备、独立式饮水设备和雕塑式水龙头等。

二、卫生器具工程量清单项目设置

卫生器具工程量清单项目包括:浴缸(编码:031004001),净身盆(编码:031004002),洗脸盆(编码:031004003),洗涤盆(编码:031004004),化验盆(编码:031004005),大便器(编码:031004006),小便器(编码:031004007),其他成品卫生器具(编码:031004008),烘手器(编码:031004009),淋浴器(编码:031004010),淋浴间(编码:031004011),桑拿浴房(编码:031004012),大、小便槽自动冲洗水箱(编码:031004013),给、排水附(配)件(编码:031004014),小便槽冲洗管(编码:031004015),蒸汽—水加热器(编码:031004016),冷热水混合器(编码:031004017)、饮水器(编码:031004018)、隔油器(编码:031004019)。

关键细节13 卫生器具工程量清单项目特征

(1)浴缸、净身盆、洗脸盆、洗涤盆、化验盆、大便器、小便器、其他成品卫生器具项目特征包括:材质、规格、类型、组装形式、附件名称、数量。

(2)烘手器项目特征包括:材质、型号、规格。

(3)淋浴器、淋浴间、桑拿浴房项目特征包括:材质、规格、组装形式、附件名称、数量。

(4)大、小便槽自动冲洗水箱项目特征包括:材质、类型、规格,水箱配件,支架形式及做法,器具及支架除锈、刷油设计要求。

(5)给、排水附(配)件项目特征包括:材质、型号、规格、安装方式。

(6)小便槽冲洗管项目特征包括:材质、规格。

(7)蒸汽—水加热器、冷热水混合器、饮水器项目特征包括:类型、型号、规格、安装方式。

(8)隔油器项目特征包括:类型、型号、规格、安装部位。

关键细节14 卫生器具工程量清单工作内容

(1)浴缸、净身盆、洗脸盆、洗涤盆、化验盆、大便器、小便器、淋浴器、淋浴间、桑拿浴房、其他成品卫生器具工作内容包括:器具安装、附件安装。

(2)烘手器,给、排水附(配)件,隔油器,饮水器工作内容包括:安装。

(3)大、小便槽自动冲洗水箱工作内容包括:制作、安装,支架制作、安装,除锈、刷油。

(4)小便槽冲洗管、蒸汽—水加热器、冷热水混合器工作内容包括:制作、安装。

关键细节15 卫生器具工程量清单注意事项

(1)成品卫生器具项目中的附件安装,主要指给水附件,包括水嘴、阀门、喷头等,排水配件包括存水弯、排水栓、下水口等以及配套的连接管。

(2)浴缸支座和浴缸周边的砌砖、瓷砖粘贴,应按国家标准《房屋建筑与装饰工程工程量计算规范》(GB 50854—2013)相关项目编码列项,功能性浴缸不含电机接线和调试,应按《通用安装工程工程量计算规范》(GB 50856—2013)附录D电气设备安装工程相关项目编码列项。

(3)洗脸盆适用于洗脸盆、洗发盆、洗手盆安装。

(4)器具安装中若采用混凝土或砖基础,应按国家现行标准《房屋建筑与装饰工程工程量计算规范》(GB 50854—2013)相关项目编码列项。

(5)给、排水附(配)件是指独立安装的水嘴、地漏、地面扫出口等。

关键细节16 卫生器具工程量计算

(1)浴缸,净身盆,洗脸盆,洗涤盆,化验盆,大便器,小便器,其他成品卫生器具,烘手器,淋浴器,淋浴间,桑拿浴房,大、小便槽自动冲洗水箱,给、排水附(配)件,蒸汽—水加热器,冷热水混合器,饮水器,隔油器工程量按设计图示数量计算,以"组""个""套"为计量单位。

(2)小便槽冲洗管工程量按设计图示数量计算,以"m"为计量单位。

【例10-7】 已知某设计图,需要安装 BW931B—DB313 的陶瓷净身盆5个,如图10-14所示,试计算其清单工程量。

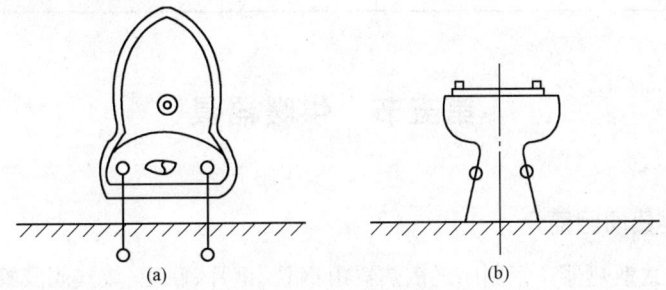

图 10-14 净身盆
(a)平面图;(b)立面图

解:净身盆清单工程量计算见表10-10。

表 10-10　　　净身盆清单工程量计算表

项目编码	项目名称	项目特征描述提示	计量单位	工程量
031004002001	净身盆	BW931B—DB313 陶瓷净身盆	组	5

【例10-8】 图10-15所示为淋浴器示意图,试计算其清单工程量。

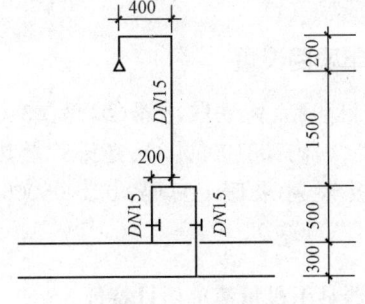

图 10-15 淋浴器

解:淋浴器清单工程量计算见表10-11。

表 10-11　　　淋浴器清单工程量计算表

项目编码	项目名称	项目特征描述	计量单位	工程量
031004010001	淋浴器	1个莲蓬喷头,DN15 镀锌钢管,2个 DN15 阀门	套	1

【例10-9】 已知某设计图,需要安装 DN35 的小便槽冲洗管 20m,试计算其清单工程量。

解:小便槽冲洗制作安装清单工程量计算见表10-12。

表 10-12　　　　　　小便槽冲洗制作安装清单工程量计算表

项目编码	项目名称	项目特征描述	计量单位	工程量
031004015001	小便槽冲洗管	DN35 小便槽冲洗管	m	20

第五节　供暖器具

一、供暖器具项目简介

(1)钢制闭式散热器。钢制闭式散热器由钢管、钢片、联箱、放气阀及管接头组成。其散热量随热媒参数、流量和其构造特征(如串片竖放、平放、长度、片距等参数)的改变而改变。

(2)钢制板式散热器。钢制板式散热器由面板、背板、对流片和水管接头及支架等部件组成。其外形美观,散热效果好,节省材料,但承压能力低。

(3)钢制壁板式散热器。钢制壁板式散热器是一种新型散热器,其布置要求为:使室温均匀,室外渗入的冷空气能较迅速地被加热,并尽量减少占用有效空间和使用面积。

(4)钢制柱式散热器。钢制柱式散热器构造与铸铁散热器相似,每片也有几个中空的立柱,用 1.25~1.5mm 厚冷轧钢板压制成单片然后焊接而成。

(5)暖风机。暖风机有台式、立式、壁挂式之分。台式暖风机小巧玲珑,立式暖风机线条流畅,壁挂式暖风机节省空间。

二、供暖器具工程量清单项目设置

供暖器具工程量清单项目包括:铸铁散热器(编码:031005001)、钢制散热器(编码:031005002)、其他成品散热器(编码:031005003)、光排管散热器(编码:031005004)、暖风机(编码:031005005)、地板辐射采暖(编码:031005006)、热媒集配装置(编码:031005007)、集气罐(编码:031005008)。

关键细节 17　供暖器具工程量清单项目特征

(1)铸铁散热器项目特征包括:型号、规格,安装方式,托架形式,器具、托架除锈、刷油设计要求。

(2)钢制散热器项目特征包括:结构形式,型号、规格,安装方式,托架刷油设计要求。

(3)其他成品散热器项目特征包括:材质、类型,型号、规格,托架刷油设计要求。

(4)光排管散热器项目特征包括:材质、类型,型号、规格,托架形式及做法,器具、托架除锈、刷油设计要求。

(5)暖风机项目特征包括:质量,型号、规格,安装方式。

(6)地板辐射采暖项目特征包括:保温层材质、厚度,钢丝网设计要求,管道材质、规格,压力试验及吹扫设计要求。

(7)热媒集配装置项目特征包括:材质、规格,附件名称、规格、数量。

(8)集气罐项目特征包括:材质、规格。

关键细节 18　供暖器具工程量清单工作内容

(1)铸铁散热器工作内容包括:组对、安装,水压试验,托架制作、安装,除锈、刷油。
(2)钢制散热器、其他成品散热器工作内容包括:安装、托架安装、托架刷油。
(3)光排管散热器工作内容包括:制作、安装,水压试验,除锈、刷油。
(4)暖风机工作内容包括:安装。
(5)地板辐射采暖工作内容包括:保温层及钢丝网铺设,管道排布、绑扎、固定,与分集水器连接,水压试验,冲洗,配合地面浇筑。
(6)热媒集配装置工作内容包括:制作、安装、附件安装。
(7)集气罐工作内容包括:制作、安装。

关键细节 19　供暖器具工程量清单注意事项

(1)铸铁散热器,包括拉条制作安装。
(2)钢制散热器结构形式,包括钢制闭式、板式、壁板式、扁管式及柱式散热器等,应分别列项计算。
(3)光排管散热器,包括联管制作安装。
(4)地板辐射采暖,包括与分集水器连接和配合地面浇筑用工。

关键细节 20　供暖器具工程量计算

(1)铸铁散热器、钢制散热器、其他成品散热器工程量按设计图示数量计算,以"片(组)"为计量单位。
(2)光排管散热器工程量按设计图示排管长度计算,以"m"为计量单位。
(3)暖风机、热媒集配装置、集气罐工程量按设计图示数量计算,以"台"、"个"为计量单位。
(4)地板辐射采暖工程量以"m^2"计量,按设计图示采暖房间净面积计算或以"m"计量,按设计图示管道长度计算。

【例 10-10】 已知某设计图,需要安装铸铁散热器 130 片,铸铁散热器带锈刷底漆,两道银粉漆,试计算其清单工程量。

解:铸铁散热器安装清单工程量计算见表 10-13。

表 10-13　　　　　铸铁散热器安装清单工程量计算表

项目编码	项目名称	项目特征描述	计量单位	工程量
031005001001	铸铁散热器	铸铁散热器带锈刷底漆,两道银粉漆	片	130

【例 10-11】 图 10-16 所示为钢制闭式散热器示意图,试计算其清单工程量。

解:钢制闭式散热器清单工程量计算见表 10-14。

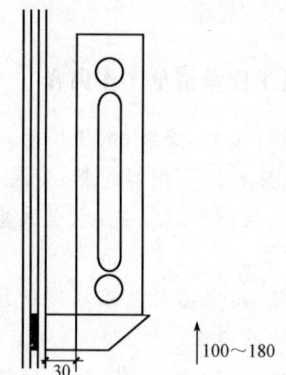

图 10-16　钢制闭式散热器示意图

表 10-14　　　　　　　钢制闭式散热器清单工程量计算表

项目编码	项目名称	项目特征描述	计量单位	工程量
031005002001	钢制散热器	钢制闭式散热器,长翼	片	1

【例 10-12】 NC 型轴流式暖风机如图 10-17 所示,试计算其清单工程量。

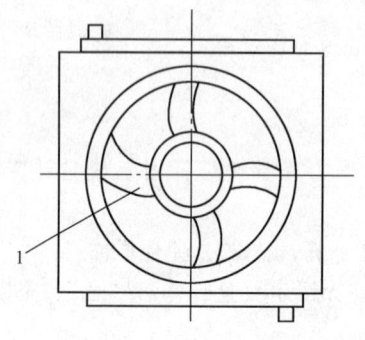 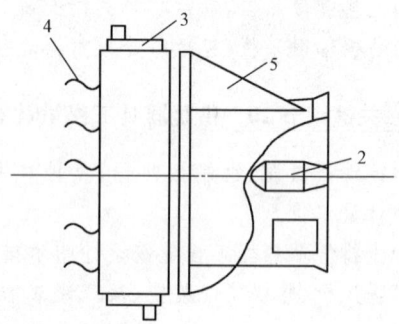

图 10-17　NC 型轴流式暖风机

1—轴流式风机;2—电动机;3—加热器;4—百叶片;5—支架

解:NC 型轴流式暖风机清单工程量计算见表 10-15。

表 10-15　　　　　　　NC 型轴流式暖风机清单工程量计算

项目编码	项目名称	项目特征描述	计量单位	工程量
031005005001	暖风机	NC 型轴流式暖风机	台	1

【例 10-13】 已知某设计图,需要安装光排管散热器 115m,试计算其清单工程量。

解:光排管散热器制作安装清单工程量计算见表 10-16。

表 10-16　　　　　　光排管散热器制作安装清单工程量计算表

项目编码	项目名称	项目特征描述	计量单位	工程量
031005004001	光排管散热器	光排管散热器制作	m	115

第六节　采暖、给排水设备

一、采暖、给排水设备项目简介

(1) 变频给水设备。变频给水设备通过微机控制变频调速来实现恒压供水。先设定用水点工作压力,并监测市政管网压力,压力低时自动调节水泵转速提高压力,并控制水泵以一恒定转速运行进行恒压供水。当用水量增加时转速提高,当用水量减少时转速降低,时刻保证用户的用水压力恒定。

(2) 稳压给水设备。稳压给水设备变频泵进水口与无负压装置和无负压进水装置连接。压力充足时,无负压装置自动开启,直接由市政管网供水,经过加压泵实现叠加增压给用户供水。当无负压装置探测到市政管网压力下降时,无负压进水装置立即启动,无负压装置关闭。

(3) 无负压给水设备。无负压给水设备是直接利用自来水管网压力的一种叠压式供水方式,卫生、节能、综合投资小。安装调试后,自来水管网的水首先进入稳流补偿器,并通过真空抑制器将罐内的空气自动排除。当安装在设备出口的压力传感器检测到自来水管网压力满足供水要求时,系统不经过加压泵直接供给;当自来水管网压力不能满足供水要求时,检测压力差额,由加压泵差多少补多少;当自来水管网水量不足时,空气由真空抑制器进入稳流补偿器破坏罐内真空,即可自动抽取稳流补偿器内的水供给,并且管网内不产生负压。

无负压给水设备既能利用自来水管道的原有压力,又能利用足够的储存水量缓解高峰用水,且不会对自来水管道产生吸力。

(4) 气压罐。气压罐是根据在一定温度下气体压力 P 与容积 V 乘积等于常数的原理,利用水压缩性极小的性质,用外力将水储存在罐内,气体受到压缩压力升高,当外力消失,压缩气体膨胀可将水排出。气压罐主要由气门盖、充气口、气囊、碳钢罐体、法兰盘组成,当其连接到水系统时,主要起一个蓄能器的作用,当系统水压力大于膨胀罐碳钢罐体与气囊之间的氮气压力时,系统水会在系统压力的作用下挤入膨胀罐气囊内,从而压缩罐体与气囊之间的氮气,使其体积减小,压力增大。

(5) 太阳能集热装置。在太阳能的热利用中,关键是将太阳的辐射能转换为热能。由于太阳能比较分散,必须设法把它集中起来,所以,集热器是利用太阳能装置的关键部分。由于用途不同,集热器及其匹配的系统类型也不同,如用于产生热水的太阳能热水器,用于干燥物品的太阳能干燥器,用于熔炼金属的太阳能熔炉,以及太阳房、太阳能热电站、太阳能海水淡化器等。

(6) 地源(水源、气源)热泵机组。地源热泵是一种利用浅层地热能源(也称地能,包括地下水、土壤或地表水等的能量)的既可供热又可制冷的高效节能系统。地源热泵供暖空调系统主要分室外地能换热系统、地源热泵机组和室内采暖空调末端系统。其中地源热泵机组主要有水—水式和水—空气式两种形式。三个系统之间靠水或空气换热介质进行热量的传递,地源热泵与地能之间换热介质为水,与建筑物采暖空调末端之间的换热介质可以是水或空气。

(7)除砂器。除砂器是从气、水或废水水流中分离出杂粒的装置。杂粒包括砂粒、石子、炉渣或其他一些重的固体构成的渣滓,其沉降速度和密度远大于水中易于腐烂的有机物。

设置除砂器还可保护机械设备免遭磨损,减少重物在管线、沟槽内沉积,并减少由于杂粒大量积累在消化池内所需的清理次数。

通用的除砂装置有平流式沉砂池和曝气沉砂池两种形式。

(8)水处理器。水处理器不改变水的化学性质,对人体无任何副作用。

其除垢效果明显。该设备安装在水循环系统,对原有垢厚在 2mm 以下的,一般情况下 30d 左右可逐渐使其松动脱落,处理后的水垢呈颗粒状,可随排污管路排出,不会堵塞管路系统。旧垢脱落后,在一定范围内不再产生新垢。

该设备体积小,安装简单方便,可长期无人值守使用。水流经该设备后,可使水变成磁化水,而且对于水中细菌有一定的抑制和杀灭作用。

(9)超声波灭藻设备。超声波灭藻设备的工作原理是利用特定频率的超声波所产生的震荡波,作用于水藻的外壁并使之破裂、死亡,以达到消灭水藻平衡水环境生态的目的。

(10)水质净化器。水质净化器简称净水器,是集混合、反应、沉淀、过滤于一体的一元化设备,具有结构紧凑、体积小、操作管理简便和性能稳定等优点。

(11)紫外线杀菌设备。紫外线是一种肉眼看不见的光波,存在于光谱紫射线端的外侧,故称紫外线。紫外线是来自太阳辐射的电磁波之一,通常按照波长把紫外线分为 UVA、UVB、UVC 和 UVD 四个波段。

紫外线杀菌设备的杀菌原理是利用紫外线灯管辐照强度,即紫外线杀菌灯所发出的辐照强度,与被照消毒物的距离成反比。当辐照强度一定时,被照消毒物停留时间愈久,离杀菌灯管愈近,其杀菌效果愈好,反之愈差。

(12)热水器、开水炉。热水器是指通过各种物理原理,在一定时间内使冷水温度升高变成热水的一种装置。按照原理不同,热水器可分为电热水器、燃气热水器、太阳能热水器、空气能热水器、速磁生活热水器五种。

开水炉是为了适应各类人群饮水需求而设计开发的。其容量根据不同群体的需求,可以按照用户要求定做,产品适用于企业单位、酒店、部队、车站、机场、工厂、医院、学校等公共场合。

(13)消毒器、消毒锅。消毒锅属净化、消毒设备。消毒器外观应符合下列要求:

1)设备表面应喷涂均匀、颜色一致,无流痕、起沟、漏漆、剥落现象。

2)设备外表整齐美观,无明显的锤痕和不平,盘面仪表、开关、指示灯、标牌应安装牢固端正。

3)设备外壳及骨架的焊接应牢固,无明显变形或烧穿缺陷。

(14)直饮水设备。直饮水是指通过设备对源水进行深度净化,达到人体能直接饮用的水。主要是指通过反渗透系统过滤后的水。直饮水设备具有下列特点:

1)方便。使用直饮水机饮水,不需人工看护,饮水方便,具有清洁卫生、操作容易、饮水时尚等优点。

2)实用。具有噪声低、安全可靠、耐用省电、经济实惠、价廉物美的特点。

3)美观。

(15)水箱。室内给水系统中,在需要增压、稳压、减压或需要储存一定的水量时,均可设置水箱。水箱一般配有HYFI远传液位电动阀、HYJK型水位监控系统和HYQX—Ⅱ水箱自动清洗系统以及HYZZ—2—A型水箱自洁消毒器。水箱一般有进水管、出水管(生活出水管、消防出水管)、溢流管、排水管。水箱的溢流管与水箱的排水管阀后连接并设防虫网,水箱应有高低不同的两个通气管(设防虫网),并设内外爬梯。

二、采暖、给排水设备工程量清单项目设置

采暖、给排水设备工程量清单项目包括:变频给水设备(编码:031006001),稳压给水设备(编码:031006002),无负压给水设备(编码:031006003),气压罐(编码:031006004),太阳能集热装置(编码:031006005),地源(水源、气源)热泵机组(编码:031006006),除砂器(编码:031006007),水处理器(编码:031006008),超声波灭藻设备(编码:031006009),水质净化器(编码:031006010),紫外线杀菌设备(编码:031006011),热水器、开水炉(编码:031006012),消毒器、消毒锅(编码:031006013),直饮水设备(编码:031006014),水箱(编码:031006015)。

关键细节21 采暖、给排水设备工程量清单项目特征

(1)变频给水设备、稳压给水设备、无负压给水设备项目特征包括:设备名称,型号、规格,水泵主要技术参数,附件名称、数量、规格,减震装置形式。
(2)气压罐、除砂器项目特征包括:型号、规格,安装方式。
(3)太阳能集热装置项目特征包括:型号、规格,安装方式,附件名称、规格、数量。
(4)地源(水源、气源)热泵机组项目特征包括:型号、规格,安装方式,减震装置形式。
(5)水处理器、超声波灭藻设备、水质净化器,消毒器、消毒锅项目特征包括:类型,型号、规格。
(6)紫外线杀菌设备、直饮水设备项目特征包括:名称、规格。
(7)热水器、开水炉项目特征包括:能源种类,型号,容积,安装方式。
(8)水箱项目特征包括:材质,类型,型号、规格。

关键细节22 采暖、给排水设备工程量清单工作内容

(1)变频给水设备、稳压给水设备、无负压给水设备工作内容包括:设备安装,附件安装,调试,减震装置制作、安装。
(2)气压罐工作内容包括:安装、调试。
(3)太阳能集热装置,热水器、开水炉工作内容包括:安装、附件安装。
(4)地源(水源、气源)热泵机组工作内容包括:安装,减震装置制作、安装。
(5)除砂器,水处理器,超声波灭藻设备,水质净化器,紫外线杀菌设备,消毒器、消毒锅,直饮水设备工作内容包括:安装。
(6)水箱工作内容包括:制作、安装。

关键细节23 采暖、给排水设备工程量清单注意事项

(1)变频给水设备、稳压给水设备、无负压给水设备的安装说明如下:

1)压力容器包括气压罐、稳压罐、无负压罐。
2)水泵包括主泵及备用泵,应注明数量。
3)附件包括给水装置中配备的阀门、仪表、软接头,应注明数量,含设备、附件之间管路连接。
4)泵组底座安装,不包括基础砌(浇)筑,应按国家现行标准《房屋建筑与装饰工程工程量计算规范》(GB 50854—2013)相关项目编码列项。
5)控制柜安装及电气接线、调试应按《通用安装工程工程量计算规范》(GB 50856—2013)附录 D 电气设备安装工程相关项目编码列项。
(2)地源热泵机组、接管以及接管上的阀门、软接头、减震装置和基础另行计算,应按相关项目编码列项。

关键细节 24 采暖、给排水设备工程量计算

(1)变频给水设备、稳压给水设备、无负压给水设备、太阳能集热装置、直饮水设备工程量按设计图示数量计算,以"套"为计量单位。
(2)气压罐,除砂器,水处理器,超声波灭藻设备,水质净化器,紫外线杀菌设备,热水器、开水炉、消毒器、消毒锅,水箱工程量按设计图示数量计算,以"台"为计量单位。
(3)地源(水源、气源)热泵机组工程量按设计图示数量计算,以"组"为计量单位。

【例 10-14】 某变频给水设备水泵功率为 4HP,水泵最大流量为 120L/min,系统压力低于 2.2bar 时水泵自动启动,系统压力达到 7.0bar 时,水泵自动停机,气压罐预充压力为 2bar,选用 1 台气压罐,型号为 YZ93-T5,图 10-18 所示为气压罐工作原理图,试计算其工程量。

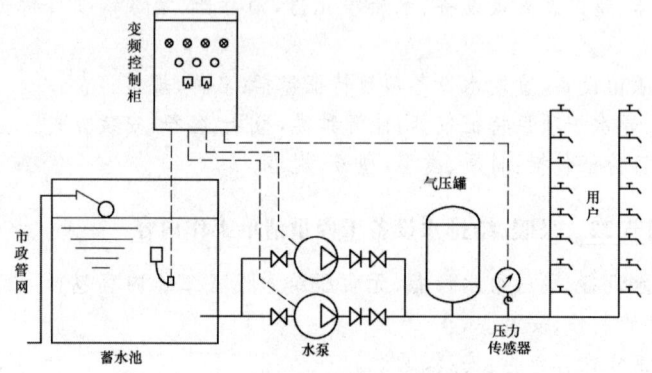

图 10-18 气压罐工作原理图

解:根据工程量计算规则,变频给水设备工程量及气压罐工程量均按设计图示数量计算。
变频给水设备工程量=1 套
气压罐工程量=1 台
其工程量计算结果见表 10-17。

表 10-17　　　　　　　　　　工程量计算表

项目编码	项目名称	项目特征描述	计量单位	工程量
031006001001	变频给水设备	水泵功率4HP,最大流量120L/min,压力范围2.2~7.0bar	套	1
031006004001	气压罐	型号 YZ93-T5	台	1

第七节　燃气器具及其他

一、燃气器具项目简介

(1)燃气开水炉。燃气开水炉使用专用高位不锈钢燃烧器,特制管道吸热方式,热利用率高,产开水量大,全不锈钢制作,干净卫生。

(2)燃气采暖炉。燃气采暖炉是指通过消耗燃气使其转化为热能而采暖的一种设备。常见的燃气采暖炉有燃气室外采暖炉、燃气壁挂式采暖炉等。

(3)沸水器。沸水器是一种利用煤气、液化气为热源的,能连续不断地提供热水或沸水的设备。它由壳体和壳体内的预热器、贮水管、燃烧器、点火器等构成。

(4)燃气快速热水器。燃气快速热水器可根据燃气种类、安装位置及排气方式、用途、供暖热水系统结构形式进行分类。按使用燃气的种类可分为人工煤气热水器、天然气热水器、液化石油气热水器;按安装位置或给气排气方式可分为室内型和室外型;按用途可分为热水型、供暖型、两用型。

(5)燃气灶具。燃气灶具按燃气类别可分为人工燃气灶具、天然气灶具、液化石油气灶具;按灶眼数可分为单眼灶、双眼灶、多眼灶;按功能可分为灶、烤箱灶、烘烤灶、烤箱、烘烤器、饭锅、气电两用灶具;按结构形式可分为台式、嵌入式、落地式、组合式、其他形式;按加热方式可分为直接式、半直接式、间接式。

(6)气嘴。在燃气管道中,气嘴是用于连接金属管与胶管,并与旋塞阀作用的附件。气嘴与金属管连接时,有内螺纹、外螺纹之分。气嘴与胶管连接时,有单嘴、双嘴之分。

二、燃气器具及其他工程量清单项目设置

燃气器具及其他工程清单量清单项目包括:燃气开水炉(编码:031007001),燃气采暖炉(编码:031007002),燃气沸水器、消毒器(编码:031007003),燃气热水器(编码:031007004),燃气表(编码:031007005),燃气灶具(编码:031007006),气嘴(编码:031007007),调压器(编码:031007008),燃气抽水缸(编码:031007009),燃气管道调长器(编码:031007010),调压箱、调压装置(编码:031007011),引入口砌筑(编码:031007012)。

🏠关键细节25　燃气器具及其他工程量清单项目特征

(1)燃气开水炉、燃气采暖炉项目特征包括:型号,容量,安装方式,附件型号,规格。

(2)燃气沸水器、消毒器,燃气热水器项目特征包括:类型,型号,容量,安装方式,附件型号,规格。

(3)燃气表项目特征包括:类型、型号、规格、连接方式、托架设计要求。
(4)燃气灶具项目特征包括:用途、类型、型号、规格、安装方式、附件型号、规格。
(5)气嘴项目特征包括:单嘴、双嘴、材质、型号、规格、连接形式。
(6)调压器项目特征包括:类型、型号、规格、安装方式。
(7)燃气抽水缸项目特征包括:材质、规格、连接形式。
(8)燃气管道调长器项目特征包括:规格、压力等级、连接形式。
(9)调压箱、调压装置项目特征包括:类型、型号、规格、安装部位。
(10)引入口砌筑项目特征包括:砌筑形式、材质、保温、保护材料设计要求。

关键细节 26 燃气器具及其他工程量清单工作内容

(1)燃气开水炉、燃气采暖炉、燃气沸水器、消毒器、燃气热水器、燃气灶具工作内容包括:安装、附件安装。
(2)燃气表工作内容包括:安装、托架制作、安装。
(3)气嘴、调压器、燃气抽水缸、燃气管道调长器、调压箱、调压装置工作内容包括:安装。
(4)引入口砌筑工作内容包括:保温(保护)台砌筑、填充保温(保护)材料。

关键细节 27 燃气器具及其他工程量清单注意事项

(1)沸水器、消毒器适用于容积式沸水器、自动沸水器、燃气消毒器等。
(2)燃气灶具适用于人工煤气灶具、液化石油气灶具、天然气燃气灶具等,用途应描述民用或公用,类型应描述所采用气源。
(3)调压箱、调压装置安装部位应区分室内、室外。
(4)引入口砌筑形式,应注明地上、地下。

关键细节 28 燃气器具及其他工程量计算

燃气器具工程量按设计图示数量计算,以"台""块""个""处"为计量单位。
【例 10-15】 图 10-19 所示为燃气采暖炉示意图,试计算其清单工程量。

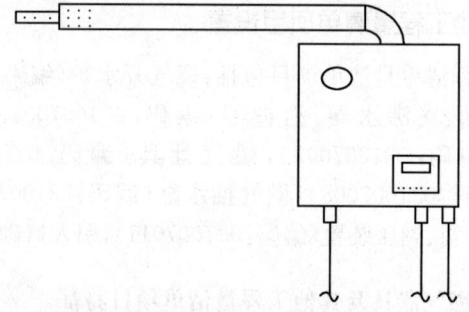

图 10-19 燃气采暖炉示意图

解:燃气采暖炉清单工程量计算见表 10-18。

表 10-18　　　　　　　燃气采暖炉清单工程量计算

项目编码	项目名称	项目特征描述	计量单位	工程量
031007002001	燃气采暖炉	燃气采暖炉安装	台	1

【例 10-16】 已知某设计图,需要安装燃气热水器 15 台,试计算其清单工程量。
解:燃气热水器安装清单工程量计算见表 10-19。

表 10-19　　　　　　燃气热水器安装清单工程量计算表

项目编码	项目名称	项目特征描述	计量单位	工程量
031007004001	燃气热水器	燃气热水器	台	15

【例 10-17】 已知某设计图,需要安装燃气灶具 15 台,试计算其清单工程量。
解:燃气灶具安装清单工程量计算见表 10-20。

表 10-20　　　　　　燃气灶具安装清单工程量计算表

项目编码	项目名称	项目特征描述	计量单位	工程量
031007006001	燃气灶具	燃气灶具	台	15

第八节　医疗气体设备及附件

一、医疗气体设备及附件项目简介

(1)制氧机。制氧机是氧气收集器。市面上常见两种氧气收集器:一种是用分子筛产氧,一种是使用"附氧膜",又称"富氧膜"产氧。

(2)液氧罐。液氧罐是把氧气加压降温到零下 100 多度后存放的专用储罐,这种罐子一般由不锈钢制造而成,体积有 $10m^3$、$20m^3$ 等。液氧罐按比例分为立式和卧式两种。

(3)二级稳压箱。二级稳压箱可用来单独调节各个病区的氧气压力。

(4)气体汇流排。气体汇流排是将多个盛装气体的容器(如高压钢瓶等)集合起来实现集中供气的装置。其原理是将瓶装气体通过卡具及软管输入至汇流排主管道,经减压、调节,再通过管道输送至使用点。气体汇流排广泛应用于医院、化工、焊接及科研单位。

(5)集污罐。集污罐的工作原理是将过滤器内的分离物收集后,罐内可燃物挥发,挥发的气体通过排空管排入大气,罐内只遗留水和固体杂质,最后通过水泵排出。

(6)刷手池。通常采用不锈钢刷手池,一般有二人刷手池和三人刷手池两种。

(7)医用真空罐。医用真空罐是医院中心吸引系统中形成负压源的重要组成设备之一。

(8)气水分离器。气水分离器是用于含液系统中将气体和液体分离的设备。

(9)干燥机。一种利用热能降低物料水分的机械设备,用于对物体进行干燥操作。干燥机通过加热使物料中的湿分(一般指水分或其他可挥发性液体成分)汽化逸出,以获得规定湿含量的固体物料。干燥的目的是为了物料使用或进一步加工的需要。

(10)储气罐。储气罐是指专门用来储存气体的设备，同时起稳定系统压力的作用，根据储气罐的承受压力不同可以分为高压储气罐、低压储气罐、常压储气罐。

(11)空气过滤器。空气过滤器是指空气过滤装置，一般用于洁净车间、洁净厂房、实验室及洁净室，或者用于电子机械通信设备等的防尘。其有初效过滤器、中效过滤器、高效过滤器及亚高效等型号。

(12)集水器。集水器是将多路进水通过一个容器一路输出的设备。其管理若干的支路管道，分别包括回水支路和供水支路。集水器一方面将主干管的水按需进行流量分配，保证各区域分支环路的流量满足负荷需要，同时还要将各分支回路的水流汇集，并且输入回主干管中，实现循环运行。从功能和结构上来看，集水器分为三种类型：基本型、标准型和功能型。

(13)医疗设备带。医用设备带，又称气体设备带，主要用于医院病房内，可以装载气体终端、电源开关和插座等设备。它是中心供氧以及中心吸引系统必不可少的气体终端控制装置。

(14)气体终端。气体终端是连接医院中央供气系统和医疗设备的关键节点。

二、医疗气体设备及附件工程量清单项目设置

医疗气体设备及附件工程量清单项目包括：制氧机(编码：031008001)、液氧罐(编码：031008002)、二级稳压箱(编码：031008003)、气体汇流排(编码：031008004)、集污罐(编码：031008005)、刷手池(编码：031008006)、医用真空罐(编码：031008007)、气水分离器(编码：031008008)、干燥机(编码：031008009)、储气罐(编码：031008010)、空气过滤器(编码：031008011)、集水器(编码：031008012)、医疗设备带(编码：031008013)、气体终端(编码：031008014)。

关键细节 29 医疗气体设备及附件工程量清单项目特征

(1)制氧机、液氧罐、二级稳压箱、气体汇流排、集污罐项目特征包括：型号、规格，安装方式。

(2)刷手池项目特征包括：材质、规格，附件材质、规格。

(3)医用真空罐项目特征包括：型号、规格，安装方式，附件材质、规格。

(4)气水分离器项目特征包括：规格、型号。

(5)干燥剂、储气罐、空气过滤器、集水器项目特征包括：规格、安装方式。

(6)医疗设备带项目特征包括：材质、规格。

(7)气体终端项目特征包括：名称、气体种类。

关键细节 30 医疗气体设备及附件工程量清单工作内容

(1)制氧机、液氧罐、二级稳压箱、气体汇流排、干燥机、储气罐、空气过滤器、集水器、医疗设备带、气体终端工作内容包括：安装、调试。

(2)集污罐、气水分离器工作内容包括：安装。

(3)刷手池工作内容包括：器具安装、附件安装。

(4)医用真空罐工作内容包括：本体安装、附件安装、调试。

关键细节 31　医疗气体设备及附件工程量清单注意事项

(1)气体汇流排适用于氧气、二氧化碳、氮气、笑气、氩气、压缩空气等医用气体汇流排安装。

(2)空气过滤器适用于医用气体预过滤器、精过滤器、超精过滤器等安装。

关键细节 32　医疗气体设备及附件工程量计算

(1)制氧机、液氧罐、二级稳压箱、医用真空罐、气水分离器、干燥机、储气罐、集水器工程量按设计图示数量计算,以"台"为计量单位。

(2)气体汇流排、刷手池工程量按设计图示数量计算,以"组"为计量单位。

(3)集污罐、空气过滤器、气体终端按设计图示数量计算,以"个"为计量单位。

(4)医疗设备带工程量按设计图示长度计算,以"m"为计量单位。

第九节　采暖、空调水工程系统调试

一、采暖、空调水工程系统调试项目简介

(1)采暖工程系统调试。在采暖工程安装全部施工完毕后,待系统投入正式运行前的试运行期间,工程人员要对安装好的系统进行调试。

(2)空调工程水系统调试。空调工程水系统应冲洗干净、不含杂物,并排除管道系统中的空气。

系统连续运行应达到正常、平稳。水泵的压力和水泵电机的电流不应出现大幅波动。系统平衡调整后,各空调机组的水流量应符合设计要求,允许偏差为 20%。

二、采暖、空调水工程系统调试工程量清单项目设置

采暖、空调水工程系统调试工程量清单项目包括:采暖工程系统调试(编码:031009001),空调水工程系统调试(编码:031009002)。

关键细节 33　采暖、空调水工程系统调试工程量清单项目特征

采暖工程系统调试、空调水工程系统调试项目特征包括:系统形式、采暖(空调水)管道工程量。

关键细节 34　采暖、空调水工程系统调试工程量工作内容

采暖、空调水工程系统调试工作内容包括:系统调试。

关键细节 35　采暖、空调水工程系统调试工程量清单注意事项

(1)由采暖管道、阀门及供暖器具组成采暖工程系统。

(2)由空调水管道、阀门及冷水机组组成空调水工程系统。

(3)当采暖工程系统、空调水工程系统中管道工程量变化时,系统调试费用应作相应调整。

关键细节36 采暖、空调水工程系统调试工程量计算

采暖工程系统调试工程量按采暖工程系统计算,空调水工程系统调试工程量按空调水工程系统计算,以"系统"为计量单位。

【例10-18】 某小区安装采暖系统3套,试计算其采暖工程系统调试清单工程量。

解:采暖工程系统调试清单工程量计算见表10-21。

表10-21　　　　采暖工程系统调试清单工程量计算表

项目编码	项目名称	项目特征描述	计量单位	工程量
031009001001	采暖工程系统调试	采暖工程系统	系统	3

第十一章 水暖工程清单计价

第一节 工程量清单计价规定

一、计价方式

(1)使用国有资金投资的建设工程发承包,必须采用工程量清单计价。国有投资的资金包括以国家融资资金、国有资金为主的投资资金。

1)国有资金投资的工程建设项目包括:

①使用各级财政预算资金的项目。

②使用纳入财政管理的各种政府性专项建设资金的项目。

③使用国有企事业单位自有资金,并且国有资产投资者实际拥有控制权的项目。

2)国家融资资金投资的工程建设项目包括:

①使用国家发行债券所筹资金的项目。

②使用国家对外借款或者担保所筹资金的项目。

③使用国家政策性贷款的项目。

④国家授权投资主体融资的项目。

⑤国家特许的融资项目。

3)国有资金为主的工程建设项目是指国有资金占投资总额50%以上,或虽不足50%但国有投资者实质上拥有控股权的工程建设项目。

(2)非国有资金投资的建设工程,"13计价规范"鼓励采用工程量清单计价方式,但是否采用,由项目业主自主确定。

(3)不采用工程量清单计价的建设工程,应执行"13计价规范"中除工程量清单等专门性规定外的其他规定。

(4)实行工程量清单计价应采用综合单价法,不论分部分项工程项目、措施项目、其他项目,还是以单价形式或以总价形式表现的项目,其综合单价的组成内容均包括完成该项目所需的、除规费和税金以外的所有费用。

(5)根据《中华人民共和国安全生产法》、《中华人民共和国建筑法》、《建设工程安全生产管理条例》、《安全生产许可证条例》等法律、法规的规定,原建设部办公厅印发了《建筑工程安全防护、文明施工措施费及使用管理规定》(建办〔2005〕89号),将安全文明施工费纳入国家强制性标准管理范围,其费用标准不予竞争,并规定"投标方安全防护、文明施工措施的报价,不得低于依据工程所在地工程造价管理机构测定费率计算所需费用总额的90%"。2012年2月14日,财政部、国家安全生产监督管理总局印发的《企业安全生产费用提取和使用管理办法表》(财企〔2012〕16号)规定:"建设工程施工企业提取的安全费用列入工程造价,在竞标时不得删减,列入标外管理"。

"13计价规范"规定措施项目清单中的安全文明施工费必须按国家或省级、行业建设主管部门的规定费用标准计算,招标人不得要求投标人对该项费用进行优惠,投标人也不得将该项费用参与市场竞争。此处的安全文明施工费包括《建筑安装工程费用项目组成》(建标〔2013〕44号)中措施费的文明施工费、环境保护费、临时设施费、安全施工费。

(6)根据《建筑安装工程费用项目组成》(建标〔2013〕44号)的规定,规费是政府和有关权力部门规定必须缴纳的费用。税金是国家按照税法预先规定的标准,强制地、无偿地要求纳税人缴纳的费用。它们都是工程造价的组成部分,但是其费用内容和计取标准都不是发、承包人能自主确定的,更不是由市场竞争决定的。因而"13计价规范"规定:"规费和税金必须按国家或省级、行业建设主管部门的规定计算,不得作为竞争性费用"。

二、发包人提供材料和机械设备

《建设工程质量管理条例》第14条规定:"按照合同约定,由建设单位采购建筑材料、建筑构配件和设备的,建设单位应当保证建筑材料、建筑构配件和设备符合设计文件和合同要求";《中华人民共和国合同法表》第283条规定:"发包人未按照约定的时间和要求提供原材料、设备、场地、资金、技术资料的,承包人可以顺延工程日期,并有权要求赔偿停工、窝工等损失"。"13计价规范"根据上述法律条文对发包人提供材料和机械设备的情况进行了如下约定:

(1)发包人提供的材料和工程设备(以下简称甲供材料)应在招标文件中按照规定填写《发包人提供材料和工程设备一览表》,写明甲供材料的名称、规格、数量、单价、交货方式、交货地点等。承包人投标时,甲供材料价格应计入相应项目的综合单价中,签约后,发包人应按合同约定扣除甲供材料款,不予支付。

(2)承包人应根据合同工程进度计划的安排,向发包人提交甲供材料交货的日期计划。发包人应按计划提供。

(3)发包人提供的甲供材料如规格、数量或质量不符合合同要求,或由于发包人原因发生交货日期延误、交货地点及交货方式变更等情况的,发包人应承担由此增加的费用和(或)工期延误,并应向承包人支付合理利润。

(4)发承包双方对甲供材料的数量发生争议不能达成一致的,应按照相关工程的计价定额同类项目规定的材料消耗量计算。

(5)若发包人要求承包人采购已在招标文件中确定为甲供材料的,材料价格应由发承包双方根据市场调查确定,并应另行签订补充协议。

三、承包人提供材料和工程设备

《建设工程质量管理条例》第29条规定:"施工单位必须按照工程设计要求、施工技术标准和合同约定,对建筑材料、建筑构配件、设备和商品混凝土进行检验,检验应当有书面记录和专人签字;未经检验或者检验不合格的,不得使用"。"13计价规范"根据此法律条文对承包人提供材料和机械设备的情况进行了如下约定:

(1)除合同约定的发包人提供的甲供材料外,合同工程所需的材料和工程设备应由承包人提供,承包人提供的材料和工程设备均应由承包人负责采购、运输和保管。

(2)承包人应按合同约定将采购材料和工程设备的供货人及品种、规格、数量和供货时间等提交发包人确认,并负责提供材料和工程设备的质量证明文件,满足合同约定的质量标准。

(3)对承包人提供的材料和工程设备经检测不符合合同约定的质量标准,发包人应立即要求承包人更换,由此增加的费用和(或)工期延误应由承包人承担。对发包人要求检测承包人已具有合格证明的材料、工程设备,但经检测证明该项材料、工程设备符合合同约定的质量标准,发包人应承担由此增加的费用和(或)工期延误,并向承包人支付合理利润。

四、计价风险

(1)建设工程发承包,必须在招标文件、合同中明确计价中的风险内容及其范围,不得采用无限风险、所有风险或类似语句规定计价中的风险内容及范围。

风险是一种客观存在的、会带来损失的、不确定的状态。它具有客观性、损失性、不确定性的特点,并且风险始终是与损失相联系的。工程施工发包是一种期货交易行为,工程建设本身又具有单件性和建设周期长的特点。在工程施工过程中影响工程施工及工程造价的风险因素很多,但并非所有的风险都是承包人能预测、能控制和应承担其造成损失的。

工程施工招标发包是工程建设交易方式之一,一个成熟的建设市场应是一个体现交易公平性的市场。在工程建设施工发包中实行风险共担和合理分摊原则是实现建设市场交易公平性的具体体现,也是维护建设市场正常秩序的措施之一。其具体体现则是应在招标文件或合同中对发、承包双方各自应承担的风险内容及其风险范围或幅度进行界定和明确,而不能要求承包人承担所有风险或无限度风险。

根据我国工程建设特点,投标人应完全承担的风险是技术风险和管理风险,如管理费和利润;应有限度承担的是市场风险,如材料价格、施工机械使用费等的风险;应完全不承担的是法律、法规、规章和政策变化的风险。

(2)由于下列因素出现,影响合同价款调整的,应由发包人承担:

1)由于国家法律、法规、规章或有关政策出台导致工程税金、规费等发生变化的。

2)对于根据我国目前工程建设的实际情况,各省、自治区、直辖市建设行政主管部门均根据当地人力资源和社会保障行政主管部门的有关规定发布人工成本信息或人工费调整,对此关系职工切身利益的人工费进行调整的,但承包人对人工费或人工单价的报价高于发布的除外。

3)按照《中华人民共和国合同法》第63条规定:"执行政府定价或者政府指导价的,在合同约定的交付期限内价格调整时,按照交付的价格计价。逾期交付标的物的,遇价格上涨时,按照原价格执行;价格下降时,按照新价格执行。逾期提取标的物或者逾期付款的,遇价格上涨时,按照新价格执行;价格下降时,按照原价格执行"。因此,对政府定价或政府指导价管理的原材料价格按照相关文件规定进行合同价款调整的,因承包人原因导致工期延误的,应按本书第十二章"关键细节2"和"关键细节8"中的有关规定进行处理。

(3)对于主要由市场价格波动导致的价格风险,如工程造价中的建筑材料、燃料等价格风险,应由发承包双方合理分摊,并按规定填写《承包人提供主要材料和工程设备一览表》作为合同附件;当合同中没有约定,发承包双方发生争议时,应按"13计价规范"的相关规定调整合同价款。

"13计价规范"中提出承包人所承担的材料价格的风险宜控制在5%以内,施工机械使用费的风险可控制在10%以内,超过者予以调整。

(4)由于承包人使用机械设备、施工技术以及组织管理水平等自身原因造成施工费用增加的,应由承包人全部承担。

(5)当不可抗力发生,影响合同价款时,应按本书第十二章"关键细节10"的相关规定处理。

第二节　工程量清单计价格式

一、工程计价表格的形式及填写要求

(一)工程计价文件封面

1. 招标工程量清单封面(封—1)

招标工程量清单封面格式(封—1)见表11-1。

表11-1　　　　　　　　招标工程量清单封面

_____工程

招标工程量清单

招　标　人：_____

(单位盖章)

造价咨询人：_____

(单位盖章)

年　　月　　日

封—1

第十一章 水暖工程清单计价

关键细节 1 招标工程量清单封面填写要点

招标工程量清单应填写招标工程项目的具体名称,招标人应盖单位公章,如委托工程造价咨询人编制,还应加盖工程造价咨询人所在单位公章。

2. 招标控制价封面(封—2)

招标控制价封面(封—2)见表 11-2。

表 11-2　　　　　　　　　招标控制价封面

_____工程

招标控制价

招　标　人：_____
　　　　　　（单位盖章）

造价咨询人：_____
　　　　　　（单位盖章）

年　　月　　日

封—2

关键细节 2 招标控制价封面填写要点

招标控制价封面应填写招标工程项目的具体名称,招标人应盖单位公章,如委托工程造价咨询人编制,还应加盖工程造价咨询人所在单位公章。

3. 投标总价封面(封—3)

投标总价封面(封—3)见表 11-3。

表 11-3　　　　　　　　　　投标总价封面

_____工程

投 标 总 价

投 标 人：_____

(单位盖章)

年　月　日

封—3

第十一章 水暖工程清单计价

关键细节 3 投标总价封面填写要点

投标总价封面应填写投标工程项目的具体名称,投标人应盖单位公章。

4. 竣工结算书封面(封—4)

竣工结算书封面(封—4)见表 11-4。

表 11-4　　　　　　　　　　竣工结算书封面

_____工程

竣工结算书

发　包　人：_____
（单位盖章）

承　包　人：_____
（单位盖章）

造价咨询人：_____
（单位盖章）

年　　月　　日

封—4

关键细节 4　竣工结算书封面填写要点

竣工结算书封面应填写竣工工程的具体内容名称，发承包双方应盖单位公章，如委托工程造价咨询人办理的，还应加盖工程造价咨询人所在单位公章。

5. 工程造价鉴定意见书封面(封一5)

工程造价鉴定意见书封面(封—5)见表11-5。

表 11-5　　　　　　　工程造价鉴定意见书封面

```
_____工程
         编号：××[2×××]××号



            工程造价鉴定意见书




       造价咨询人：_____
                  （单位盖章）



              年    月    日
```

封—5

关键细节 5　工程造价鉴定意见书封面填写要点

工程造价鉴定意见书封面应填写鉴定工程项目的具体名称，填写意见书文号，工程造价咨询人盖所在单位公章。

(二)工程计价文件扉页

1. 招标工程量清单扉页(扉一1)

招标工程量清单扉页(扉一1)见表11-6。

第十一章　水暖工程清单计价

表 11-6　　　　　　　　　招标工程量清单扉页

_____工程

招标工程量清单

招 标 人：_____　　　　造价咨询人：_____
　　　　　　（单位盖章）　　　　　　　　　　　　　（单位资质专用章）

法定代表人　　　　　　　　　　　　　　法定代表人
或其授权人：_____　　　　或其授权人：_____
　　　　（签字或盖章）　　　　　　　　　　　　　（签字或盖章）

编 制 人：_____　　　　复 核 人：_____
　　（造价人员签字盖专用章）　　　　　　（造价工程师签字盖专用章）

编制时间：　年　月　日　　　　　　　复核时间：　年　月　日

扉—1

关键细节6　招标工程量清单扉页填写要点

招标工程量清单扉页由招标人或招标人委托的工程造价咨询人编制招标工程量清单时填写。

招标人自行编制工程量清单的，编制人员必须是在招标人单位注册的造价人员，由招标人盖单位公章，法定代表人或其授权人签字或盖章；当编制人是注册造价工程师时，由其签字盖执业专用章；当编制人是造价员时，由其在编制人栏签字盖专用章，并应由注册造价工程师复核，在复核人栏签字盖执业专用章。

招标人委托工程造价咨询人编制工程量清单的，编制人必须是在工程造价咨询人单位注册的造价人员，由工程造价咨询人盖单位资质专用章，法定代表人或其授权人签字或盖章；当编制人是注册造价工程师时，由其签字盖执业专用章；当编制人是造价员时，由其在编制人栏签字盖专用章,并应由注册造价师复核,在复核人栏签字盖执业专用章。

2. 招标控制价扉页(扉—2)

招标控制价扉页(扉—2)见表 11-7。

表 11-7　　　　　　　　　招标控制价扉页

_____工程

招 标 控 制 价

招标控制价(小写):_____

　　　　(大写):_____

招　标　人:_____　　造价咨询人:_____
　　　　　　(单位盖章)　　　　　　　　　　　　(单位资质专用章)

法定代表人　　　　　　　　　　　　法定代表人
或其授权人:_____　　或其授权人:_____
　　　　　　(签字或盖章)　　　　　　　　　　　(签字或盖章)

编　制　人:_____　　复　核　人:_____
　　　　(造价人员签字盖专用章)　　　　　(造价工程师签字盖专用章)

编制时间:　年　月　日　　　　　复核时间:　年　月　日

扉—2

关键细节 7　招标控制价扉页填写要点

招标控制价扉页的封面由招标人或招标人委托的工程造价咨询人编制招标控制价时填写。

招标人自行编制招标控制价的,编制人员必须是在招标人单位注册的造价人员,由招标人盖单位公章,法定代表人或其授权人签字或盖章;当编制人是注册造价工程师时,由其签字盖执业专用章;当编制人是造价员时,由其在编制人栏签字盖专用章,并应由注册造价工程师复核,在复核人栏签字盖执业专用章。

招标人委托工程造价咨询人编制招标控制价时,编制人员必须是在工程造价咨询人单位注册的造价人员。由工程造价咨询人盖单位资质专用章,法定代表人或其授权人签字或盖章;当编制人是注册造价工程师时,由其签字盖执业专用章;当编制人是造价员时,由其在编制人栏签字盖专用章,并应由注册造价工程师复核,在复核人栏签字盖执业专用章。

3. 投标总价扉页(扉-3)

投标总价扉页(扉-3)见表11-8。

表 11-8　　　　　　　　　　投标总价扉页

投 标 总 价

招　标　人：_____

工 程 名 称：_____

投标总价(小写)：_____

　　　　(大写)：_____

投　标　人：_____
　　　　　　　　　　（单位盖章）

法定代表人
或其授权人：_____
　　　　　　　　　（签字或盖章）

编　制　人：_____
　　　　　　　（造价人员签字盖专用章）

编制时间：　　年　　月　　日

扉-3

关键细节8　投标总价扉页填写要点

投标总价扉页由投标人编制投标报价时填写。

投标人编制投标报价时,编制人员必须是在投标人单位注册的造价人员。由投标人盖单位公章,法定代表人或其授权人签字或盖章;编制的造价人员(造价工程师或造价员)签字盖执业专用章。

4. 竣工结算总价扉页(扉一4)

竣工结算总价扉页(扉－4)见表11-9。

表11-9　　　　　　　　　竣工结算总价扉页

```
_____工程


                    竣 工 结 算 总 价


签约合同价(小写):_____          (大写):_____
竣工结算价(小写):_____          (大写):_____


发 包 人:_____    承 包 人:_____    造价咨询人:_____
    (单位盖章)        (单位盖章)        (单位资质专用章)



法定代表人             法定代表人             法定代表人
或其授权人:_____     或其授权人:_____     或其授权人:_____
    (签字或盖章)        (签字或盖章)        (签字或盖章)


编 制 人:_____              核 对 人:_____
  (造价人员签字盖专用章)            (造价工程师签字盖专用章)


编制时间:  年 月 日              核对时间:  年 月 日
```

扉－4

关键细节9　竣工结算总价扉页填写要点

承包人自行编制竣工结算总价时,编制人员必须是承包人单位注册的造价人员。由承包人盖单位公章,法定代表人或其授权人签字或盖章;编制的造价人员(造价工程师或造价员)签字盖执业专用章。

发包人自行核对竣工结算时,核对人员必须是在发包人单位注册的造价工程师。由发包人盖单位公章,法定代表人或其授权人签字或盖章,核对的造价工程师签字盖执业专用章。

发包人委托工程造价咨询人核对竣工结算时,核对人员必须是在工程造价咨询人单位注册的造价工程师。由发包人盖单位公章,法定代表人或其授权人签字盖章;工程造价咨询人盖单位资质专用章,法定代表人或其授权人签字或盖章;核对的造价工程师签字盖执业专用章。

除非出现发包人拒绝或不答复承包人竣工结算书的特殊情况,竣工结算办理完毕后,竣工结算总价封面发承包双方的签字、盖章应当齐全。

5. 工程造价鉴定意见书扉页(扉－5)

工程造价鉴定意见书扉页(扉－5)见表11-10。

表11-10　　　　　　　工程造价鉴定意见书扉页

_____工程

工程造价鉴定意见书

鉴定结论：

造价咨询人：_____
　　　　　　　　　(盖单位章及资质专用章)

法定代表人：_____
　　　　　　　　　　(签字或盖章)

造价工程师：_____
　　　　　　　　　　(签字盖专用章)

年　　月　　日

扉－5

🏠 关键细节10 《工程造价鉴定意见书扉页表》填写要点

工程造价鉴定意见书扉页应填写工程造价鉴定项目的具体名称,工程造价咨询人应盖单位资质专用章,法定代表人或其授权人签字或盖章,造价工程师签字盖执业专用章。

(三)工程计价总说明(表—01)

工程计价总说明表(表—01)见表11-11。

表 11-11 　　　　　　　　　　　　总说明

工程名称： 　　　　　　　　　　　　　　　　　　　　　　　　　第　页共　页

| |
| |

表—01

🏠 关键细节11 工程造价总说明表填写要点

工程计价总说明表适用于工程计价的各个阶段。对工程计价的不同阶段,总说明表中说明的内容是有差别的,要求也有所不同。

(1)工程量清单编制阶段。工程量清单中总说明应包括的内容有:①工程概况:如建设地址、建设规模、工程特征、交通状况、环保要求等;②工程招标和专业工程发包范围;③工程量清单编制依据;④工程质量、材料、施工等的特殊要求;⑤其他需要说明的问题。

(2)招标控制价编制阶段。招标控制价中总说明应包括的内容有:①采用的计价依据;②采用的施工组织设计;③采用的材料价格来源;④综合单价中风险因素、风险范围(幅度);⑤其他等。

(3)投标报价编制阶段。投标报价中总说明应包括的内容有:①采用的计价依据;②采用的施工组织设计;③综合单价中包含的风险因素,风险范围(幅度);④措施项目的依据;⑤其他有关内容的说明等。

(4)竣工结算编制阶段。竣工结算中总说明应包括的内容有:①工程概况;②编制依据;③工程变更;④工程价款调整;⑤索赔;⑥其他等。

(5)工程造价鉴定阶段。工程造价鉴定书中总说明应包括的内容有:①鉴定项目委托人名称、委托鉴定的内容;②委托鉴定的证据材料;③鉴定的依据及使用的专业技术手段;④对鉴定过程的说明;⑤明确的鉴定结论;⑥其他需说明的事宜等。

(四)工程计价汇总表

1. 建设项目招标控制价/投标报价汇总表(表—02)

建设项目招标控制价/投标报价汇总表(表—02)见表11-12。

表 11-12　　　　　　建设项目招标控制价/投标报价汇总表

工程名称：　　　　　　　　　　　　　　　　　　　　　　　　第　页共　页

序号	单项工程名称	金额/元	其中:/元		
			暂估价	安全文明施工费	规费
	合　计				

注：本表适用于建设项目招标控制价或投标报价的汇总。

表—02

关键细节 12　工程造价汇总表填写要点

由于编制招标控制价和投标报价包含的内容相同，只是对价格的处理不同，因此，招标控制价和投标报价汇总表使用统一表格。实践中，对招标控制价或投标报价可分别印制建设项目招标控制价和投标报价汇总表。

2. 单项工程招标控制价/投标报价汇总表(表—03)

单项工程招标控制价/投标报价汇总表(表—03)见表 11-13。

表 11-13　　　　　　单项工程招标控制价/投标报价汇总表

工程名称：　　　　　　　　　　　　　　　　　　　　　　　　第　页共　页

序号	单位工程名称	金额/元	其　中		
			暂估价/元	安全文明施工费/元	规费/元
	合　计				

注：本表适用于单项工程招标控制价或投标报价的汇总。暂估价包括分部分项工程中的暂估价和专业工程暂估价。

表—03

3. 单位工程招标控制价/投标报价汇总表(表—04)

单位工程招标控制价/投标报价汇总表(表—04)见表 11-14。

表 11-14　　　　　单位工程招标控制价/投标报价汇总表

工程名称：　　　　　　　　　　　标段：　　　　　　　　　　第　页共　页

序号	汇总内容	金额/元	其中:暂估价/元
1	分部分项工程		
1.1			
1.2			
1.3			
1.4			
1.5			
2	措施项目		
2.1	其中:安全文明施工费		
3	其他项目		
3.1	其中:暂列金额		
3.2	其中:专业工程暂估价		
3.3	其中:计日工		
3.4	其中:总承包服务费		
4	规费		
5	税金		
招标控制价合计＝1＋2＋3＋4＋5			

注：本表适用于单位工程招标控制价或投标报价的汇总，如无单位工程划分，单项工程也使用本表汇总。

表—04

4. 建设项目竣工结算汇总表(表—05)

建设项目竣工结算汇总表(表—05)见表 11-15。

表 11-15　　　　　　　建设项目竣工结算汇总表

工程名称：　　　　　　　　　　　　　　　　　　　　　第　页共　页

序号	单项工程名称	金额/元	其中	
			安全文明施工费/元	规费/元
	合　计			

表—05

5. 单项工程竣工结算汇总表(表－06)

单项工程竣工结算汇总表(表－06)见表 11-16。

表 11-16　　　　　　　　　　单项工程竣工结算汇总表

工程名称：　　　　　　　　　　　　　　　　　　　　　　　　第 页共 页

序号	单位工程名称	金额/元	其中	
			安全文明施工费/元	规费/元
	合　计			

表－06

6. 单位工程竣工结算汇总表(表－07)

单位工程竣工结算汇总表(表－07)见表 11-17。

表 11-17　　　　　　　　　　单位工程竣工结算汇总表

工程名称：　　　　　　　　　　标段：　　　　　　　　　　第 页共 页

序号	汇　总　内　容	金额/元
1	分部分项工程	
1.1		
1.2		
1.3		
1.4		
1.5		
2	措施项目	
2.1	其中:安全文明施工费	
3	其他项目	
3.1	其中:专业工程结算价	
3.2	其中:计日工	
3.3	其中:总承包服务费	
3.4	其中:索赔与现场鉴证	
4	规费	
5	税金	
	竣工结算总价合计＝1＋2＋3＋4＋5	

注:如无单位工程划分,单项工程也使用本表汇总。

表－07

(五)分部分项工程和措施项目计价表

1. 分部分项工程和单价措施项目清单与计价表(表－08)

分部分项工程和单价措施项目清单与计价表(表－08)见表 11-18。

表 11-18　　　　分部分项工程和单价措施项目清单与计价表

工程名称：　　　　　　　　标段：　　　　　　　　第 页共 页

序号	项目编码	项目名称	项目特征描述	计量单位	工程量	金　额/元		
						综合单价	合价	其中：暂估价
			本页小计					
			合　　计					

注：为计取规费等使用，可在表中增设"其中：定额人工费"。

表－08

关键细节 13　分部分项工程和单价措施项目清单与计价表填写要点

(1)分部分项工程和单价措施项目清单与计价表是依据"08 计价规范"中的《分部分项工程量清单与计价表》和《措施项目清单与计价表(二)》合并而来。单价措施项目和分部分项工程项目清单编制与计价均使用本表。

(2)分部分项工程和单价措施项目清单与计价表不只是编制招标工程量清单的表式，也是编制招标控制价、投标报价和竣工结算的最基本用表。在编制工程量清单时，在"工程名称"栏应填写详细具体的工程称谓，对于房屋建筑而言，习惯上并无标段划分，可不填写"标段"栏，但相对于管道敷设、道路施工，则往往以标段划分，此时，应填写"标段"栏，其他各表涉及此类设置，道理相同。

(3)由于各省、自治区、直辖市以及行业建设主管部门对规费计取基础的不同设置，为了计取规费等的使用，使用分部分项工程和单价措施项目清单与计价表可在表中增设其中："定额人工费"。编制招标控制价时，使用"综合单价"、"合计"以及"其中：暂估价"按"13 计价规范"的规定填写。编写投标报价时，投标人对表中的"项目编码"、"项目名称"、

"项目特征描述"、"计量单位"、"工程量"均不应做改动。"综合单价"、"合价"自主决定填写,对其中的"暂估价"栏,投标人应将招标文件中提供了暂估材料单价的暂估价计入综合单价,并应计算出暂估单价的材料在"综合单价"及其"合价"中的具体数额,因此,为更详细反映暂估价情况,也可在表中增设一栏"综合单价"其中的"暂估价"。

(4)编制竣工结算时,使用分部分项工程和单价措施项目清单与计价表可取消"暂估价"。

2. 综合单价分析表(表—09)

综合单价分析表(表—09)见表 11-19。

表 11-19　　　　　　　　　　综合单价分析表

工程名称:　　　　　　　　　　标段:　　　　　　　　　　第　页共　页

项目编码			项目名称			计量单位			工程量	
清单综合单价组成明细										
定额编号	定额项目名称	定额单位	数量	单价				合价		
				人工费	材料费	机械费	管理费和利润	人工费	材料费	机械费	管理费和利润
人工单价			小　计							
元/工日			未计价材料费							
			清单项目综合单价							
材料费明细		主要材料名称、规格、型号			单位	数量	单价/元	合价/元	暂估单价/元	暂估合价/元
		其他材料费							—	—
		材料费小计							—	—

注:1. 如不使用省级或行业建设主管部门发布的计价依据,可不填定额项目、编号等。
　　2. 招标文件提供了暂估单价的材料,按暂估的单价填入表内"暂估单价"栏及"暂估合价"栏。

表—09

关键细节 14　综合单价分析表填写要点

(1)工程量清单综合单价分析表是评标委员会评审和判别综合单价组成和价格完整性、合理性的主要基础,对因工程变更、工程量偏差等原因调整综合单价也是必不可少的基础单价数据来源。采用经评审的最低投标法评标时，综合单价分析表的重要性更为突出。

（2）综合单价分析表反映了构成每一个清单项目综合单价的各个价格要素的价格及主要的"工、料、机"消耗量。投标人在投标报价时，需每一个清单项目进行组价，为了使组价工作具有可追溯性（回复评标置疑时尤其需要），需要表明每一个数据的来源。

（3）综合单价分析表一般随投标文件一同提交，作为竞标价的工程量清单的组成部分，以便中标后作为合同文件的附属文件。投标人须知中需要就分析表提交的方式做出规定，该规定需要考虑是否有必要对分析表的合同地位给予定义。

（4）编制综合单价分析表时，对辅助性材料不必细列，可归并到其他材料费中以金额表示。

（5）编制招标控制价时，使用综合单价分析表应填写使用的省级或行业建设主管部门发布的计价定额名称。编制投标报价时，使用综合单价分析表可填写使用的企业定额名称，也可填写省级或行业建设主管部门发布的计价定额，如不使用则不填写。

（6）编制工程结算时，应在已标价工程量清单中的综合单价分析表中将确定的调整过后的人工单价、材料单价等进行置换，形成调整后的综合单价。

3. 综合单价调整表（表—10）

综合单价调整表（表—10）见表11-20。

表11-20   综合单价调整表

工程名称：　　　　　　　标段：　　　　　　　第 页共 页

序号	项目编码	项目名称	已标价清单综合单价/元					调整后综合单价/元				
			综合单价	其中				综合单价	其中			
				人工费	材料费	机械费	管理费和利润		人工费	材料费	机械费	管理费和利润

造价工程师（签章）：　　发包人代表（签章）：　　造价人员（签章）：　　承包人代表（签章）：

日期：　　　　　　　　　　　　　　　　　　　　　日期：

注：综合单价调整应附调整依据。

表—10

关键细节15　综合单价调整表填写要点

综合单价调整表适用于各种合同约定调整因素出现时调整综合单价，各种调整依据应依附于表后。填写时应注意，项目编码和项目名称必须与已标价工程量清单保持一致，不得发生错漏，以免发生争议。

4. 总价措施项目清单与计价表(表－11)

总价措施项目清单与计价表(表－11)见表 11-21。

表 11-21　　　　　　　　　总价措施项目清单与计价表

工程名称：　　　　　　　　　　　标段：　　　　　　　　　　　第　页共　页

序号	项目编码	项目名称	计算基础	费率(%)	金额/元	调整费率(%)	调整后金额/元	备注
		安全文明施工费						
		夜间施工增加费						
		二次搬运费						
		冬雨期施工增加费						
		已完工程及设备保护费						
		合　计						

编制人(造价人员)：　　　　　　　　　　　　复核人(造价工程师)：

表－11

关键细节 16　总价措施项目清单与计价表填写要点

在编制招标工程量清单时,总价措施项目清单与计价表中的项目可根据工程实际情况进行增减。在编制招标控制价时,计费基础、费率应按省级或行业建设主管部门的规定计取。编制投标报价时,除"安全文明施工费"必须按"13 计价规范"的强制性规定,按省级、行业建设主管部门的规定计取外,其他措施项目均可根据投标施工组织设计自主报价。

(六)其他项目计价表

1. 其他项目清单与计价汇总表(表－12)

其他项目清单与计价汇总表(表－12)见表 11-22。

表 11-22　　　　　　　　其他项目清单与计价汇总表

工程名称：　　　　　　　　　　　标段：　　　　　　　　　　　第　页共　页

序　号	项目名称	金额/元	结算金额/元	备　注
1	暂列金额			明细详见表－12－1
2	暂估价			
2.1	材料(工程设备)暂估价/结算价	—		明细详见表－12－2
2.2	专业工程暂估价/结算价			明细详见表－12－3

序号	项目名称	金额/元	结算金额/元	备注
3	计日工			明细详见表—12—4
4	总承包服务费			明细详见表—12—5
5	索赔与现场签证	—		明细详见表—12—6
	合　计			

注：材料（工程设备）暂估单价计入清单项目综合单价，此处不汇总。

表—12

关键细节 17　其他项目清单与计价汇总表填写要点

编制招标工程量清单时，应汇总"暂列金额"和"专业工程暂估价"，以提供给投标人报价。

编制招标控制价时，应按有关计价规定估算"计日工"和"总承包服务费"。如招标工程量清单中未列"暂列金额"，应按有关规定编列。编制投标报价时，应按招标文件工程量提供的"暂列金额"和"专业工程暂估价"填写金额，不得变动，"计日工"、"总承包服务费"自主确定报价。编制或核对竣工结算时，"专业工程暂估价"按实际分包结算价填写，"计日工"、"总承包服务费"按双方认可的费用填写，如发生"索赔"或"现场签证"费用，按双方认可的金额计入本表。

2. 暂列金额明细表（表—12—1）

暂列金额明细表（表—12—1）见表11-23。

表 11-23　　　　　　　　暂列金额明细表

工程名称：　　　　　　　　　　标段：　　　　　　　　　　第　页共　页

序号	项目名称	计量单位	暂定金额/元	备注
1				
2				
3				
4				
5				
6				
7				
8				
	合　计			

注：此表由招标人填写，如不能详列，也可只列暂定金额总额，投标人应将上述暂列金额计入投标总价中。

表—12—1

第十一章 水暖工程清单计价

🔑 关键细节 18 **暂列金额明细表填写要点**

暂列金额在实际履约过程中可能发生,也可能不发生。表中要求招标人能将暂列金额与拟用项目列出明细,但如确实不能详列也可只列暂定金额总额,投标人应将上述暂列金额计入投标总价中。

3. 材料(工程设备)暂估单价及调整表(表—12—2)

材料(工程设备)暂估单价及调整表见(表—12—2)表11-24。

表11-24　　　　　　　材料(工程设备)暂估单价及调整表

工程名称：　　　　　　　　　　标段：　　　　　　　　　　第　页共　页

序号	材料(工程设备)名称、规格、型号	计量单位	数量		暂估/元		确认/元		差额/元		备注
			暂估	确认	单价	合价	单价	合价	单价	合价	
	合　计										

表—12—2

🔑 关键细节 19 **材料(工程设备)暂估单价及调整表填写要点**

暂估价是在招标阶段预见肯定要发生,只是因为标准不明确或者需要由专业承包人完成,暂时无法确定材料、工程设备的具体价格而采用的一种临时性计价方式。暂估价的材料、工程设备数量应在表内填写,拟用项目应在备注栏给予补充说明。

"13计价规范"要求招标人针对每一类暂估价给出相应的拟用项目,即按照材料、工程设备的名称分别给出,这样的材料、工程设备暂估价能够纳入到清单项目的综合单价中。

4. 专业工程暂估价及结算价表(表—12—3)

专业工程暂估价及结算价表(表—12—3)见表11-25。

表 11-25　　　　　　　　　专业工程暂估价及结算价表

工程名称：　　　　　　　　　　　标段：　　　　　　　　　　　第　页共　页

序号	工程名称	工程内容	暂估金额/元	结算金额/元	差额±/元	备注
	合　计					

注：此表"暂估金额"由招标人填写，招标人应将"暂估金额"计入投标总价中。结算时按合同约定结算金额填写。

表－12－3

关键细节 20　专业工程暂估价及结算价表填写要点

专业工程暂估价在表内填写工程名称、工作内容、暂估金额，投标人应将上述金额计入投标总价中。专业工程暂估价项目及其表中列明的专业工程暂估价，是指分包人实施专业工程的含税金后的完整价，除了合同约定的发包人应承担的总包管理、协调、配合和服务责任所对应的总承包服务费以外，承包人为履行其总包管理、配合、协调和服务所需产生的费用应包括在投标报价中。

5. 计日工表(表－12－4)

计日工表(表－12－4)见表 11-26。

表 11-26　　　　　　　　　　　　　计日工表

工程名称：　　　　　　　　　　标段：　　　　　　　　　　第　页共　页

编号	项目名称	单位	暂定数量	实际数量	综合单价/元	合价/元	
						暂定	实际
一	人工						
1							
2							
3							
4							
		人工小计					
二	材料						
1							
2							
3							
4							
5							
		材料小计					
三	施工机械						
1							
2							
3							
4							
		施工机械小计					
四、企业管理费和利润							
		总　　　计					

表—12—4

关键细节 21　计日工表填写要点

编制工程量清单时，"项目名称"、"单位"、"暂定数量"由招标人填写。编制招标控制价时，人工、材料、机械台班单价由招标人按有关计价规定填写并计算合价。编制投标报价时，人工、材料、机械台班单价由投标人自主确定，按已给暂估数量计算合计计入投标总价中。

6. 总承包服务费计价表（表—12—5）

总承包服务费计价表（表—12—5）见表 11-27。

表 11-27　　　　　　　　　　总承包服务费计价表

工程名称：　　　　　　　　　　标段：　　　　　　　　　　　　第　页共　页

序号	项目名称	项目价值/元	服务内容	计算基础	费率(%)	金额/元
1	发包人发包专业工程					
2	发包人提供材料					
	合　计		—	—		—

表—12—5

关键细节 22　总承包服务费计价表填写要点

编制招标工程量清单时，招标人应将拟定进行专业分包的专业工程、自行采购的材料设备等决定清楚后，填写项目名称、服务内容，以使投标人决定报价。编制招标控制价时，招标人按有关计价规定计价。编制投标报价时，由投标人根据工程量清单中的总承包服务内容，自主决定报价。办理竣工结算时，发承包双方应按承包人已标价工程量清单中的报价计算，如有发承包双方确定调整的，按调整后的金额计算。

7. 索赔与现场签证计价汇总表(表—12—6)

索赔与现场签证计价汇总表(表—12—6)见表 11-28。

表 11-28　　　　　　　　　索赔与现场签证计价汇总表

工程名称：　　　　　　　　　　标段：　　　　　　　　　　　　第　页共　页

序号	签证及索赔项目名称	计量单位	数量	单价/元	合价/元	索赔及签证依据
—	本页小计		—	—		—
—	合　计		—	—		—

表—12—6

关键细节 23 索赔与现场签证计价汇总表填写要点

索赔与现场签证计价汇总表是对发承包双方认可的"费用索赔申请(核准)表"和"现场签证表"的汇总。

8. 费用索赔申请(核准)表(表－12－7)

费用索赔申请(核准)表(表－12－7)见表 11-29。

表 11-29　　　　　　　　　费用索赔申请(核准)表

工程名称：　　　　　　　　　标段：　　　　　　　　　编号：

致：_____(发包人全称)
根据施工合同条款第____条的约定,由于_____原因,我方要求索赔金额(大写)_____元,(小写_____元),请予核准。
附:1. 费用索赔的详细理由和依据: 　　2. 索赔金额的计算: 　　3. 证明材料:
承包人(章) 造价人员_____　　　　承包人代表_____　　　　日　期_____

复核意见： 　　根据施工合同条款第____条的约定,你方提出的费用索赔申请经复核: □不同意此项索赔,具体意见见附件。 □同意此项索赔,索赔金额的计算,由造价工程师复核。	复核意见： 　　根据施工合同条款第____条的约定,你方提出的费用索赔申请经复核,索赔金额为(大写)____元,(小写____元)。
监理工程师_____ 　　　　　　　　日　期_____	造价工程师_____ 　　　　　　　　日　期_____

审核意见： □不同意此项索赔。 □同意此项索赔,与本期进度款同期支付。
发包人(章) 　　　　　　　　　　　　　　　　　　　　　　　　　　　发包人代表_____ 　　　　　　　　　　　　　　　　　　　　　　　　　　　日　期_____

注:1. 在选择栏中的"□"内做标识"√"。
　　2. 本表一式四份,由承包人填报,发包人、监理人、造价咨询人、承包人各存一份。

表－12－7

关键细节 24　费用索赔申请(核准)表填写要点

填写费用索赔申请(核准)表时,承包人代表应按合同条款的约定,阐述原因,附上索赔证据、费用计算报发包人,经监理工程师复核(按发包人的授权不论是监理工程师或发包人现场代表均可),经造价工程师(此处造价工程师可以是发包人现场管理人员,也可以是发包人委托的工程造价咨询企业的人员)、发包人审核后生效,该表以在选择栏中的"□"内做标识"√"表示。

9. 现场签证表(表－12－8)

现场签证表(表－12－8)见表 11-30。

表 11-30　　　　　　　　　　　现场签证表

工程名称：	标段：	编号：
施工部位		日期	

致：＿＿＿＿＿＿＿＿＿＿＿＿＿＿＿＿＿＿＿＿＿＿＿＿＿＿＿(发包人全称)
　　根据＿＿＿＿＿＿(指令人姓名)　年　月　日的口头指令或你方＿＿＿＿＿＿(或监理人)　年　月　日的书面通知,我方要求完成此项工作应支付价款金额为(大写)＿＿＿元,(小写＿＿＿元),请予核准。
附:1. 签证事由及原因:
　　2. 附图及计算式:

　　　　　　　　　　　　　　　　　　　　　　　　　　　　　　　　　承包人(章)
造价人员＿＿＿＿　　　　　　　承包人代表＿＿＿＿＿　　　　　　日　期＿＿＿＿＿

复核意见: 你方提出的此项签证申请经复核： □不同意此项签证,具体意见见附件。 □同意此项签证,签证金额的计算,由造价工程师复核。	复核意见: 　□此项签证按承包人中标的计日工单价计算,金额为(大写)＿＿＿元,(小写＿＿＿元)。 　□此项签证因无计日工单价,金额为(大写)＿＿元,(小写＿＿＿)。
监理工程师＿＿＿＿＿＿ 日　　　期＿＿＿＿＿＿	造价工程师＿＿＿＿＿＿ 日　　　期＿＿＿＿＿＿

审核意见: 　□不同意此项签证。 　□同意此项签证,价款与本期进度款同期支付。 　　　　　　　　　　　　　　　　　　　　　　　发包人(章) 　　　　　　　　　　　　　　　　　　　　　　　发包人代表＿＿＿＿＿＿ 　　　　　　　　　　　　　　　　　　　　　　　日　　　期＿＿＿＿＿＿

注:1. 在选择栏中的"□"内做标识"√"。
　　2. 本表一式四份,由承包人在收到发包人(监理人)的口头或书面通知后填写,发包人、监理人、造价咨询人、承包人各存一份。

表－12－8

关键细节 25 现场签证表填写要点

现场签证表是对"计日工"的具体化,考虑到招标时,招标人对计日工项目的预估难免会有遗漏,带来实际施工发生后,无相应的计日工单价时,现场签证只能包括单价一并处理。因此,在汇总时,有计日工单价的,可归并于计日工,如无计日工单价的,归并于现场签证,以示区别。

(七)规费、税金项目计价表(表—13)

规费、税金项目计价表(表—13)见表 11-31。

表 11-31 规费、税金项目计价表

工程名称: 标段: 第 页共 页

序号	项目名称	计算基础	计算基数	计算费率(%)	金额/元
1	规费	定额人工费			
1.1	社会保险费	定额人工费			
(1)	养老保险费	定额人工费			
(2)	失业保险费	定额人工费			
(3)	医疗保险费	定额人工费			
(4)	工伤保险费	定额人工费			
(5)	生育保险费	定额人工费			
1.2	住房公积金	定额人工费			
1.3	工程排污费	按工程所在地环境保护部门收取标准,按实计入			
2	税金	分部分项工程费+措施项目费+其他项目费+规费-按规定不计税的工程设备金额			
合 计					

编制人(造价人员):   复核人(造价工程师):

表—13

关键细节 26 规费、税金项目计价表填写要点

规费、税金项目计价表按住房和城乡建设部、财政部印发的《建筑安装工程费用项目组成表》(建标〔2013〕44 号)列举的规费项目列项,在施工实践中,有的规费项目,如工程排污费,并非每个工程所在地都要征收,实践中可作为按实计算的费用处理。

(八)工程计量申请(核准)表(表—14)

工程计量申请(核准)表(表—14)见表 11-32。

表 11-32　　　　　　　　　　工程计量申请(核准)表

工程名称：　　　　　　　　　　标段：　　　　　　　　　　　第　页共　页

序号	项目编码	项目名称	计量单位	承包人申请数量	发包人核实数量	发承包人确认数量	备注
承包人代表：		监理工程师：		造价工程师：		发包人代表：	
日期：		日期：		日期：		日期：	

表—14

关键细节 27　工程计量申请(核准)表填写要点

工程计量申请(核准)表填写的"项目编码"、"项目名称"、"计量单位"应与已标价工程量清单中一致,承包人应在合同约定的计量周期结束时,将申报数量填写在申报数量栏,发包人核对后如与承包人填写的数量不一致,则在核实数量栏填上核实数量,经发承包双方共同核对确认的计量结果填在确认数量栏。

(九)合同价款支付申请(核准)表

1. 预付款支付申请(核准)表(表—15)

预付款支付申请(核准)表(表—15)见表 11-33。

第十一章 水暖工程清单计价

表 11-33 预付款支付申请(核准)表

工程名称： 标段： 编号：

致：＿＿＿＿＿＿＿＿＿＿＿＿＿＿＿＿＿＿＿＿＿＿＿＿＿＿＿＿（发包人全称）

我方根据施工合同的约定,现申请支付工程预付款额为(大写)＿＿＿＿＿(小写＿＿＿＿＿),请予核准。

序号	名　称	申请金额/元	复核金额/元	备　注
1	已签约合同价款金额			
2	其中:安全文明施工费			
3	应支付的预付款			
4	应支付的安全文明施工费			
5	合计应支付的预付款			

承包人(章)

造价人员＿＿＿＿＿ 承包人代表＿＿＿＿＿ 日　期＿＿＿＿＿

复核意见： □与合同约定不相符,修改意见见附件。 □与合同约定相符,具体金额由造价工程师复核。 　　　　　　监理工程师＿＿＿＿＿ 　　　　　　日　期＿＿＿＿＿	复核意见： 　　你方提出的支付申请经复核,应支付预付款金额为(大写)＿＿＿＿＿(小写＿＿＿＿＿)。 　　　　　　造价工程师＿＿＿＿＿ 　　　　　　日　期＿＿＿＿＿

审核意见：
□不同意。
□同意,支付时间为本表签发后的 15 天内。

发包人(章)
发包人代表＿＿＿＿＿
日　期＿＿＿＿＿

注:1. 在选择栏中的"□"内做标识"√"。
　2. 本表一式四份,由承包人填报,发包人、监理人、造价咨询人、承包人各存一份。

表—15

关键细节 28 合同价款支付申请(核准)表填写要点

合同价款支付申请(复核)表是合同履行、价款支付的重要凭证。"13 计价规范"对此类表格共设计了 5 种,包括专用于预付款支付的《预付款支付申请(核准)表》(表—15)、用于施工过程中无法计量的总价项目及总价合同进度款支付的《总价项目进度款支付分解表》(表—16)、专用于进度款支付的《进度款支付申请(核准)表》(表—17)、专用于竣工结算价款支付的《竣工结算款支付申请(核准)表》(表—18)和用于缺陷责任期到期,承包人履行了工程缺陷修复责任后,对其预留的质量保证金最终结算的《最终结清支付申请(核准)表》(表—19)。

合同价款支付申请(复核)表包括的 5 种表格,均由承包人代表在每个计量周期结束后发包人提出,由发包人授权的现场代表复核工程量,由发包人授权的造价工程师复核应付款项,经发包人批准实施。

2. 总价项目进度款支付分解表(表—16)

总价项目进度款制度分解表(表—16)见表 11-34。

表 11-34　　　　　　　　总价项目进度款支付分解表

工程名称:　　　　　　　　标段:　　　　　　　　　　　　单位:元

序号	项目名称	总价金额	首次支付	二次支付	三次支付	四次支付	五次支付
	安全文明施工费						
	夜间施工增加费						
	二次搬运费						
	社会保险费						
	住房公积金						
	合计						

编制人(造价人员):　　　　　　　　　　　　　　　复核人(造价工程师):

注:1. 本表应由承包人在投标报价时根据发包人在招标文件明确的进度款支付周期与报价填写,签订合同时,发承包双方可就支付分解协商调整后作为合同附件。

2. 单价合同使用本表,"支付"栏时间应与单价项目进度款支付周期相同。

3. 总价合同使用本表,"支付"栏时间应与约定的工程计量周期相同。

表—16

3. 进度款支付申请(核准)表(表—17)

进度款支付申请(核准)表(表—17)见表 11-35。

表 11-35　　　　　　　　　进度款支付申请(核准)表

工程名称：　　　　　　　　　标段：　　　　　　　　　编号：

致：_____(发包人全称)

我方于_____至_____期间已完成了_____工作,根据施工合同的约定,现申请支付本周期的合同款额为(大写)_____(小写_____),请予核准。

序号	名　称	实际金额/元	申请金额/元	复核金额/元	备　注
1	累计已完成的合同价款				
2	累计已实际支付的合同价款				
3	本周期合计完成的合同价款				
3.1	本周期已完成单价项目的金额				
3.2	本周期应支付的总价项目的金额				
3.3	本周期已完成的计日工价款				
3.4	本周期应支付的安全文明施工费				
3.5	本周期应增加的合同价款				
4	本周期合计应扣减的金额				
4.1	本周期应抵扣的预付款				
4.2	本周期应扣减的金额				
5	本周期应支付的合同价款				

附：上述 3、4 详见附件清单

承包人(章)

造价人员_____　　　承包人代表_____　　　日　期_____

复核意见： □与实际施工情况不相符,修改意见见附件。 □与实际施工情况相符,具体金额由造价工程师复核。	复核意见： 　　你方提出的支付申请经复核,本周期已完成合同款额为(大写)_____(小写_____),本周期应支付金额为(大写)_____(小写_____)。
监理工程师_____ 日　期_____	造价工程师_____ 日　期_____
审核意见： □不同意。 □同意,支付时间为本表签发后的 15 天内。	发包人(章) 发包人代表_____ 日　期_____

注：1. 在选择栏中的"□"内做标识"√"。
　　2. 本表一式四份,由承包人填报,发包人、监理人、造价咨询人、承包人各存一份。

4. 竣工结算款支付申请(核准)表(表-18)

竣工结算款支付申请(核准)表(表-18)见表11-36。

表 11-36　　　　　　　　竣工结算款支付申请(核准)表

工程名称：　　　　　　　　　　标段：　　　　　　　　　　编号：

致：_____　　　　　　　　　　　　　　　　　（发包人全称）

我方于_____至_____期间已完成合同约定的工作,工程已经完工,根据施工合同的约定,现申请支付竣工结算合同款额为(大写)_____(小写_____),请予核准。

序号	名　　称	申请金额/元	复核金额/元	备　注
1	竣工结算合同价款总额			
2	累计已实际支付的合同价款			
3	应预留的质量保证金			
4	应支付的竣工结算款金额			

　　　　　　　　　　　　　　　　　　　　　　　　　　　承包人(章)

造价人员_____　　承包人代表_____　　　　　　日　期_____

复核意见： □与实际施工情况不相符,修改意见见附件。 □与实际施工情况相符,具体金额由造价工程师复核。 　　　　监理工程师_____ 　　　　　　日　期_____	复核意见： 　　你方提出的竣工结算款支付申请经复核,竣工结算款总额为（大写）_____（小写_____）,扣除前期支付以及质量保证金后应支付金额为（大写）_____（小写_____）。 　　　　造价工程师_____ 　　　　　　日　期_____

审核意见：
□不同意。
□同意,支付时间为本表签发后的15天内。

　　　　　　　　　　　　　　　　　　　　　　　　　　　发包人(章)
　　　　　　　　　　　　　　　　　　　　　　　　发包人代表_____
　　　　　　　　　　　　　　　　　　　　　　　　　　日　期_____

注：1. 在选择栏中的"□"内做标识"√"。
　　2. 本表一式四份,由承包人填报,发包人、监理人、造价咨询人、承包人各存一份。

表-18

5. 最终结清支付申请(核准)表(表-19)

最终结清支付申请(核准)表(表-19)见表 11-37。

表 11-37　　　　　　　　最终结清支付申请(核准)表

工程名称：　　　　　　　　　标段：　　　　　　　　　编号：

致：_____（发包人全称）

我方于_____至_____期间已完成了缺陷修复工作，根据施工合同的约定，现申请支付最终结清合同款额为(大写)_____(小写_____)，请予核准。

序号	名　　称	申请金额/元	复核金额/元	备注
1	已预留的质量保证金			
2	应增加因发包人原因造成缺陷的修复金额			
3	应扣减承包人不修复缺陷、发包人组织修复的金额			
4	最终应支付的合同价款			

上述 3、4 详见附件清单

承包人(章)

造价人员_____　承包人代表_____　　　　　　日　期_____

复核意见： □与实际施工情况不相符，修改意见见附件。 □与实际施工情况相符，具体金额由造价工程师复核。	复核意见： 　你方提出的支付申请经复核，最终应支付金额为(大写)_____(小写_____)。
监理工程师_____ 日　期_____	造价工程师_____ 日　期_____

审核意见：
□不同意。
□同意，支付时间为本表签发后的 15 天内。

发包人(章)
发包人代表_____
日　期_____

注：1. 在选择栏中的"□"内做标识"√"。如监理人已退场，监理工程师栏可空缺。
　　2. 本表一式四份，由承包人填报，发包人、监理人、造价咨询人、承包人各存一份。

表-19

(十)主要材料、工程设备一览表

1. 发包人提供主要材料和工程设备一览表(表—20)

发包人提供主要材料和工程设备一览表(表—20)见表 11-38。

表 11-38 　　　　　发包人提供材料和工程设备一览表

工程名称：　　　　　　　　　标段：　　　　　　　　　第　页共　页

序号	材料(工程设备)名称、规格、型号	单位	数量	单价/元	交货方式	送达地点	备注

表—20

2. 承包人提供主要材料和工程设备一览表(适用于造价信息差额调整法)(表—21)

承包人提供主要材料和工程设备一览表(适用于造价信息差额调整法)(表—21)见表 11-39。

表 11-39 　　　　　承包人提供主要材料和工程设备一览表

（适用于造价信息差额调整法）

工程名称：　　　　　　　　　标段：　　　　　　　　　第　页共　页

序号	名称、规格、型号	单位	数量	风险系数/(%)	基准单价/元	投标单价/元	发承包人确认单价/元	备注

表—21

3. 承包人提供主要材料和工程设备一览表(适用于价格指数差额调整法)(表—22)

承包人提供主要材料和工程设备一览表(适用于价格指数差额调整法)(表—22)见表 11-40。

表 11-40　　　　　　承包人提供主要材料和工程设备一览表

（适用于价格指数差额调整法）

工程名称：　　　　　　　　　　标段：　　　　　　　　　　　　第　页共　页

序号	名称、规格、型号	变值权重 B	基本价格指数 F_0	现行价格指数 F_t	备注
	定值权重 A		—	—	
	合　计	1	—	—	

表—22

二、工程计价表格的使用范围

1. 工程量清单编制

（1）工程量清单编制使用表格包括：封—1、扉—1、表—01、表—08、表—11、表—12（不含表12—6～表12—8）、表—13、表—20、表—21 或表—22。

（2）扉页应按规定的内容填写，并签字、盖章，由造价员编制的工程量清单应有负责审核的造价工程师签字、盖章，受委托编制的工程量清单，应有造价工程师签字、盖章以及工程造价咨询人盖章。

2. 招标控制价、投标报价、竣工结算编制

（1）招标控制价使用表格包括：封—2、扉—2、表—01、表—02、表—03、表—04、表—08、表—09、表—11、表—12（不含表—12—6～表—12—8）、表—13、表—20、表—21 或表—22。

（2）投标报价使用的表格包括：封—3、扉—3、表—01、表—02、表—03、表—04、表—08、表—09、表—11、表—12（不含表—12—6～表—12—8）、表—13、表—16，招标文件提供的表—20、表—21 或表—22。

（3）竣工结算使用的表格包括：封—4、扉—4、表—01、表—05、表—06、表—07、表—08、表—09、表—10、表—11、表—12、表—13、表—14、表—15、表—16、表—17、表—18、表—19、表—20、表—21 或表—22。

（4）扉页应按规定的内容填写，并签字、盖章，除承包人自行编制的投标报价和竣工结算外，受委托编制的招标控制价、投标报价、竣工结算，由造价员编制的应有负责审核的造价工程师签字、盖章以及工程造价咨询人盖章。

3. 工程造价鉴定

（1）工程造价鉴定使用表格包括：封—5、扉—5、表—01、表—05～表—20、表—21 或表—22。

（2）扉页应按规定内容填写，并签字、盖章，应由承担鉴定和负责审核注册造价工程师签字、盖执业专用章。

第三节 招标控制价

一、招标控制价的概念

招标控制价是招标人根据国家或省级、行业建设主管部门颁发的有关计价依据和办法,按设计施工图纸计算的,对招标工程限定的最高工程造价。国有资金投资的工程建设项目必须实行工程量清单招标,并编制招标控制价。

二、招标控制价的编制

1. 招标控制价的编制依据

(1)"13 计价规范"。
(2)国家或省级、行业建设主管部门颁发的计价定额和计价办法。
(3)建设工程设计文件及相关资料。
(4)拟定的招标文件及招标工程量清单。
(5)与建设项目相关的标准、规范、技术资料。
(6)施工现场情况、工程特点及常规施工方案。
(7)工程造价管理机构发布的工程造价信息,当工程造价信息没有发布时,参照市场价。
(8)其他的相关资料。

2. 招标控制价的编制人员

招标控制价应由具有编制能力的招标人编制,当招标人不具有编制招标控制价的能力时,可委托具有相应资质的工程造价咨询人编制。工程造价咨询人已接受招标人委托编制招标控制价的,不得再就同一工程接受投标人委托编制投标报价。

具有相应工程造价咨询资质的工程造价咨询人是指根据《工程造价咨询企业管理办法》(建设部令第 149 号)的规定,依法取得工程造价咨询企业资质,并在其资质许可的范围内接受招标人的委托,编制招标控制价的工程造价咨询企业。即取得甲级工程造价咨询资质的咨询人可承担各类建设项目的招标控制价编制,取得乙级(包括乙级暂定)工程造价咨询资质的咨询人,则只能承担 5000 万元以下的招标控制价的编制。

3. 招标控制价的编制

(1)综合单价中应包括招标文件中划分的应由投标人承担的风险范围及其费用。招标文件中没有明确的,如是工程造价咨询人编制,应提请招标人明确;如是招标人编制,应予明确。

(2)分部分项工程和措施项目中的单价项目,应根据拟定的招标文件和招标工程量清单项目中的特征描述及有关要求确定综合单价计算。招标文件中提供了暂估单价的材料,按暂估的单价计入综合单价。

(3)措施项目中的总价项目应根据拟定的招标文件和常规施工方案采用综合单价计价。措施项目中的安全文明施工费必须按国家或省级、行业建设主管部门的规定计算,不得作为竞争性费用。

(4)其他项目费应按下列规定计价:

1)暂列金额。暂列金额应按招标工程量清单中列出的金额填写。

2)暂估价。暂估价包括材料暂估单价、工程设备暂估单价和专业工程暂估价。暂估价中的材料、工程设备单价应根据招标工程量清单列出的单价计入综合单价。

3)计日工。计日工包括计日工人工、材料和施工机械。在编制招标控制价时,对计日工中的人工单价和施工机械台班单价应按省级、行业建设主管部门或其授权的工程造价管理机构公布的单价计算;材料应按工程造价管理机构发布的工程造价信息中的材料单价计算,工程造价信息未发布材料单价的材料,其价格应按市场调查确定的单价计算。

4)总承包服务费。招标人编制招标控制价时,总承包服务费应根据招标文件中列出的内容和向总承包人提出的要求,按照省级或行业建设主管部门的规定或参照下列标准计算:

①招标人仅要求对分包的专业工程进行总承包管理和协调时,按分包的专业工程估算造价的1.5%计算。

②招标人要求对分包的专业工程进行总承包管理和协调,并同时要求提供配合服务时,根据招标文件中列出的配合服务内容和提出的要求,按分包的专业工程估算造价的3%~5%计算。

③招标人自行供应材料的,按招标人供应材料价值的1%计算。

(5)招标控制价的规费和税金必须按国家或省级、行业建设主管部门的规定计算。

关键细节29 招标控制价编制的注意事项

(1)使用的计价标准、计价政策应是国家或省、自治区、直辖市建设行政主管部门或行业建设主管部门颁布的计价定额和计价方法。

(2)采用的材料价格应是工程造价管理机构通过工程造价信息发布的材料单价,工程造价信息未发布材料单价的材料,其材料价格应通过市场调查确定。

(3)国家或省、自治区、直辖市建设行政主管部门或行业建设主管部门对工程造价计价中费用或费用标准有规定的,应按规定执行。

第四节 投标报价

一、投标报价概述

1. 投标报价概念

投标报价是指承包商计算、确定和报送招标工程投标总价格的活动。报价是进行工程投标的核心,业主常以承包商的报价作为主要标准来选择中标者,此外,投标报价也是业主与承包商进行承包合同谈判的基础,直接关系到承包商投标的成败。

2. 投标报价的一般规定

(1)投标报价应由投标人或受其委托具有相应资质的工程造价咨询人编制。

(2)投标报价中除"13计价规范"中规定的规费、税金及措施项目清单中的安全文明施工费应按国家或省级、行业建设主管部门的规定计价,不得作为竞争性费用外,其他项目的投标报价由投标人自主决定。

(3) 投标人的投标报价不得低于工程成本。《中华人民共和国反不正当竞争法》第十一条规定："经营者不得以排挤竞争对手为目的，以低于成本的价格销售商品"。《中华人民共和国招标投标法》第四十一条规定："中标人的投标应当符合下列条件……(二)能够满足招标文件的实质性要求，并且经评审的投标价格最低；但是投标价格低于成本的除外"。《评标委员会和评标方法暂行规定》(国家计委等七部委第12号令)第二十一条规定："在评标过程中，评标委员会发现投标人的报价明显低于其他投标报价或者在设有标底时明显低于标底的，使得其投标报价可能低于其个别成本的，应当要求该投标人做出书面说明并提供相关证明材料。投标人不能合理说明或者不能提供相关证明材料的，由评标委员会认定该投标人以低于成本报价竞标，其投标应做废标处理"。

(4) 实行工程量清单招标时，招标人在招标文件中提供工程量清单，其目的是使各投标人在投标报价中具有共同的竞争平台。因此，要求投标人必须按招标工程量清单填报价格，工程量清单的项目编码、项目名称、项目特征、计量单位、工程数量必须与招标人招标文件中提供的招标工程量清单一致。

(5) 根据《中华人民共和国政府采购法》第三十六条规定："在招标采购中，出现下列情形之一的，应予废标……(三)投标人的报价均超过了采购预算，采购人不能支付的"。《中华人民共和国招标投标法实施条例》第五十一条规定："有下列情形之一者，评标委员会应当否决其投标：……(五)投标报价低于成本或者高于招标文件设定的最高投标限价"。对于国有资金投资的工程，其招标控制价相当于政府采购中的采购预算，且其定义就是最高投标限价，因此投标人的投标报价不能高于招标控制价，否则，应予废标。

关键细节 30　投标报价的范围

我国规定以工程量清单计价方式进行投标报价，报价范围为投标人在投标文件中提出要求支付的各项金额的总和。这个总金额应包括按投标须知所列在规定工期内完成的全部，招标工程不得以任何理由重复计算。除非招标人通过修改招标文件予以更正，否则投标人应按工程量清单中列出的所有工程项目和数量填报单价和合价。因此，投标人的报价，包括划价的工程量清单所列的单价和合价以及投标报价汇总表中的价格，以及完成该工程项目的直接成本、间接成本、利润、税金、政策性文件规定的费用、技术措施费、大型机械进出场费、风险费等所有费用。但合同另有规定者除外。

二、投标报价的编制与复核

1. 投标报价的编制依据

(1) "13计价规范"。

(2) 国家或省级、行业建设主管部门颁发的计价办法。

(3) 企业定额，国家或省级、行业建设主管部门颁发的计价定额和计价办法。

(4) 招标文件、招标工程量清单及其补充通知、答疑纪要。

(5) 建设工程设计文件及相关资料。

(6) 施工现场情况、工程特点及投标时拟定的施工组织设计或施工方案。

(7) 与建设项目相关的标准、规范等技术资料。

(8)市场价格信息或工程造价管理机构发布的工程造价信息。

(9)其他的相关资料。

2. 投标报价的复核

(1)综合单价中应考虑招标文件中要求投标人承担的风险内容及其范围(幅度)产生的风险费用,招标文件中没有明确的,应提请招标人明确。在施工过程中,当出现的风险内容及其范围(幅度)在合同约定的范围内时,合同价款不做调整。

(2)分部分项工程和措施项目中的单价项目,应根据招标文件和招标工程量清单项目中的特征描述确定综合单价。招标工程量清单的项目特征描述是确定分部分项工程和措施项目中的单价的重要依据之一,投标人投标报价时应依据招标工程量清单项目的特征描述确定清单项目的综合单价。招投标过程中,当出现招标工程量清单项目特征描述与设计图纸不符时,投标人应以招标工程量清单的项目特征描述为准,确定投标报价的综合单价。当施工中施工图纸或设计变更与招标工程量清单的项目特征描述不一致时,发承包双方应按实际施工的项目特征,依据合同约定重新确定综合单价。

招标文件中提供了暂估单价的材料,应按暂估的单价计入综合单价;综合单价中应考虑招标文件中要求投标人承担的风险内容及其范围(幅度)产生的风险费用。在施工过程中,当出现的风险内容及其范围(幅度)在合同约定的范围内时,工程价款不做调整。

(3)投标人可根据工程实际情况并结合施工组织设计,对招标人所列的措施项目进行增补。由于各投标人拥有的施工装备、技术水平和采用的施工方法有所差异,招标人提出的措施项目清单是根据一般情况确定的,没有考虑不同投标人的"个性",因此投标人投标时应根据自身编制的投标施工组织设计或施工方案确定措施项目,对招标人提供的措施项目进行调整。投标人根据投标施工组织设计或施工方案调整和确定的措施项目应通过评标委员会的评审。

措施项目中的总价项目应采用综合单价计价。其中安全文明施工费应按国家或省级、行业建设主管部门的规定确定,且不得作为竞争性费用。

(4)其他项目应按下列规定报价:

1)暂列金额应按招标工程量清单中列出的金额填写,不得变动。

2)材料、工程设备暂估价应按招标工程量清单中列出的单价计入综合单价,不得变动和更改。

3)专业工程暂估价应按招标工程量清单中列出的金额填写,不得变动和更改。

4)计日工应按招标工程量清单中列出的项目和数量,自主确定综合单价并计算计日工金额。

5)总承包服务费应依据招标工程量清单中列出的专业工程暂估价内容和供应材料、设备情况,按照招标人提出协调、配合与服务要求和施工现场管理需要自主确定。

(5)规费和税金应按国家或省级、行业建设主管部门的规定计算,不得作为竞争性费用。规费和税金的计取标准是依据有关法律、法规和政策规定制定的,具有强制性。投标人是法律、法规和政策的执行者,不能改变,更不能制定,而必须按照法律、法规、政策的有关规定执行。

(6)招标工程量清单与计价表中列明的所有需要填写单价和合价的项目,投标人均应填写且只允许有一个报价。未填写单价和合价的项目,可视为此项费用已包含在已标价工程量清单中其他项目的单价和合价之中。当竣工结算时,此项目不得重新组价予以调整。

(7)实行工程量清单招标时,投标人的投标总价应当与组成已标价工程量清单的分部分项工程费、措施项目费、其他项目费和规费、税金的合计金额相一致,即投标人在投标报价时,不能进行投标总价优惠(或降价、让利),投标人对招标人的任何优惠(或降价、让利)均应反映在相应清单项目的综合单价中。

第五节　水暖工程竣工结算

一、竣工结算与支付

1. 一般规定

(1)工程完工后,发承包双方必须在合同约定时间内办理工程竣工结算。合同中没有约定或约定不清的,按"13计价规范"中有关规定处理。

(2)工程竣工结算应由承包人或受其委托具有相应资质的工程造价咨询人编制,并应由发包人或受其委托具有相应资质的工程造价咨询人核对。实行总承包的工程,由总承包人对竣工结算的编制负总责。

(3)当发承包双方或一方对工程造价咨询人出具的竣工结算文件有异议时,可向工程造价管理机构投诉,申请对其进行执业质量鉴定。

(4)工程造价管理机构对投诉的竣工结算文件进行质量鉴定时,宜按本章第六节的相关规定进行。

(5)根据《中华人民共和国建筑法》第六十一条规定:"交付竣工验收的建筑工程,必须符合规定的建筑工程质量标准,有完整的工程技术经济资料和经签署的工程保修书,并具备国家规定的其他竣工条件"。由于竣工结算是反映工程造价计价规定执行情况的最终文件,竣工结算办理完毕,发包人应将竣工结算文件报送工程所在地或有该工程管辖权的行业管理部门的工程造价管理机构备案。竣工结算文件应做为工程竣工验收备案、交付使用的必备文件。

2. 编制与复核

(1)工程竣工结算应根据下列依据编制和复核:
1)"13计价规范"。
2)工程合同。
3)发承包双方实施过程中已确认的工程量及其结算的合同价款。
4)发承包双方实施过程中已确认调整后追加(减)的合同价款。
5)建设工程设计文件及相关资料。
6)投标文件。
7)其他依据。

(2)分部分项工程和措施项目中的单价项目应依据发承包双方确认的工程量与已标价工程量清单的综合单价计算;发生调整的,应以发承包双方确认调整的综合单价计算。

(3)措施项目中的总价项目应依据已标价工程量清单的项目和金额计算;发生调整

的,应以发承包双方确认调整的金额计算,其中安全文明施工费应按照国家或省级、行业建设主管部门的规定计算。施工过程中,国家或省级、行业建设主管部门对安全文明施工费进行了调整的,措施项目费和安全文明施工费应做相应调整。

(4)办理竣工结算时,其他项目费的计算应按以下要求进行计价:

1)计日工的费用应按发包人实际签证确认的数量和合同约定的相应项目综合单价计算。

2)当暂估价中的材料、工程设备是招标采购的,其单价按中标价在综合单价中调整。当暂估价中的材料、设备为非招标采购的,其单价按发承包双方最终确认的单价在综合单价中调整。当暂估价中的专业工程是招标发包的,其专业工程费按中标价计算。当暂估价中的专业工程为非招标发包的,其专业工程费按发承包双方与分包人最终确认的金额计算。

3)总承包服务费应依据已标价工程量清单金额计算,发承包双方依据合同约定对总承包服务进行了调整的,应按调整后的金额计算。

4)索赔事件产生的费用在办理竣工结算时应在其他项目费中反映,其费用金额应依据发承包双方确认的索赔事项和金额计算。

5)现场签证发生的费用在办理竣工结算时应在其他项目费中反映,其费用金额依据发承包双方签证资料确认的金额计算。

6)合同价款中的暂列金额在用于各项价款调整、索赔与现场签证后,若有余额,则余额归发包人,若出现差额,则由发包人补足并反映在相应的工程价款中。

(5)规费和税金应按国家或省级、行业建设主管部门对规费和税金的计取标准计算。规费中的工程排污费应按工程所在地环境保护部门规定的标准缴纳后按实列入。

(6)由于竣工结算与合同工程实施过程中的工程计量及其价款结算、进度款支付、合同价款调整等具有内在联系,因此发承包双方在合同工程实施过程中已经确认的工程计量结果和合同价款,在竣工结算办理中应直接进入结算,从而简化结算流程。

3. 竣工结算

竣工结算的编制与核对是工程造价计价中发承包双方应共同完成的重要工作。按照交易的一般原则,任何交易结束,都应做到钱、货两清,工程建设也不例外。工程施工的发承包活动作为期货交易行为,当工程竣工验收合格后,承包人将工程移交给发包人时,发承包双方应将工程价款结算清楚,即竣工结算办理完毕。

(1)合同工程完工后,承包人应在经发承包双方确认的合同工程期中价款结算的基础上汇总编制完成竣工结算文件,应在提交竣工验收申请的同时向发包人提交竣工结算文件。

承包人未在合同约定的时间内提交竣工结算文件,经发包人催告后14d内仍未提交或没有明确答复的,发包人有权根据已有资料编制竣工结算文件,作为办理竣工结算和支付结算款的依据,承包人应予以认可。

因承包人无正当理由在约定时间内未递交竣工结算书,造成工程结算价款延期支付的,责任由承包人承担。

(2)发包人应在收到承包人提交的竣工结算文件后的28d内核对。发包人经核实,认为承包人还应进一步补充资料和修改结算文件,应在上述时限内向承包人提出核实意见,承包人在收到核实意见后的28d内应按照发包人提出的合理要求补充资料,修改竣工结算文件,并应再次提交给发包人复核后批准。

(3)发包人应在收到承包人再次提交的竣工结算文件后的28d内予以复核,将复核结果通知承包人,并应遵守下列规定:

1)发包人、承包人对复核结果无异议的,应在7d内在竣工结算文件上签字确认,竣工结算办理完毕。

2)发包人或承包人对复核结果认为有误的,无异议部分按照本条第1)款规定办理不完全竣工结算;有异议部分由发承包双方协商解决;协商不成,应按照合同约定的争议解决方式处理。

(4)《最高人民法院关于审理建设工程施工合同纠纷案件适用法律问题的解释表》(法释〔2004〕14号)第二十条规定:"当事人约定,发包人收到竣工结算文件后,在约定期限内不予答复的,应视为认可竣工结算文件,按照约定处理。承包人请求按照竣工结算文件结算工程价款的,应予支持"。根据这一规定,要求发承包双方不仅应在合同中约定竣工结算的核对时间,并应约定发包人在约定时间内对竣工结算不予答复的,视为认可承包人递交的竣工结算。"13计价规范"对发包人未在竣工结算中履行核对责任的后果进行了规定,即:发包人在收到承包人竣工结算文件后的28d内,不核对竣工结算或未提出核对意见的,应视为承包人提交的竣工结算文件已被发包人认可,竣工结算办理完毕。

(5)承包人在收到发包人提出的核实意见后的28d内,不确认也未提出异议的,应视为发包人提出的核实意见已被承包人认可,竣工结算办理完毕。

(6)发包人委托工程造价咨询人核对竣工结算的,工程造价咨询人应在28d内核对完毕,核对结论与承包人竣工结算文件不一致的,应提交给承包人复核;承包人应在14d内将同意核对结论或不同意见的说明提交工程造价咨询人。工程造价咨询人收到承包人提出的异议后,应再次复核,复核无异议的,应在7d内在竣工结算文件上签字确认,竣工结算办理完毕;复核后仍有异议的,对于无异议部分按照规定办理不完全竣工结算;有异议部分由发承包双方协商解决;协商不成,应按照合同约定的争议解决方式处理。

承包人逾期未提出书面异议的,应视为工程造价咨询人核对的竣工结算文件已经承包人认可。

(7)对发包人或发包人委托的工程造价咨询人指派的专业人员与承包人指派的专业人员经核对后无异议并签名确认的竣工结算文件,除非发承包人能提出具体、详细的不同意见,发承包人都应在竣工结算文件上签名确认,如其中一方拒不签认的,按下列规定办理:

1)若是发包人拒不签认的,承包人可不提供竣工验收备案资料,并有权拒绝与发包人或其上级部门委托的工程造价咨询人重新核对竣工结算文件。

2)若是承包人拒不签认,发包人要求办理竣工验收备案的,承包人不得拒绝提供竣工验收资料,否则,由此造成的损失,承包人承担相应责任。

(8)合同工程竣工结算核对完成,发承包双方签字确认后,发包人不得要求承包人与另一个或多个工程造价咨询人重复核对竣工结算。这可以有效地解决了工程竣工结算中存在的一审再审、以审代拖、久审不结的现象。

(9)发包人对工程质量有异议,拒绝办理工程竣工结算的,已竣工验收或已竣工未验收但实际投入使用的工程,其质量争议应按该工程保修合同执行,竣工结算应按合同约定办理;已竣工未验收且未实际投入使用的工程以及停工、停建工程的质量争议,双方应就有争议的部分委托有资质的检测鉴定机构进行检测,并应根据检测结果确定解决方案,或按工程质量监督机构的处理决定执行后办理竣工结算,无争议部分的竣工结算应按合同约定办理。

关键细节31 结算款支付

(1)承包人应根据办理的竣工结算文件向发包人提交竣工结算款支付申请。申请应包括下列内容:

1)竣工结算合同价款总额。

2)累计已实际支付的合同价款。

3)应预留的质量保证金。

4)实际应支付的竣工结算款金额。

(2)发包人应在收到承包人提交竣工结算款支付申请后7d内予以核实,向承包人签发竣工结算支付证书。

(3)发包人签发竣工结算支付证书后的14d内,应按照竣工结算支付证书列明的金额向承包人支付结算款。

(4)发包人在收到承包人提交的竣工结算款支付申请后7d内不予核实,不向承包人签发竣工结算支付证书的,视为承包人的竣工结算款支付申请已被发包人认可;发包人应在收到承包人提交的竣工结算款支付申请7d后的14d内,按照承包人提交的竣工结算款支付申请列明的金额向承包人支付结算款。

(5)工程竣工结算办理完毕后,发包人应按合同约定向承包人支付工程价款。发包人按合同约定应向承包人支付而未支付的工程款视为拖欠工程款。根据《最高人民法院关于审理建设工程施工合同纠纷案件适用法律问题的解释》(法释〔2004〕14号)第十七条:"当事人对欠付工程价款利息计付标准有约定的,按照约定处理;没有约定的,按照中国人民银行发布的同期同类贷款利率信息。发包人应向承包人支付拖欠工程款的利息,并承担违约责任。"和《中华人民共和国合同法表》第二百八十六条:"发包人未按照合同约定支付价款的,承包人可以催告发包人在合理期限内支付价款。发包人逾期不支付的,除按照建设工程的性质不宜折价、拍卖的以外,承包人可以与发包人协议将该工程折价,也可以申请人民法院将该工程依法拍卖。建设工程的价款就该工程折价或者拍卖的价款优先受偿。"等规定,"13计价规范"中指出:"发包人未按照上述第(3)条和第(4)条规定支付竣工结算款的,承包人可催告发包人支付,并有权获得延迟支付的利息。发包人在竣工结算支付证书签发后或者在收到承包人提交的竣工结算款支付申请7d后的56d内仍未支付的,除法律另有规定外,承包人可与发包人协商将该工程折价,也可直接向人民法院申请将该工程依法拍卖。承包人应就该工程折价或拍卖的价款优先受偿"。

优先受偿,最高人民法院在《关于建设工程价款优先受偿权的批复》(法释〔2002〕16号)中规定如下:

1)人民法院在审理房地产纠纷案件和办理执行案件中,应当按照《中华人民共和国合同法表》第二百八十六条的规定,认定建筑工程的承包人的优先受偿权优于抵押权和其他债权。

2)消费者交付购买商品房的全部或者大部分款项后,承包人就该商品房享有的工程价款优先受偿权不得对抗买受人。

3)建筑工程价款包括承包人为建设工程应当支付的工作人员报酬、材料款等实际支出的费用,不包括承包人因发包人违约所造成的损失。

4)建设工程承包人行使优先权的期限为六个月,自建设工程竣工之日或者建设工程合同约定的竣工之日起计算。

4. 质量保证金

(1)发包人应按照合同约定的质量保证金比例从结算款中预留质量保证金。质量保证金用于承包人按照合同约定履行属于自身责任的工程缺陷修复义务的,为发包人有效监督承包人完成缺陷修复提供资金保证。原建设部、财政部印发的《建设工程质量保证金管理暂行办法表》(建质〔2005〕7号)第七条规定:"全部或者部分使用政府投资的建设项目,按工程价款结算总额5%左右的比例预留保证金。社会投资项目采用预留保证金方式的,预留保证金的比例可参照执行"。

(2)承包人未按照合同约定履行属于自身责任的工程缺陷修复义务的,发包人有权从质量保证金中扣除用于缺陷修复的各项支出。经查验,工程缺陷属于发包人原因造成的,应由发包人承担查验和缺陷修复的费用。

(3)在合同约定的缺陷责任期终止后,发包人应按照规定,将剩余的质量保证金返还给承包人。原建设部、财政部印发的《建设工程质量保证金管理暂行办法》(建质〔2002〕7号)第九条规定:"缺陷责任期内,承包人认真履行合同约定的责任,到期后,承包人向发包人申请返还保证金"。

5. 最终结清

(1)缺陷责任期终止后,承包人已完成合同约定的全部承包工作,但合同工程的财务账目需要结清,因此承包人应按照合同约定向发包人提交最终结清支付申请。发包人对最终结清支付申请有异议的,有权要求承包人进行修正和提供补充资料。承包人修正后,应再次向发包人提交修正后的最终结清支付申请。

(2)发包人应在收到最终结清支付申请后的14d内予以核实,并应向承包人签发最终结清支付证书。

(3)发包人应在签发最终结清支付证书后的14d内,按照最终结清支付证书列明的金额向承包人支付最终结清款。

(4)发包人未在约定的时间内核实,又未提出具体意见的,应视为承包人提交的最终结清支付申请已被发包人认可。

(5)发包人未按期最终结清支付的,承包人可催告发包人支付,并有权获得延迟支付的利息。

(6)最终结清时,承包人被预留的质量保证金不足以抵减发包人工程缺陷修复费用的,承包人应承担不足部分的补偿责任。

(7)承包人对发包人支付的最终结清款有异议的,应按照合同约定的争议解决方式处理。

二、合同解除的价款结算与支付

合同解除是合同非常态的终止,为了限制合同的解除,法律规定了合同解除制度。根据解除权来源划分,可分为协议解除和法定解除。鉴于建设工程施工合同的特性,为了防止社会资源浪费,法律不赋予发承包人享有任意单方解除权,因此,除了协议解除,按照《最高人民法院关于审理建设工程施工合同纠纷案件适用法律问题的解释表》第八条、第九条的规定,施工合同的解除有承包人根本违约的解除和发包人根本违约的解除两种。

(1)发承包双方协商一致解除合同的,应按照达成的协议办理结算和支付合同价款。

(2)由于不可抗力致使合同无法履行解除合同的,发包人应向承包人支付合同解除之日前已完成但尚未支付的合同价款,此外,还应支付下列金额:

1)招标文件中明示应由发包人承担的赶工费用。

2)已实施或部分实施的措施项目应付价款。

3)承包人为合同工程合理订购且已交付的材料和工程设备货款。

4)承包人撤离现场所需的合理费用,包括员工遣送费和临时工程拆除、施工设备运离现场的费用。

5)承包人为完成合同工程而预期开支的任何合理费用,且该项费用未包括在本款其他各项支付之内。

发承包双方办理结算合同价款时,应扣除合同解除之日前发包人应向承包人收回的价款。当发包人应扣除的金额超过了应支付的金额,承包人应在合同解除后的86d内将其差额退还给发包人。

(3)由于承包人违约解除合同的,对于价款的结算与支付应按以下规定处理:

1)发包人应暂停向承包人支付任何价款。

2)发包人应在合同解除后28d内核实合同解除时承包人已完成的全部合同价款以及按施工进度计划已运至现场的材料和工程设备货款,按合同约定核算承包人应支付的违约金以及造成损失的索赔金额,并将结果通知承包人。发承包双方应在28d内予以确认或提出意见,并办理结算合同价款。如果发包人应扣除的金额超过了应支付的金额,则承包人应在合同解除后的56d内将其差额退还给发包人。

3)发承包双方不能就解除合同后的结算达成一致的,按照合同约定的争议解决方式处理。

(4)由于发包人违约解除合同的,对于价款结算与支付应按以下规定处理:

1)发包人除应按照上述第(2)条的有关规定向承包人支付各项价款外,还应按合同约定核算发包人应支付的违约金以及给承包人造成损失或损害的索赔金额费用。该笔费用由承包人提出,发包人核实后与承包人协商确定后的7d内向承包人签发支付证书。

2)发承包双方协商不能达成一致的,按照合同约定的争议解决方式处理。

第六节 工程造价的鉴定

一、一般规定

(1)在工程合同价款纠纷案件处理中,需做工程造价司法鉴定的,应根据《工程造价咨询企业管理办法》(建设部令第149号)第二十条的规定,委托具有相应资质的工程造价咨询人进行。

(2)工程造价咨询人接受委托时提供工程造价司法鉴定服务的,不仅应符合建设工程造价方面的规定，还应按仲裁、诉讼程序和要求进行，并应符合国家关于司法鉴定的规定。

(3)按照《注册造价工程师管理办法》(建设部令第150号)的规定，工程计价活动应由造价工程师担任。《建设部关于对工程造价司法鉴定有关问题的复函》(建办标函〔2005〕155号)第二条规定:"从事工程造价司法鉴定的人员，必须具备注册造价工程师执业资格，并只得在其注册的机构从事工程造价司法鉴定工作，否则不具有在该机构的工程造价成果文件上签字的权力"。鉴于进入司法程序的工程造价鉴定的难度一般较大，因此，工程造价咨询人进行工程造价司法鉴定时，应指派专业对口、经验丰富的注册造价工程师承担鉴定工作。

(4)工程造价咨询人应在收到工程造价司法鉴定资料后10d内，根据自身专业能力和证据资料判断能否胜任该项委托，如不能，应辞去该项委托。工程造价咨询人不得在鉴定期满后以上述理由不做出鉴定结论，影响案件处理。

(5)为保证工程造价司法鉴定的公正进行，接受工程造价司法鉴定委托的工程造价咨询人或造价工程师如是鉴定项目一方当事人的近亲属或代理人、咨询人以及其他关系可能影响鉴定公正的，应当自行回避；未自行回避，鉴定项目委托人以该理由要求其回避的，必须回避。

(6)《最高人民法院关于民事诉讼证据的若干规定》(法释〔2001〕33号)第五十九条规定:"鉴定人应当出庭接受当事人质询"，因此，工程造价咨询人应当依法出庭接受鉴定项目当事人对工程造价司法鉴定意见书的质询。如确因特殊原因无法出庭的，经审理该鉴定项目的仲裁机关或人民法院准许，可以书面形式答复当事人的质询。

二、取证

(1)工程造价的确定与当时的法律法规、标准定额以及各种要素价格具有密切关系，为做好一些基础资料不完备的工程鉴定，工程造价咨询人进行工程造价鉴定工作时，应自行收集以下(但不限于)鉴定资料:

1)适用于鉴定项目的法律、法规、规章、规范性文件以及规范、标准、定额。

2)鉴定项目同时期同类型工程的技术经济指标及其各类要素价格等。

(2)真实、完整、合法的鉴定依据是做好鉴定项目工程造价司法工作鉴定的前提。工程造价咨询人收集鉴定项目的鉴定依据时，应向鉴定项目委托人提出具体书面要求，其内容包括:

1)与鉴定项目相关的合同、协议及其附件。

2)相应的施工图纸等技术经济文件。

3)施工过程中的施工组织、质量、工期和造价等工程资料。

4)存在争议的事实及各方当事人的理由。

5)其他有关资料。

(3)根据最高人民法院规定"证据应当在法庭上出示，由当事人质证。未经质证的证据，不能作为认定案件事实的依据(法释〔2001〕33号)"，工程造价咨询人在鉴定过程中要求鉴定项目当事人对缺陷资料进行补充的，应征得鉴定项目委托人同意，或者协调鉴定项目各方当事人共同签认。

(4)鉴定工作需要现场勘验的，工程造价咨询人应提请鉴定项目委托人组织各方当事人对被鉴定项目所涉及的实物标的进行现场勘验。

(5)勘验现场应制作勘验记录、笔录或勘验图表,记录勘验的时间、地点、勘验人、在场人、勘验经过、结果,由勘验人、在场人签名或者盖章确认。绘制的现场图应注明绘制的时间、测绘人姓名、身份等内容。必要时应采取拍照或摄像取证,留下影像资料。

(6)鉴定项目当事人未对现场勘验图表或勘验笔录等签字确认的,工程造价咨询人应提请鉴定项目委托人决定处理意见,并在鉴定意见书中做出表述。

三、鉴定

(1)《最高人民法院关于审理建设工程施工合同纠纷案件适用法律问题的解释》(法释〔2001〕14号)第十六条一款规定:"当事人对建设工程的计价标准或者计价方法有约定的,按照约定结算工程价款",因此,如鉴定项目委托人明确告之合同有效,工程造价咨询人就必须依据合同约定进行鉴定,不得随意改变发承包双方合法的合意,不能以专业技术方面的惯例来否定合同的约定。

(2)工程造价咨询人在鉴定项目合同无效或合同条款约定不明确的情况下应根据法律法规、相关国家标准和"13计价规范"的规定,选择相应专业工程的计价依据和方法进行鉴定。

(3)为保证工程造价鉴定的质量,尽可能将当事人之间的分歧缩小直至化解,为司法调解、裁决或判决提供科学合理的依据,工程造价咨询人出具正式鉴定意见书之前,可报请鉴定项目委托人向鉴定项目各方当事人发出鉴定意见书征求意见稿,并指明应书面答复的期限及其不答复的相应法律责任。

(4)工程造价咨询人收到鉴定项目各方当事人对鉴定意见书征求意见稿的书面复函后,应对不同意见认真复核,修改完善后再出具正式鉴定意见书。

(5)工程造价咨询人出具的工程造价鉴定书应包括下列内容:
1)鉴定项目委托人名称、委托鉴定的内容。
2)委托鉴定的证据材料。
3)鉴定的依据及使用的专业技术手段。
4)对鉴定过程的说明。
5)明确的鉴定结论。
6)其他需说明的事宜。
7)工程造价咨询人盖章及注册造价工程师签名盖执业专用章。

(6)进入仲裁或诉讼的施工合同纠纷案件,一般都有明确的结案时限,为避免影响案件的处理,工程造价咨询人应在委托鉴定项目的鉴定期限内完成鉴定工作,如确因特殊原因不能在原定期限内完成鉴定工作时,应按照相应法规提前向鉴定项目委托人申请延长鉴定期限,并应在此期限内完成鉴定工作。

经鉴定项目委托人同意等待鉴定项目当事人提交、补充证据的,质证所用的时间不应计入鉴定期限。

对于已经出具的正式鉴定意见书中有部分缺陷的鉴定结论,工程造价咨询人应通过补充鉴定做出补充结论。

第十二章　工程合同价款约定与管理

第一节　合同价款约定

一、一般规定

(1)工程合同价款的约定是建设工程合同的主要内容。根据有关法律条款的规定,实行招标的工程合同价款应在中标通知书发出之日起30d内,由发承包双方依据招标文件和中标人的投标文件在书面合同中约定。

关键细节1　工程合同价款的约定应满足的要求

1)约定的依据要求:招标人向中标的投标人发出的中标通知书。
2)约定的时间要求:自招标人发出中标通知书之日起30d内。
3)约定的内容要求:招标文件和中标人的投标文件。
4)合同的形式要求:书面合同。

在工程招投标及建设工程合同签订过程中,招标文件应视为要约邀请,投标文件为要约,中标通知书为承诺。因此,在签订建设工程合同时,若招标文件与中标人的投标文件有不一致的地方,应以投标文件为准。

(2)实行招标的工程,合同约定不得违背招标文件中关于工期、造价、资质等方面的实质性内容。合同实质性内容,按照《中华人民共和国合同法表》第三十条规定:"有关合同标的、数量、质量、价款或者报酬、履行期限、履行地点和方式、违约责任和解决争议方法等的变更,是对要约内容的实质性变更"。

(3)不实行招标的工程合同价款,应在发承包双方认可的工程价款基础上,由发承包双方在合同中约定。

(4)工程建设合同的形式对工程量清单计价的适用性不构成影响,无论是单价合同、总价合同,还是成本加酬金合同均可以采用工程量清单计价。采用单价合同形式时,经标价的工程量清单是合同文件必不可少的组成内容,其中的工程量一般具备合同约束力(量可调),工程款结算时按照合同中约定应予计量并实际完成的工程量计算进行调整,由招标人提供统一的工程量清单则彰显了工程量清单计价的主要优点。总价合同是指总价包干或总价不变合同,采用总价合同形式,工程量清单中的工程量不具备合同的约束力(量不可调),工程量以合同图纸的标示内容为准,工程量以外的其他内容一般均赋予合同约束力,以方便合同变更的计量和计价。成本加酬金合同是承包人不承担任何价格变化风险的合同。

"13计价规范"规定:"实行工程量清单计价的工程,应采用单价合同;建设规模较小,技术难度较低，工期较短，且施工图设计已审查批准的建设工程可采用总价合同；紧急抢险、救灾以及施工技术特别复杂的建设工程可采用成本加酬金合同"。单价合同约定的工程价款中所包含的工程量清单项目综合单价在约定条件内是固定的，不予调整，工程量允许调整。工程量清单项目综合单价在约定的条件外，允许调整。但调整方式、方法应在合同中约定。

二、合同价款约定内容

(1)发承包双方在合同条款中的约定。

1)预付工程款的数额、支付时间及抵扣方式。预付款是发包人为解决承包人在施工准备阶段资金周转问题提供的协助。如使用大宗材料，可根据工程具体情况设置工程材料预付款。

2)安全文明施工措施的支付计划，使用要求等。

3)工程计量与支付工程进度款的方式、数额及时间。

4)工程价款的调整因素、方法、程序、支付及时间。

5)施工索赔与现场签证的程序、金额确认与支付时间。

6)承担计价风险的内容、范围以及超出约定内容、范围的调整办法。

7)工程竣工价款结算编制与核对、支付及时间。

8)工程质量保证金的数额、预留方式及时间。

9)违约责任以及发生合同价款争议的解决方法及时间。

10)与履行合同、支付价款有关的其他事项等。

由于合同中涉及工程价款的事项较多，能够详细约定的事项应尽可能具体的约定，约定的用词应尽可能唯一，如有几种解释，最好对用词进行定义，尽量避免因理解上的歧义造成合同纠纷。

(2)合同中没有按照上述第1)条的要求约定或约定不明的，若发承包双方在合同履行中发生争议，由双方协商确定；当协商不能达成一致时，应按"13计价规范"的规定执行。

第二节　工程合同价款的管理

一、工程计量

1. 一般规定

(1)正确的计量是发包人向承包人支付合同价款的前提和依据，因此"13计价规范"中规定："工程量必须按照相关工程现行国家计量规范规定的工程量计算规则计算"。这就明确了不论采用何种计价方式，其工程量必须按照相关工程的国家现行计量规范规定的工程量计算规则计算。采用统一的工程量计算规则，对于规范工程建设各方的计量计价行为，有效减少计量争议具有十分重要的意义。

(2)选择恰当的工程计量方式对于正确计量是十分必要的。由于工程建设具有投资大、周期长等特点，因而"13计价规范"中规定："工程计量可选择按月或按工程形象进度分段计量,当采用分段结算方式时,应在合同中约定具体的工程分段划分界限"。按工程形象进度分段计量与按月计量相比,其计量结果更具稳定性,可以简化竣工结算。但应注意工程形象进度分段的时间应与按月计量保持一定关系,不应过长。

(3)因承包人原因造成的超出合同工程范围施工或返工的工程量,发包人不予计量。

(4)成本加酬金合同应按单价合同的规定计量。

2. 单价合同的计量

(1)招标工程量清单标明的工程量是招标人根据拟建工程设计文件预计的工程量,不能作为承包人在实际工作中应予完成的实际和准确的工程量。招标工程量清单所列的工程量一方面是各投标人进行投标报价的共同基础,另一方面也是对各投标人的投标报价进行评审的共同平台,是招投标活动遵循公开、公平、公正和诚实、信用原则的具体体现。

发承包双方竣工结算的工程量应以承包人按照国家现行计量规范规定的工程量计算规则计算的实际完成应予计量的工程量确定,而非招标工程量清单所列的工程量。

(2)施工中进行工程计量时,当发现招标工程量清单中出现缺项、工程量偏差,或因工程变更引起工程量增减时,应按承包人在履行合同义务中完成的工程量计算。

(3)承包人应当按照合同约定的计量周期和时间向发包人提交当期已完工程量报告。发包人应在收到报告后7d内核实,并将核实计量结果通知承包人。发包人未在约定时间内进行核实的,承包人提交的计量报告中所列的工程量应视为承包人实际完成的工程量。

(4)发包人认为需要进行现场计量核实时,应在计量前24h通知承包人,承包人应为计量提供便利条件并派人参加。当双方均同意核实结果时,双方应在上述记录上签字确认。承包人收到通知后不派人参加计量,视为认可发包人的计量核实结果。发包人不按照约定时间通知承包人,致使承包人未能派人参加计量,计量核实结果无效。

(5)当承包人认为发包人核实后的计量结果有误时,应在收到计量结果通知后的7d内向发包人提出书面意见,并应附上其认为正确的计量结果和详细的计算资料。发包人收到书面意见后,应在7d内对承包人的计量结果进行复核后通知承包人。承包人对复核计量结果仍有异议的,按照合同约定的争议解决办法处理。

(6)承包人完成已标价工程量清单中每个项目的工程量并经发包人核实无误后,发承包双方应对每个项目的历次计量报表进行汇总,以核实最终结算工程量,并应在汇总表上签字确认。

3. 总价合同的计量

(1)由于工程量是招标人提供的,招标人必须对其准确性和完整性负责,且工程量必须按照相关工程国家现行计量规范规定的工程量计算规则计算,因而对于采用工程量清单方式形成的总价合同,若招标工程量清单中工程量与合同实施过程中的工程量存在差异时,都应按上述"2. 单价合同的计量"中的相关规定进行调整。

(2)采用经审定批准的施工图纸及其预算方式发包形成的总价合同,由于承包人自行对施工图纸进行计量,因此除按照工程变更规定引起的工程量增减外,总价合同各项目的工程量是承包人用于结算的最终工程量。

(3)总价合同约定的项目计量应以合同工程经审定批准的施工图纸为依据,发承包双方应在合同中约定工程计量的形象目标或时间节点进行计量。

(4)承包人应在合同约定的每个计量周期内对已完成的工程进行计量,并向发包人提交达到工程形象目标完成的工程量和有关计量资料的报告。

(5)发包人应在收到报告后7d内对承包人提交的上述资料进行复核,以确定实际完成的工程量和工程形象目标。对其有异议的,应通知承包人进行共同复核。

二、合同价款调整

(1)下列事项(但不限于)发生,发承包双方应当按照合同约定调整合同价款:
1)法律法规变化。
2)工程变更。
3)项目特征不符。
4)工程量清单缺项。
5)工程量偏差。
6)计日工。
7)物价变化。
8)暂估价。
9)不可抗力。
10)提前竣工(赶工补偿)。
11)误期赔偿。
12)索赔。
13)现场签证。
14)暂列金额。
15)发承包双方约定的其他调整事项。

(2)出现合同价款调增事项(不含工程量偏差、计日工、现场签证、索赔)后的14d内,承包人应向发包人提交合同价款调增报告并附上相关资料;承包人在14d内未提交合同价款调增报告的,应视为承包人对该事项不存在调整价款请求。

此处所指合同价款调增事项不包括工程量偏差,是因为工程量偏差的调整在竣工结算完成之前均可提出;不包括计日工、现场签证和索赔,是因为这三项的合同价款调增时限在"13计价规范"中另有规定。

(3)出现合同价款调减事项(不含工程量偏差、索赔)后的14d内,发包人应向承包人提交合同价款调减报告并附相关资料;发包人在14d内未提交合同价款调减报告的,应视为发包人对该事项不存在调整价款请求。

基于上述第(2)条同样的原因,此处合同价款调减事项中不包括工程量偏差和索赔两项。

(4)发(承)包人应在收到承(发)包人合同价款调增(减)报告及相关资料之日起14d内对其核实,予以确认的应书面通知承(发)包人。当有疑问时,应向承(发)包人提出协商意见。发(承)包人在收到合同价款调增(减)报告之日起14d内未确认也未提出协商意见的,应视为承(发)包人提交的合同价款调增(减)报告已被发(承)包人认可。发(承)包人提出协商意见的,承(发)包人应在收到协商意见后的14d内对其核实,予以确认的应书面通知发(承)包人。承(发)包人在收到发(承)包人的协商意见后14d内既不确认也未提出不同意见的,应视为发(承)包人提出的意见已被承(发)包人认可。

(5)发包人与承包人对合同价款调整的不同意见不能达成一致的,只要对发承包双方履约不产生实质影响,双方应继续履行合同义务,直到其按照合同约定的争议解决方式得到处理。

(6)根据财政部、原建设部印发的《建设工程价款结算暂行办法》(财建〔2004〕369号)第十五条的规定:"发包人和承包人要加强施工现场的造价控制,及时对工程合同外的事项如实纪录并履行书面手续。凡由发、承包双方授权的现场代表签字的现场签证以及发、承包双方协商确定的索赔等费用,应在工程竣工结算中如实办理,不得因发、承包双方现场代表的中途变更改变其有效性"。"13计价规范"对发承包双方确定调整的合同价款的支付方法进行了约定,即:"经发承包双方确认调整的合同价款,作为追加(减)合同价款,应与工程进度款或结算款同期支付"。

关键细节 2　法律法规变化引起的合同价款调整

(1)工程建设过程中,发、承包双方都是国家法律、法规、规章及政策的执行者。因此,在发、承包双方履行合同的过程中,当国家的法律、法规、规章及政策发生变化,国家或省级、行业建设主管部门或其授权的工程造价管理机构据此发布工程造价调整文件,工程价款应当进行调整。"13计价规范"中规定:"招标工程以投标截止日前28d、非招标工程以合同签订前28d为基准日,其后因国家的法律、法规、规章和政策发生变化引起工程造价增减变化的,发承包双方应按照省级或行业建设主管部门或其授权的工程造价管理机构据此发布的规定调整合同价款"。

(2)因承包人原因导致工期延误的,按上述第(1)条规定的调整时间,在合同工程原定竣工时间之后,合同价款调增的不予调整,合同价款调减的予以调整。这就说明由于承包人原因导致工期延误,将按不利于承包人的原则调整合同价款。

关键细节 3　工程变更引起的合同价款调整

建设工程施工合同实施过程中,如果合同签订时所依赖的承包范围、设计标准、施工条件等发生变化,则必须在新的承包范围、新的设计标准或新的施工条件等前提下对发承包双方的权利和义务进行重新分配,从而建立新的平衡,追求新的公平和合理。由于施工条件变化和发包人要求变化等原因,往往会发生合同约定的工程材料性质和品种、建筑物结构形式、施工工艺和方法等的变动,此时必须变更才能维护合同的公平。因此,"13计价规范"中对因分部分项工程量清单的漏项或非承包人原因引起的工程变更,造成增加新的工程量清单项目时,新增项目综合单价的确定原则进行了约定,具体如下:

(1)因工程变更引起已标价工程量清单项目或其工程数量发生变化时,应按照下列规定调整:

1)已标价工程量清单中有适用于变更工程项目的,应采用该项目的单价;但当工程变更导致该清单项目的工程数量发生变化,且工程量偏差超过15%时,该项目单价应按照规定进行调整,即当工程量增加15%以上时,增加部分的工程量的综合单价应予调低;当工程量减少15%以上时,减少后剩余部分的工程量的综合单价应予调高。采用此条进行调整的前提条件是其采用的材料、施工工艺和方法相同,亦不因此增加关键线路上工程的施工时间。

如:某桩基工程施工过程中,由于设计变更,新增加预制钢筋混凝土管柱3根(45m),已标价工程量清单中有预制钢筋混凝土管柱项目的综合单价,且新增部分工程量偏差在15%以内,则就应采用该项目的综合单价。

2)已标价工程量清单中没有适用但有类似于变更工程项目的,可在合理范围内参照类似项目的单价。采用此条进行调整的前提条件是其采用的材料、施工工艺和方法基本相似,不增加关键线路上工程的施工时间,则可仅就其变更后的差异部分,参考类似的项目单价由发、承包双方协商新的项目单价。

如:某现浇混凝土设备基础的混凝土强度等级为C30,施工过程中设计单位将其调整为C35,此时则可将原综合单价组成中C30混凝土价格用C35混凝土价格替换,其余不变,组成新的综合单价。

3)已标价工程量清单中没有适用也没有类似于变更工程项目的,应由承包人根据变更工程资料、计量规则和计价办法、工程造价管理机构发布的信息价格和承包人报价浮动率提出变更工程项目的单价,并应报发包人确认后调整。承包人报价浮动率可按下列公式计算:

招标工程:
$$承包人报价浮动率 L=(1-中标价/招标控制价)\times 100\%$$

非招标工程:
$$承包人报价浮动率 L=(1-报价/施工图预算)\times 100\%$$

4)已标价工程量清单中没有适用也没有类似于变更工程项目,且工程造价管理机构发布的信息价格缺价的,应由承包人根据变更工程资料、计量规则、计价办法和通过市场调查等取得有合法依据的市场价格提出变更工程项目的单价,并应报发包人确认后调整。

(2)工程变更引起施工方案改变并使措施项目发生变化时,承包人提出调整措施项目费的,应事先将拟实施的方案提交发包人确认,并应详细说明与原方案措施项目相比的变化情况。拟实施的方案经发承包双方确认后执行,并应按照下列规定调整措施项目费:

1)安全文明施工费应按照实际发生变化的措施项目依据国家或省级、行业建设主管部门的规定计算。

2)采用单价计算的措施项目费,应按照实际发生变化的措施项目,按上述第(1)条的规定确定单价。

3)按总价(或系数)计算的措施项目费,按照实际发生变化的措施项目调整,但应考虑承包人报价浮动因素,即调整金额按照实际调整金额乘以上述第(1)条规定的承包人报价浮动率计算。

如果承包人未事先将拟实施的方案提交给发包人确认,则应视为工程变更不引起措施项目费的调整或承包人放弃调整措施项目费的权利。

(3)当发包人提出的工程变更因非承包人原因删减了合同中的某项原定工作或工程,致使承包人发生的费用或(和)得到的收益不能被包括在其他已支付或应支付的项目中,也未被包含在任何替代的工作或工程中时,承包人有权提出并应得到合理的费用及利润补偿。这主要是为了维护合同的公平,防止发包人在签约后擅自取消合同中的工作,转而由发包人自己或其他承包人实施而使本合同工程承包人蒙受损失。

关键细节 4 项目特征不符引起的合同价款调整

工程量清单的项目特征是确定一个清单项目综合单价不可缺少的主要依据。对工程量清单项目的特征描述具有十分重要的意义，其主要体现包括三个方面：①项目特征是区分清单项目的依据。工程量清单项目特征是用来表述分部分项清单项目的实质内容，用于区分计价规范中同一清单条目下各个具体的清单项目。没有项目特征的准确描述，对于相同或相似的清单项目名称，就无从区分。②项目特征是确定综合单价的前提。由于工程量清单项目的特征决定了工程实体的实质内容，必然直接决定了工程实体的自身价值。因此，工程量清单项目特征描述得准确与否，直接关系到工程量清单项目综合单价的准确确定。③项目特征是履行合同义务的基础。实行工程量清单计价，工程量清单及其综合单价是施工合同的组成部分，因此，如果工程量清单项目特征的描述不清甚至漏项、错误，从而引起在施工过程中的更改，都会引起分歧，导致纠纷。

在按"13 工程计量规范"对工程量清单项目的特征进行描述时，应注意"项目特征"与"工作内容"的区别。"项目特征"是工程项目的实质，决定着工程量清单项目的价值大小，而"工作内容"主要讲的是操作程序，是承包人完成能通过验收的工程项目所必须要操作的工序。在"13 工程计量规范"中，工程量清单项目与工程量计算规则、工作内容具有一一对应的关系，当采用"13 计价规范"进行计价时，工作内容即有规定，无需再对其进行描述。而"项目特征"栏中的任何一项都影响着清单项目的综合单价的确定，招标人应高度重视分部分项工程项目清单项目特征的描述，任何不描述或描述不清，均会在施工合同履约过程中产生分歧，导致纠纷、索赔。

正因为此，在编制工程量清单时，必须对项目特征进行准确而且全面的描述，准确的描述工程量清单的项目特征对于准确的确定工程量清单项目的综合单价具有决定性的作用。

"13 计价规范"中对清单项目特征描述及项目特征发生变化后重新确定综合单价的有关要求进行了如下约定：

(1) 发包人在招标工程量清单中对项目特征的描述，应被认为是准确的和全面的，并且与实际施工要求相符合。承包人应按照发包人提供的招标工程量清单，根据项目特征描述的内容及有关要求实施合同工程，直到项目被改变为止。

(2) 承包人应按照发包人提供的设计图纸实施合同工程，若在合同履行期间出现设计图纸(含设计变更)与招标工程量清单任一项目的特征描述不符，且该变化引起该项目工程造价增减变化的，应按照实际施工的项目特征，按前述"一、工程计量"中的有关规定重新确定相应工程量清单项目的综合单价，并调整合同价款。

关键细节 5 工程量清单缺项引起的合同价款调整

导致工程量清单缺项的原因主要包括：①设计变更；②施工条件改变；③工程量清单编制错误。由于工程量清单的增减变化必然使合同价款发生增减变化。

(1) 合同履行期间，由于招标工程量清单中缺项，新增分部分项工程清单项目的，应按照前述"关键细节 3"中的第(1)条的有关规定确定单价，并调整合同价款。

(2) 新增分部分项工程清单项目后，引起措施项目发生变化的，应按照前述"关键细节 3

中的第(2)条的有关规定,在承包人提交的实施方案被发包人批准后调整合同价款。

(3)由于招标工程量清单中措施项目缺项,承包人应将新增措施项目实施方案提交发包人批准后,按照前述"关键细节3"中的第(1)、(2)条的有关规定调整合同价款。

关键细节6 工程量偏差引起合同价款调整

(1)合同履行期间,当应予计算的实际工程量与招标工程量清单出现偏差,且符合下述第(2)、(3)条规定时,发承包双方应调整合同价款。

(2)对于任一招标工程量清单项目,当因工程量偏差和前述关键细节3中规定的工程变更等原因导致工程量偏差超过15%时,可进行调整。当工程量增加15%以上时,增加部分的工程量的综合单价应予调低;当工程量减少15%以上时,减少后剩余部分的工程量的综合单价应予调高。

(3)如果工程量出现变化引起相关措施项目相应发生变化时,按系数或单一总价方式计价的,工程量增加的措施项目费调增,工程量减少的措施项目费调减。反之,如未引起相关措施项目发生变化,则不予调整。

关键细节7 计日工引起的合同价款调整

(1)发包人通知承包人以计日工方式实施的零星工作,承包人应予执行。

(2)采用计日工计价的任何一项变更工作,在该项变更的实施过程中,承包人应按合同约定提交下列报表和有关凭证送发包人复核:

1)工作名称、内容和数量。
2)投入该工作所有人员的姓名、工种、级别和耗用工时。
3)投入该工作的材料名称、类别和数量。
4)投入该工作的施工设备型号、台数和耗用台时。
5)发包人要求提交的其他资料和凭证。

(3)任一计日工项目持续进行时,承包人应在该项工作实施结束后的24h内向发包人提交有计日工记录汇总的现场签证报告一式三份。发包人在收到承包人提交现场签证报告后的2d内予以确认并将其中一份返还给承包人,作为计日工计价和支付的依据。发包人逾期未确认也未提出修改意见的,应视为承包人提交的现场签证报告已被发包人认可。

(4)任一计日工项目实施结束后,承包人应按照确认的计日工现场签证报告核实该类项目的工程数量,并应根据核实的工程数量和承包人已标价工程量清单中的计日工单价计算,提出应付价款;已标价工程量清单中没有该类计日工单价的,由发承包双方按前述"关键细节3"中的相关规定商定计日工单价计算。

(5)每个支付期末,承包人应按规定向发包人提交本期间所有计日工记录的签证汇总表,并应说明本期间自己认为有权得到的计日工金额,调整合同价款,列入进度款支付。

关键细节8 物价变化引起合同价款调整

(1)合同履行期间,因人工、材料、工程设备、机械台班价格波动影响合同价款时,应根据合同约定,按"13计价规范"附录A中介绍的方法之一调整合同价款。

(2)承包人采购材料和工程设备的,应在合同中约定主要材料、工程设备价格变化的范围或幅度;当没有约定,且材料、工程设备单价变化超过 5% 时,超过部分的价格应按照"13 计价规范"附录 A 中介绍的方法计算调整材料、工程设备费。

(3)发生合同工程工期延误的,应按照下列规定确定合同履行期的价格调整:

1)因非承包人原因导致工期延误的,计划进度日期后续工程的价格,应采用计划进度日期与实际进度日期两者的较高者。

2)因承包人原因导致工期延误的,计划进度日期后续工程的价格,应采用计划进度日期与实际进度日期两者的较低者。

(4)发包人供应材料和工程设备的,不适用上述第(1)和第(2)条规定,应由发包人按照实际变化调整,列入合同工程的工程造价内。

关键细节 9　暂估价引起合同价款调整

(1)发包人在招标工程量清单中给定暂估价的材料、工程设备不属于依法必须招标的,应由承包人按照合同约定采购,经发包人确认单价后取代暂估价,调整合同价款。暂估材料或工程设备的单价确定后,在综合单价中只应取代暂估单价,不应再在综合单价中涉及企业管理费或利润等其他费用的变动。

(2)发包人在工程量清单中给定暂估价的专业工程不属于依法必须招标的,应按照前述关键细节 3 中的相关规定确定专业工程价款,并以此为依据取代专业工程暂估价,调整合同价款。

(3)发包人在招标工程量清单中给定暂估价的专业工程为依法必须招标的,应当由发承包双方依法组织招标选择专业分包人,并接受有管辖权的建设工程招标投标管理机构的监督,还应符合下列要求:

1)除合同另有约定外,承包人不参加投标的专业工程发包招标,应由承包人作为招标人,但拟定的招标文件、评标工作、评标结果应报送发包人批准。与组织招标工作有关的费用应当被认为已经包括在承包人的签约合同价(投标总报价)中。

2)承包人参加投标的专业工程发包招标,应由发包人作为招标人,组织招标工作有关的费用由发包人承担。同等条件下,应优先选择承包人中标。

3)应以专业工程发包中标价为依据取代专业工程暂估价,调整合同价款。

关键细节 10　不可抗力引起合同价款调整

(1)因不可抗力事件导致的人员伤亡、财产损失及其费用增加,发承包双方应按下列原则分别承担并调整合同价款和工期:

1)合同工程本身的损害、因工程损害导致第三方人员伤亡和财产损失以及运至施工场地用于施工的材料和待安装的设备的损害,应由发包人承担。

2)发包人、承包人人员伤亡应由其所在单位负责,并应承担相应费用。

3)承包人的施工机械设备损坏及停工损失,应由承包人承担。

4)停工期间,承包人应发包人要求留在施工场地的必要的管理人员及保卫人员的费用应由发包人承担。

5)工程所需清理、修复费用,应由发包人承担。

第十二章 工程合同价款约定与管理

(2)不可抗力解除后复工的,若不能按期竣工,应合理延长工期。发包人要求赶工的,赶工费用应由发包人承担。

关键细节11 提前竣工(赶工补偿)引起合同价款调整

《建设工程质量管理条例表》第十条规定:"建设工程发包单位不得迫使承包方以低于成本的价格竞标,不得任意压缩合理工期"。因此为了保证工程质量,承包人除了根据标准规范、施工图纸进行施工外,还应当按照科学合理的施工组织设计,按部就班地进行施工作业。

(1)招标人应依据相关工程的工期定额合理计算工期,压缩的工期天数不得超过定额工期的20%,超过者,应在招标文件中明示增加赶工费用。赶工费用主要包括:①人工费的增加,如新增加投入人工的报酬,不经济使用人工的补贴等;②材料费的增加,如可能造成不经济使用材料而损耗过大,材料运输费的增加等;③机械费的增加,例如可能增加机械设备投入,不经济的使用机械等。

(2)发包人要求合同工程提前竣工的,应征得承包人同意后与承包人商定采取加快工程进度的措施,并应修订合同工程进度计划。发包人应承担承包人由此增加的提前竣工(赶工补偿)费用,除合同另有约定外,提前竣工补偿的金额可为合同价款的5%。

(3)发承包双方应在合同中约定提前竣工每日历天应补偿额度,此项费用应作为增加合同价款列入竣工结算文件中,应与结算款一并支付。

关键细节12 误期赔偿引起合同价款调整

(1)如果承包人未按照合同约定施工,导致实际进度迟于计划进度的,承包人应加快进度,实现合同工期。即使承包人采取了赶工措施,赶工费用仍应由承包人承担。如合同工程仍然误期,承包人应赔偿发包人由此造成的损失,并按照合同约定向发包人支付误期赔偿费,除合同另有约定外,误期赔偿可为合同价款的5%。即使承包人支付误期赔偿费,也不能免除承包人按照合同约定应承担的任何责任和应履行的任何义务。

(2)发承包双方应在合同中约定误期赔偿费,并应明确每日历天应赔额度。误期赔偿费应列入竣工结算文件中,并应在结算款中扣除。

(3)在工程竣工之前,合同工程内的某单项(位)工程已通过了竣工验收,且该单项(位)工程接收证书中表明的竣工日期并未延误,而是合同工程的其他部分产生了工期延误时,误期赔偿费应按照已颁发工程接收证书的单项(位)工程造价占合同价款的比例幅度予以扣减。

关键细节13 索赔引起合同价款调整

索赔是合同双方依据合同约定维护自身合法利益的行为,它的性质属于经济补偿行为,而非惩罚。

(1)索赔的条件。当合同一方向另一方提出索赔时,应有正当的索赔理由和有效证据,并应符合合同的相关约定。建设工程施工中的索赔是发、承包双方行使正当权利的行为,承包人可向发包人索赔,发包人也可向承包人索赔。任何索赔事件的确立,其前提条件是必须有正当的索赔理由。对正当索赔理由的说明必须具有证据,因为进行索赔主要是靠证据说话。没有证据或证据不足,索赔是难以成功的。

(2)索赔的证据。

1)索赔证据的要求。一般有效的索赔证据都具有以下几个特征:

①及时性:既然干扰事件已发生,又意识到需要索赔,就应在有效时间内提出索赔意向。在规定的时间内报告事件的发展影响情况,在规定时间内提交索赔的详细额外费用计算账单,对发包人或工程师提出的疑问及时补充有关材料。如果拖延太久,将增加索赔工作的难度。

②真实性:索赔证据必须是在实际过程中产生,完全反映实际情况,能经得住对方的推敲。由于在工程过程中合同双方都在进行合同管理,收集工程资料,所以双方应有相同的证据。使用不实的、虚假证据是违反商业道德甚至法律的。

③全面性:所提供的证据应能说明事件的全过程。索赔报告中所涉及的干扰事件、索赔理由、索赔值等都应有相应的证据,不能凌乱和支离破碎,否则发包人将退回索赔报告,要求重新补充证据。这会拖延索赔的解决,损害承包商在索赔中的有利地位。

④关联性:索赔的证据应当能互相说明,相互具有关联性,不能互相矛盾。

⑤法律证明效力:索赔证据必须有法律证明效力,特别对准备递交仲裁的索赔报告更要注意这一点。

a. 证据必须是当时的书面文件,一切口头承诺、口头协议不算。

b. 合同变更协议必须由双方签署,或以会谈纪要的形式确定,且为决定性决议。一切商讨性、意向性的意见或建议都不算。

c. 工程中的重大事件、特殊情况的记录、统计应由工程师签署认可。

2)索赔证据的种类。

①招标文件、工程合同、发包人认可的施工组织设计、工程图纸、技术规范等。

②工程各项有关的设计交底记录、变更图纸、变更施工指令等。

③工程各项经发包人或合同中约定的发包人现场代表或监理工程师签认的签证。

④工程各项往来信件、指令、信函、通知、答复等。

⑤工程各项会议纪要。

⑥施工计划及现场实施情况记录。

⑦施工日报及工长工作日志、备忘录。

⑧工程送电、送水、道路开通、封闭的日期及数量记录。

⑨工程停电、停水和干扰事件影响的日期及恢复施工的日期记录。

⑩工程预付款、进度款拨付的数额及日期记录。

⑪工程图纸、图纸变更、交底记录的送达份数及日期记录。

⑫工程有关施工部位的照片及录像等。

⑬工程现场气候记录,如有关天气的温度、风力、雨雪等。

⑭工程验收报告及各项技术鉴定报告等。

⑮工程材料采购、订货、运输、进场、验收、使用等方面的凭据。

⑯国家和省级或行业建设主管部门有关影响工程造价、工期的文件、规定等。

3)索赔时效的功能。索赔时效是指合同履行过程中,索赔方在索赔事件发生后的约定期限内不行使索赔权即视为放弃索赔权利,其索赔权归于消灭的制度。一方面,索赔时效届满,即视为承包人放弃索赔权利,发包人可以此作为证据的代用,避免举证的困难;另一方面,只有促使承包人及时提出索赔要求,才能警示发包人充分履行合同义务,避免类似索赔事件的再次发生。

(3)承包人的索赔。

1)若承包人认为非承包人原因发生的事件造成了承包人的损失,承包人应在确认该事件发生后,持证明索赔事件发生的有效证据和依据正当的索赔理由,按合同约定的时间向发包人发出索赔通知。发包人应按合同约定的时间对承包人提出的索赔进行答复和确认。发包人在收到最终索赔报告后并在合同约定时间内,未向承包人做出答复,视为该项索赔已经认可。

这种索赔方式称之为单项索赔,即在每一件索赔事项发生后,递交索赔通知书,编报索赔报告书,要求单项解决支付,不与其他的索赔事项混在一起。单项索赔是施工索赔通常采用的方式。它避免了多项索赔的相互影响制约,所以解决起来比较容易。

当施工过程中受到非常严重的干扰,以致承包人的全部施工活动与原来的计划不大相同,原合同规定的工作与变更后的工作相互混淆,承包人无法为索赔保持准确而详细的成本记录资料,无法采用单项索赔的方式,而只能采用综合索赔。综合索赔俗称一揽子索赔。即对整个工程(或某项工程)中所发生的数起索赔事项,综合在一起进行索赔。采取这种方式进行索赔,是在特定的情况下被迫采用的一种索赔方法。

采取综合索赔时,承包人必须提出以下证明:①承包商的投标报价是合理的;②实际发生的总成本是合理的;③承包商对成本增加没有任何责任;④不可能采用其他方法准确地计算出实际发生的损失数额。

根据合同约定,承包人应按下列程序向发包人提出索赔:

①承包人应在知道或应当知道索赔事件发生后28d内,向发包人提交索赔意向通知书,说明发生索赔事件的事由。承包人逾期未发出索赔意向通知书的,丧失索赔的权利。

②承包人应在发出索赔意向通知书后28d内,向发包人正式提交索赔通知书。索赔通知书应详细说明索赔理由和要求,并应附必要的记录和证明材料。

③索赔事件具有连续影响的,承包人应继续提交延续索赔通知,说明连续影响的实际情况和记录。

④在索赔事件影响结束后的28d内,承包人应向发包人提交最终索赔通知书,说明最终索赔要求,并应附必要的记录和证明材料。

2)承包人索赔应按下列程序处理:

①发包人收到承包人的索赔通知书后,应及时查验承包人的记录和证明材料。

②发包人应在收到索赔通知书或有关索赔的进一步证明材料后的28d内,将索赔处理结果答复承包人,如果发包人逾期未做出答复,视为承包人索赔要求已被发包人认可。

③承包人接受索赔处理结果的,索赔款项应作为增加合同价款,在当期进度款中进行支付;承包人不接受索赔处理结果的,应按合同约定的争议解决方式办理。

3)承包人要求赔偿时,可以选择下列一项或几项方式获得赔偿:

①延长工期。

②要求发包人支付实际发生的额外费用。

③要求发包人支付合理的预期利润。

④要求发包人按合同的约定支付违约金。

4）索赔事件发生后，在造成费用损失时，往往会造成工期的变动。当索赔事件造成的费用损失与工期相关联时，承包人应根据发生的索赔事件向发包人提出费用索赔要求的同时，提出工期延长的要求。发包人在批准承包人的索赔报告时，应将索赔事件造成的费用损失和工期延长联系起来，综合做出批准费用索赔和工期延长的决定。

5）发承包双方在按合同约定办理了竣工结算后，应被认为承包人已无权再提出竣工结算前所发生的任何索赔。承包人在提交的最终结清申请中，只限于提出竣工结算后的索赔，提出索赔的期限应自发承包双方最终结清时终止。

（4）发包人的索赔。

1）根据合同约定，发包人认为由于承包人的原因造成发包人的损失，宜按承包人索赔的程序进行索赔。当合同中未就发包人的索赔事项做具体约定，按以下规定处理：

①发包人应在确认引起索赔的事件发生后28d内向承包人发出索赔通知，否则，承包人免除该索赔的全部责任。

②承包人在收到发包人索赔报告后的28d内，应做出回应，表示同意或不同意并附具体意见，如在收到索赔报告后的28d内，未向发包人做出答复，视为该项索赔报告已经认可。

2）发包人要求赔偿时，可以选择下列一项或几项方式获得赔偿：

①延长质量缺陷修复期限。

②要求承包人支付实际发生的额外费用。

③要求承包人按合同的约定支付违约金。

3）承包人应付给发包人的索赔金额可从拟支付给承包人的合同价款中扣除，或由承包人以其他方式支付给发包人。

关键细节14 现场签证引起合同价款调整

由于施工生产的特殊性，施工过程中往往会出现一些与合同工程或合同约定不一致或未约定的事项，这时就需要发承包双方用书面形式记录下来，这就是现场签证。签证有多种情形，一是发包人的口头指令，需要承包人将其提出，由发包人转换成书面签证；二是发包人的书面通知如涉及工程实施，需要承包人就完成此通知需要的人工、材料、机械设备等内容向发包人提出，取得发包人的签证确认；三是合同工程招标工程量清单中已有，但施工中发现与其不符，比如土方类别，出现流砂等，需承包人及时向发包人提出签证确认，以便调整合同价款；四是由于发包人原因未按合同约定提供场地、材料、设备或停水、停电等造成承包人停工，需承包人及时向发包人提出签证确认，以便计算索赔费用；五是合同中约定的材料、设备等价格，由于市场发生变化，需承包人向发包人提出采纳数量及其单价，以便发包人核对后取得发包人的签证确认；六是其他由于施工条件、合同条件变化需现场签证的事项等。

（1）承包人应发包人要求完成合同以外的零星项目、非承包人责任事件等工作的，发包人应及时以书面形式向承包人发出指令，并应提供所需的相关资料；承包人在收到指令后，应及时向发包人提出现场签证要求。

（2）承包人应在收到发包人指令后的7d内向发包人提交现场签证报告，发包人应在收到现场签证报告后的48h内对报告内容进行核实，予以确认或提出修改意见。发包人在收到承包人现场签证报告后的48h内未确认也未提出修改意见的，应视为承包人提交的现场签证报告已被发包人认可。

（3）现场签证的工作如已有相应的计日工单价，现场签证中应列明完成该类项目所需的人工、材料、工程设备和施工机械台班的数量。

如现场签证的工作没有相应的计日工单价，应在现场签证报告中列明完成该签证工作所需的人工、材料设备和施工机械台班的数量及单价。

（4）合同工程发生现场签证事项，未经发包人签证确认，承包人便擅自施工的，除非征得发包人书面同意，否则发生的费用应由承包人承担。

（5）按照财政部、原建设部印发的《建设工程价款结算办法表》（财建〔2004〕369号）第十五条的规定："发包人和承包人要加强施工现场的造价控制，及时对工程合同外的事项如实纪录并履行书面手续。凡由发、承包双方授权的现场代表签字的现场签证以及发、承包双方协商确定的索赔等费用，应在工程竣工结算中如实办理，不得因发、承包双方现场代表的中途变更改变其有效性。""13计价规范"规定："现场签证工作完成后的7d内，承包人应按照现场签证内容计算价款，报送发包人确认后，作为增加合同价款，与进度款同期支付"。此举可避免发包方变相拖延工程款以及发包人以现场代表变更而不承认某些索赔或签证的事件发生。

（6）在施工过程中，当发现合同工作内容因场地条件、地质水文、发包人要求等不一致时，承包人应提供所需的相关资料，并提交发包人签证认可，作为合同价款调整的依据。

关键细节15　暂列金额引起合同价款调整

（1）已签约合同价中的暂列金额应由发包人掌握使用。

（2）暂列金额虽然列入合同价款，但并不属于承包人所有，也并不必然发生。只有按照合同约定实际发生后，才能成为承包人的应得金额，纳入工程合同结算价款中，发包人按照前述相关规定与要求进行支付后，暂列金额余额仍归发包人所有。

三、合同价款期中支付

1. 预付款

（1）预付款是发包人为解决承包人在施工准备阶段资金周转问题提供的协助，用于承包人为合同工程施工购置材料、工程设备，购置或租赁施工设备以及组织施工人员进场。预付款应专用于合同工程。

（2）按照财政部、原建设部印发的《建设工程价款结算暂行办法表》的相关规定，"13计价规范"中对预付款的支付比例进行了约定：包工包料工程的预付款的支付比例不得低于签约合同价（扣除暂列金额）的10%，不宜高于签约合同价（扣除暂列金额）的30%。预付款的总金额，分期拨付次数，每次付款金额、付款时间等应根据工程规模、工期长短等具体情况，在合同中约定。

（3）承包人应在签订合同或向发包人提供与预付款等额的预付款保函（如有）后向发包人提交预付款支付申请。

(4)发包人应在收到支付申请的7d内进行核实,向承包人发出预付款支付证书,并在签发支付证书后的7d内向承包人支付预付款。

(5)发包人没有按合同约定按时支付预付款的,承包人可催告发包人支付;发包人在预付款期满后的7d内仍未支付的,承包人可在付款期满后的第8d起暂停施工。发包人应承担由此增加的费用和延误的工期,并应向承包人支付合理利润。

(6)当承包人取得相应的合同价款时,预付款应从每一个支付期应支付给承包人的工程进度款中扣回,直到扣回的金额达到合同约定的预付款金额为止。通常约定承包人完成签约合同价款的比例在20%~30%时,开始从进度款中按一定比例扣还。

(7)承包人的预付款保函(如有)的担保金额根据预付款扣回的数额相应递减,但在预付款全部扣回之前一直保持有效。发包人应在预付款扣完后的14d内将预付款保函退还给承包人。

2. 安全文明施工费

(1)财政部、国家安全生产监督管理总局印发的《企业安全生产费用提取和使用管理办法表》(财企〔2012〕16号)第十九条规定:"建设工程施工企业安全费用应当按照以下范围使用:

1)完善、改造和维护安全防护设施设备支出(不含'三同时'要求初期投入的安全设施),包括施工现场临时用电系统、洞口、临边、机械设备、高处作业防护、交叉作业防护、防火、防爆、防尘、防毒、防雷、防台风、防地质灾害、地下工程有害气体监测、通风、临时安全防护等设施设备支出。

2)配备、维护、保养应急救援器材、设备支出和应急演练支出。

3)开展重大危险源和事故隐患评估、监控和整改支出。

4)安全生产检查、评价(不包括新建、改建、扩建项目安全评价)、咨询和标准化建设支出。

5)配备和更新现场作业人员安全防护用品支出。

6)安全生产宣传、教育、培训支出。

7)安全生产适用的新技术、新标准、新工艺、新装备的推广应用支出。

8)安全设施及特种设备检测检验支出。

9)其他与安全生产直接相关的支出"。

由于工程建设项目因专业及施工阶段的不同,对安全文明施工措施的要求也不一致,因此"13工程计量规范"针对不同的专业工程特点,规定了安全文明施工的内容和包含的范围。在实际执行过程中,安全文明施工费包括的内容及使用范围,既应符合国家现行有关文件的规定,也应符合"13工程计量规范"中的规定。

(2)发包人应在工程开工后的28d内预付不低于当年施工进度计划的安全文明施工费总额的60%,其余部分应按照提前安排的原则进行分解,并应与进度款同期支付。

(3)发包人没有按时支付安全文明施工费的,承包人可催告发包人支付;发包人在付款期满后的7d内仍未支付的,若发生安全事故,发包人应承担相应责任。

(4)承包人对安全文明施工费应专款专用,在财务账目中应单独列项备查,不得挪作他用,否则发包人有权要求其限期改正;逾期未改正的,造成的损失和延误的工期应由承包人承担。

3. 进度款

（1）发承包双方应按照合同约定的时间、程序和方法，根据工程计量结果，办理期中价款结算，支付进度款。

（2）发包人支付工程进度款，其支付周期应与合同约定的工程计量周期一致。工程量的正确计量是发包人向承包人支付工程进度款的前提和依据。计量和付款周期可采用分段或按月结算的方式。

1）按月结算与支付。即实行按月支付进度款，竣工后结算的办法。合同工期在两个年度以上的工程，在年终进行工程盘点，办理年度结算。

2）分段结算与支付。即当年开工、当年不能竣工的工程按照工程形象进度，划分不同阶段，支付工程进度款。

当采用分段结算方式时，应在合同中约定具体的工程分段划分，付款周期应与计量周期一致。

（3）已标价工程量清单中的单价项目，承包人应按工程计量确认的工程量与综合单价计算；综合单价发生调整的，以发承包双方确认调整的综合单价计算进度款。

（4）已标价工程量清单中的总价项目和采用经审定批准的施工图纸及其预算方式发包形成的总价合同应由承包人根据施工进度计划和总价构成、费用性质、计划发生时间和相应的工程量等因素按计量周期进行分解，分别列入进度款支付申请中的安全文明施工费和本周期应支付的总价项目的金额中，并形成进度款支付分解表，在投标时提交，非招标工程在合同洽商时提交。在施工过程中，由于进度计划的调整，发承包双方应对支付分解进行调整。

1）已标价工程量清单中的总价项目进度款支付分解方法可选择以下之一（但不限于）：

①将各个总价项目的总金额按合同约定的计量周期平均支付。

②按照各个总价项目的总金额占签约合同价的百分比，以及各个计量支付周期内所完成的单价项目的总金额，以百分比方式均摊支付。

③按照各个总价项目组成的性质（如时间、与单价项目的关联性等）分解到形象进度计划或计量周期中，与单价项目一起支付。

2）采用经审定批准的施工图纸及其预算方式发包形成的总价合同，除由于工程变更形成的工程量增减予以调整外，其工程量不予调整。因此，总价合同的进度款支付应按照计量周期进行支付分解，以便进度款有序支付。

（5）发包人提供的甲供材料金额，应按照发包人签约提供的单价和数量从进度款支付中扣除，列入本周期应扣减的金额中。

（6）承包人现场签证和得到发包人确认的索赔金额应列入本周期应增加的金额中。

（7）进度款的支付比例按照合同约定，按期中结算价款总额计，不低于60%，不高于90%。

（8）承包人应在每个计量周期到期后的7d内向发包人提交已完工程进度款支付申请一式四份，详细说明此周期认为有权得到的款额，包括分包人已完工程的价款。支付申请应包括下列内容：

1）累计已完成的合同价款。

2) 累计已实际支付的合同价款。
3) 本周期合计完成的合同价款：
①本周期已完成单价项目的金额。
②本周期应支付的总价项目的金额。
③本周期已完成的计日工价款。
④本周期应支付的安全文明施工费。
⑤本周期应增加的金额。
4) 本周期合计应扣减的金额。
①本周期应扣回的预付款。
②本周期应扣减的金额。
5) 本周期实际应支付的合同价款。

上述"本周期应增加的金额"中包括除单价项目、总价项目、计日工、安全文明施工费外的全部应增金额，如索赔、现场签证金额，"本周期应扣减的金额"包括除预付款外的全部应减金额。

由于进度款的支付比例最高不超过 90%，而且根据原建设部、财政部印发的《建设工程质量保证金管理暂行办法表》第七条规定："全部或者部分使用政府投资的建设项目，按工程价款结算总额 5% 左右的比例预留保证金"，因此"13 计价规范"未在进度款支付中要求扣减质量保证金，而是在竣工结算价款中预留保证金。

(9) 发包人应在收到承包人进度款支付申请后的 14d 内，根据计量结果和合同约定对申请内容予以核实，确认后向承包人出具进度款支付证书。若发承包双方对部分清单项目的计量结果出现争议，发包人应对无争议部分的工程计量结果向承包人出具进度款支付证书。

(10) 发包人应在签发进度款支付证书后的 14d 内，按照支付证书列明的金额向承包人支付进度款。

(11) 若发包人逾期未签发进度款支付证书，则视为承包人提交的进度款支付申请已被发包人认可，承包人可向发包人发出催告付款的通知。发包人应在收到通知后的 14d 内，按照承包人支付申请的金额向承包人支付进度款。

(12) 发包人未按照规定支付进度款的，承包人可催告发包人支付，并有权获得延迟支付的利息；发包人在付款期满后的 7d 内仍未支付的，承包人可在付款期满后的第 8d 起暂停施工。发包人应承担由此增加的费用和延误的工期，向承包人支付合理利润，并应承担违约责任。

(13) 发现已签发的任何支付证书有错、漏或重复的数额，发包人有权予以修正，承包人也有权提出修正申请。经发承包双方复核同意修正的，应在本次到期的进度款中支付或扣除。

四、合同价款争议的解决

施工合同履行过程中出现争议是在所难免的，解决合同履行过程中争议的主要方法包括协商、调解、仲裁和诉讼四种。当发承包双方发生争议后，可以先进行协商和解从而达到消除争议的目的，也可以请第三方进行调解；若争议继续存在，发承包双方可以继续通过仲裁或诉讼的途径解决，当然，也可以直接进入仲裁或诉讼程序解决争议。不论采用何种方式解决发承包双方的争议，只有及时并有效地解决施工过程中的合同价款争议，才是工程建设顺利进行的必要保证。

(一) 监理或造价工程师暂定

从我国现行施工合同示范文本、监理合同示范文本、造价咨询合同示范文本的内容可以看出，合同中一般均会对总监理工程师或造价工程师在合同履行过程中发承包双方的争议如何处理有所约定。为使合同争议在施工过程中就能够由总监理工程师或造价工程师予以解决，"13 计价规范"对总监理工程师或造价工程师的合同价款争议处理流程及职责权限进行了如下约定：

(1) 若发包人和承包人之间就工程质量、进度、价款支付与扣除、工期延期、索赔、价款调整等发生任何法律上、经济上或技术上的争议，首先应根据已签约合同的规定，提交合同约定职责范围内的总监理工程师或造价工程师解决，并应抄送另一方。总监理工程师或造价工程师在收到此提交件后 14d 内应将暂定结果通知发包人和承包人。发承包双方对暂定结果认可的，应以书面形式予以确认，暂定结果成为最终决定。

(2) 发承包双方在收到总监理工程师或造价工程师的暂定结果通知之后的 14d 内未对暂定结果予以确认也未提出不同意见的，应视为发承包双方已认可该暂定结果。

(3) 发承包双方或一方不同意暂定结果的，应以书面形式向总监理工程师或造价工程师提出，说明自己认为正确的结果，同时抄送另一方，此时该暂定结果成为争议。在暂定结果对发承包双方当事人履约不产生实质影响的前提下，发承包双方应实施该结果，直到按照发承包双方认可的争议解决办法被改变为止。

(二) 管理机构的解释和认定

(1) 合同价款争议发生后，发承包双方可就工程计价依据的争议以书面形式提请工程造价管理机构对争议以书面文件进行解释或认定。工程造价管理机构是工程造价计价依据、办法以及相关政策的制定和管理机构。对发包人、承包人或工程造价咨询人在工程计价中，对计价依据、办法以及相关政策规定发生的争议进行解释是工程造价管理机构的职责。

(2) 工程造价管理机构应在收到申请的 10 个工作日内就发承包双方提请的争议问题进行解释或认定。

(3) 发承包双方或一方在收到工程造价管理机构书面解释或认定后仍可按照合同约定的争议解决方式提请仲裁或诉讼。除工程造价管理机构的上级管理部门做出了不同的解释或认定，或在仲裁裁决或法院判决中不予采信的外，工程造价管理机构做出的书面解释或认定应为最终结果，并应对发承包双方均有约束力。

(三) 协商和解

(1) 合同价款争议发生后，发承包双方任何时候都可以进行协商。协商达成一致的，双方应签订书面和解协议，并明确和解协议对发承包双方均有约束力。

(2) 如果协商不能达成一致协议，发包人或承包人都可以按合同约定的其他方式解决争议。

(四)调解

按照《中华人民共和国合同法表》的规定,当事人可以通过调解解决合同争议,但在工程建设领域,目前的调解主要出现在仲裁或诉讼中,即所谓司法调解;有的通过建设行政主管部门或工程造价管理机构处理,双方认可,即所谓行政调解。司法调解耗时较长,且增加了诉讼成本;行政调解受行政管理人员专业水平、处理能力等的影响,其效果也受到限制。因此,"13 计价规范"提出了由发承包双方约定相关工程专家作为合同工程争议调解人的思路,类似于国外的争议评审或争端裁决,可定义为专业调解,这在我国合同法的框架内,为有法可依,使争议尽可能在合同履行过程中得到解决,确保工程建设顺利进行。

(1)发承包双方应在合同中约定或在合同签订后共同约定争议调解人,负责双方在合同履行过程中发生争议的调解。

(2)合同履行期间,发承包双方可协议调换或终止任何调解人,但发包人或承包人都不能单独采取行动。除非双方另有协议,在最终结清支付证书生效后,调解人的任期应即终止。

(3)如果发承包双方发生了争议,任何一方可将该争议以书面形式提交调解人,并将副本抄送另一方,委托调解人调解。

(4)发承包双方应按照调解人提出的要求,给调解人提供所需要的资料、现场进入权及相应设施。调解人应被视为不是在进行仲裁人的工作。

(5)调解人应在收到调解委托后 28d 内或由调解人建议并经发承包双方认可的其他期限内提出调解书,发承包双方接受调解书的,经双方签字后作为合同的补充文件,对发承包双方均具有约束力,双方都应立即遵照执行。

(6)当发承包双方中任一方对调解人的调解书有异议时,应在收到调解书后 28d 内向另一方发出异议通知,并应说明争议的事项和理由。但除非并直到调解书在协商和解或仲裁裁决、诉讼判决中做出修改,或合同已经解除,承包人应继续按照合同实施工程。

(7)当调解人已就争议事项向发承包双方提交了调解书,而任一方在收到调解书后 28d 内均未发出表示异议的通知时,调解书对发承包双方应均具有约束力。

(五)仲裁、诉讼

(1)发承包双方的协商和解或调解均未达成一致意见,其中的一方已就此争议事项根据合同约定的仲裁协议申请仲裁,应同时通知另一方。进行协议仲裁时,应遵守《中华人民共和国仲裁法》的有关规定,如第四条:"当事人采用仲裁方式解决纠纷,应当双方自愿,达成仲裁协议。没有仲裁协议,一方申请仲裁的,仲裁委员会不予受理";第五条:"当事人达成仲裁协议,一方向人民法院起诉的,人民法院不予受理,但仲裁协议无效的除外";第六条:"仲裁委员会应当由当事人协议选定。仲裁不实行级别管辖和地域管辖"。

(2)仲裁可在竣工之前或之后进行,但发包人、承包人、调解人各自的义务不得因在工程实施期间进行仲裁而有所改变。当仲裁是在仲裁机构要求停止施工的情况下进行时,承包人应对合同工程采取保护措施,由此增加的费用应由败诉方承担。

(3)在前述(一)至(四)中规定的期限之内,暂定或和解协议或调解书已经有约束力的情况下,当发承包中一方未能遵守暂定或和解协议或调解书时,另一方可在不损害他可能具有的任何其他权利的情况下,将未能遵守暂定或不执行和解协议或调解书达成的事项提交仲裁。

(4)发包人、承包人在履行合同时发生争议,双方不愿和解、调解或者和解、调解不成,又没有达成仲裁协议的,可依法向人民法院提起诉讼。

第三节　工程计价资料与档案

一、工程计价资料

为有效减少甚至杜绝工程合同价款争议,发承包双方应认真履行合同义务,认真处理双方往来的信函,并共同管理好合同工程履约过程中双方之间的往来文件。

(1)发承包双方应当在合同中约定各自在合同工程中现场管理人员的职责范围,双方现场管理人员在职责范围内签字确认的书面文件是工程计价的有效凭证,但如有其他有效证据或经实证证明其是虚假的除外。

1)发承包双方现场管理人员的职责范围。首先是要明确发承包双方的现场管理人员,包括受其委托的第三方人员,如发包人委托的监理人、工程造价咨询人,仍然属于发包人现场管理人员的范畴;其次是明确管理人员的职责范围,也就是业务分工,并应明确在合同中约定,施工过程中如发生人员变动,应及时以书面形式通知对方,涉及合同中约定的主要人员变动需经对方同意的,应事先征求对方的意见,同意后才能更换。

2)现场管理人员签署的书面文件的效力。首先,双方现场管理人员在合同约定的职责范围签署的书面文件必定是工程计价的有效凭证;其次,双方现场管理人员签署的书面文件如有错误的应予纠正,这方面的错误主要有两方面的原因,一是无意识失误,属工作中偶发性错误,只要双方认真核对就可有效减少此类错误;二是有意致错,如双方现场管理人员以利益交换,有意犯错,如工程计量有意多计等。对于现场管理人员签署的书面文件,如有其他有效证据或经实证证明其是虚假的,则应更正。

(2)发承包双方不论在何种场合对与工程计价有关的事项所给予的批准、证明、同意、指令、商定、确定、确认、通知和请求,或表示同意、否定、提出要求和意见等,均应采用书面形式,口头指令不得作为计价凭证。

(3)任何书面文件送达时,应由对方签收,通过邮寄应采用挂号、特快专递传送,或以发承包双方商定的电子传输方式发送,交付、传送或传输至指定的接收人的地址。如接收人通知了另外地址时,随后通信信息应按新地址发送。

(4)发承包双方分别向对方发出的任何书面文件,均应将其抄送现场管理人员,如是复印件应加盖合同工程管理机构印章,证明与原件相同。双方现场管理人员向对方所发任何书面文件,也应将其复印件发送给发承包双方,复印件应加盖合同工程管理机构印章,证明与原件相同。

(5)发承包双方均应当及时签收另一方送达其指定接收地点的来往信函,拒不签收的,送达信函的一方可以采用特快专递或者公证方式送达,所造成的费用增加(包括被迫采用特殊送达方式所发生的费用)和延误的工期由拒绝签收一方承担。

(6)书面文件和通知不得扣压,一方能够提供证据证明另一方拒绝签收或已送达的,应视为对方已签收并应承担相应责任。

二、计价档案

(1)发承包双方以及工程造价咨询人对具有保存价值的各种载体的计价文件,均应收集齐全,整理立卷后归档。

(2)发承包双方和工程造价咨询人应建立完善的工程计价档案管理制度,并应符合国家和有关部门发布的档案管理相关规定。

(3)工程造价咨询人归档的计价文件,保存期不宜少于五年。

(4)归档的工程计价成果文件应包括纸质原件和电子文件,其他归档文件及依据可为纸质原件、复印件或电子文件。

(5)归档文件应经过分类整理,并应组成符合要求的案卷。

(6)归档可以分阶段进行,也可以在项目竣工结算完成后进行。

(7)向接受单位移交档案时,应编制移交清单,双方应签字、盖章后方可交接。

参 考 文 献

[1] 中华人民共和国住房和城乡建设部. GB 50500—2013 建设工程工程量清单计价规范[S]. 北京:中国计划出版社,2013.
[2] 中华人民共和国住房和城乡建设部. GB 50856—2013 通用安装工程工程量计算规范[S]. 北京:中国计划出版社,2013.
[3] 吉林省建设厅. GYD—208—2000 全国统一安装工程预算定额:第 8 册给排水、采暖、燃气工程[S]. 北京:中国计划出版社,2013.
[4] 《给排水采暖燃气工程》编委会. 定额预算与清单计价对照使用手册:给排水采暖燃气工程[M]. 北京:知识产权出版社,2007.
[5] 《造价工程师实务手册》编写组. 造价工程师实务手册[M]. 北京:机械工业出版社,2006.
[6] 李作福,李德兴. 电器设备安装工程预算知识问答[M]. 北京:机械工业出版社,2006.
[7] 贾宝秋,马少华. 建筑工程技术与计量(安装工程部分)[M]. 北京:机械工业出版社,2006.
[8] 马志彪,贾永康. 建筑卫生设备[M]. 呼和浩特:内蒙古人民出版社,2005.

我们提供

图书出版、图书广告宣传、企业/个人定向出版、设计业务、企业内刊等外包、代选代购图书、团体用书、会议、培训、其他深度合作等优质高效服务。

编辑部	图书广告	出版咨询	图书销售	设计业务
010-68343948	010-68361706	010-68343948	010-68001605	010-88376510转1008

邮箱：jccbs-zbs@163.com   网址：www.jccbs.com.cn

发展出版传媒　服务经济建设
传播科技进步　满足社会需求

（版权专有，盗版必究。未经出版者预先书面许可，不得以任何方式复制或抄袭本书的任何部分。举报电话：010-68343948）